이 책에 쏟아진 찬사

현재의 틀을 깨고 새로운 사고를 발현하기 위해 우리가 지금에 이른 과정을 철저히 파악해야 하는 것은 물론, 변화의 필요성을 끌어내는 영향력을 깊이 이해해야 한다. 필립 로스와 제레미 마이어슨은 이에 관련된 모든 분야에서 풍부한 경험과 식견을 갖췄다. 두 사람의 이야기에 매료되어 이 책을 손에서 놓을 수 없었다. 때로는 두렵고 때로는 신나고 흥분되는 창조적 업무 방식과 업무 공간의 세계로 초대한다.

데이비드 퍼스, 조직 개발 컨설턴트이자 코치

수십 년간 사무실에서 일어난 가장 중요한 변화를 필립 로스와 제레미 마이어슨이 포착했다. 두 사람이 사회와 경제, 기술과 관련한 변화를 간파하고 공간과 사무실의 기능을 이해하는 능력은 타의 추종을 불허한다.

스튜어트 립톤 경, 립톤 로저스 디벨롭먼트Lipton Rogers Developments 창립자

흥미롭고 알차게 구성된 책이다. 직업 세계에 관한 역사적 고찰뿐 아니라 미래를 내다보는 사고로 우리 삶에 영향을 미치는 요소들을 탐구할 수 있다. 일과 여가는 늘 밀접하게 관련되어 있다. 일과 삶의 균형을 이루는 핵심 원칙이 순간순간 머릿속을 스쳐 지나갈 것이다. 읽는 즐거움을 만끽하길 바란다.

시즈 드 본트, 러프버러대학교 디자인 크리에이티브 아츠 스쿨 학장

과거부터 현재까지 사무 공간이 변화한 과정을 보여주고 설득력 있는 근거를 토대로 직업과 일터가 진화한 미래 세계로 안내한다. 세밀한 구성에 읽기 쉬워서 직장이라는 공간의 틀을 깨는 방법을 매우 쉽게 이해할 수 있다.

알레산드로 라날디, 포스터+파트너스Foster+Partners 워크플레이스 컨설턴시 책임자

아이디어와 인사이트, 다양한 사례, 지혜가 가득하다. 사무실의 미래에 관심이 있고 직장과 일의 변화에 호기심이 많은 이들이 당장 집어 들어야 할 책이다.

린다 그래튼, 런던 경영대학원 경영실무 교수이자 베스트셀러 『초예측』 저자

팬데믹 이후 바람직한 업무 현장에 대한 고민이 많은 시기에 딱 적절한 책이 나왔다. 제레미 마이어스와 필립 로스는 학술적이면서도 과거와 현재 그리고 미래의 사무 공간 형태라는 몰입할 만한 소재를 제시했다. 업무 환경을 새롭게 꾸미고자 하는 사람들, 그 안에서 일하고자 하는 사람이라면 반드시 읽어야 할 책이다.

로리 셀란 존스, 전 BBC 기술 특파원, 『Always On』 저자

사무실의 과거, 현재 그리고 미래에 대한 설명이 생동감 있고 이해하기 쉽게 전개된다. 부분적으로 또는 완전히 사무실에 구속된 상태로 남아 있는 지식 근로자들에게 필요한 내용이 가득하다. 특히 도시와 업무 환경이 경영자와 근로자의 행동에 어떤 영향을 미치는지에 관심을 가진 독자라면 반드시 읽어보기를 바란다.

「ILR 리뷰ILR Review(코넬대학교 Industrial and Labor Relations의 간행물)」

업무 생산성을 높이는 비결을 알고 싶다면 반드시 읽어야 할 책이다. 제레미 마이어슨과 필립 로스는 직업 세계의 미래를 구상하며 사무실 경관을 재구성하는 요소들을 능숙하게 파헤친다. 성공으로 이끄는 업무 공간에 관심을 가진 사람에게 매우 유용한 가이드가 된다.

헤럴드 베커, 마이크로소프트 고객 참여 및 인사이트 부서장

팬데믹은 업무 표준과 관행을 완전히 뒤엎었다. 읽을수록 빠져드는 이 책은 미래 직업 세계와 사무 환경이라는 새로운 세계로 인도하는 나침반이 된다. 미래의 업무 공간을 들여다볼 기회를 찾는 기업 임원 등 다양한 분야의 사람들에게 필독서로서 부족함이 없다. 책장을 덮을 때의 만족감을 기대해도 좋다!

캐리 쿠퍼 경, 심리학자이자 맨체스터대학교 조직심리건강학과 교수

사무실의 미래를 위해서는 대담한 사고 변환을 해야 한다. 제레미 마이어슨과 필립 로스는 일의 미래에 대한 베테랑 관찰자다. 업무 공간을 재창조하는 방법에 대한 시기적절한 이 책, 『일과 공간의 재창조』에서 저자들은 팬데믹이 가속화되면서 사무실이라는 영역이 점점 더 다공성 구조가 되어가는 방법들을 자세히 설명한다. 조직이 사무실에서 행해졌던 활동을 재구성할 수 있다면 사무실의 미래가 낙관적일 것이다.
앤드류 힐, 「파이낸셜 타임스Financial Times」

『일과 공간의 재창조』는 직업 세계를 자세히 들여다보며 웰빙, 다양성, 도시의 변화에 대한 내용들을 담았다. 우리는 이 책을 통해 사무실에 대한 익숙한 개념을 풀어 헤치고, 동질성이 아닌 차이를 구분하는 새로운 접근 방식을 개발해야 한다는 결론을 내리게 될 것이다.
에드윈 히스코트, 「파이낸셜 타임스Financial Times」

세계를 선도하는 미래학자 제레미 마이어슨과 필립 로스는 이 매혹적이고 새로운 책에서 팬데믹 이후 시대의 사무실이 어떻게 변화할지 살펴보며, 트렌드를 분석하고 모든 기업 리더들이 자신의 일터에 대해 적절한 계획을 세울 수 있도록 도와준다.
「엘리트 비즈니스 매거진Elite Business Magazine」

제레미 마이어슨과 필립 로스는 지난 세기의 업무 효율성은 대부분 사무실 디자인의 진화 이면에서 작동한 지배적인 힘이었다고 주장한다. 하지만 최근의 경제와 공중 보건에 충격을 끼친 코로나19 팬데믹은 기존의 업무 수행 방식을 저해하고 사무실 디자인의 오래된 잔재를 해체했다(이러한 변화는 팬데믹 이전에 이미 진행되었지만 말이다). 저자들은 사무실이 더 이상 직장에서 무엇을 하는지를 중심으로 설계되어서는 안 되며, 사람들이 업무에 대해 어떻게 느끼는지를 중심으로 설계되어야 한다고 말한다. 사무실은 이제 공동체 의식을 형성하는 목표를 추구해야 한다. 예를 들어, 이 책에서는 사무실 디자인이 어떻게 진화하여 업무보다 직원에 초점을 맞추는지 보여준다. 저자들은 오래된 업무 시스템의 엉킨 문제를 풀어내고, 직원들이 진정으로 원하는 업무 경험을 주는 사무실이 되어야 한다고 설득력 높은 주장을 한다. 이 책을 추천한다.
「초이스Choice」

일과 공간의 재창조

UNWORKING

Unworking: The Reinvention of the Modern Office
by Jeremy Myerson and Philip Ross

was first published by Reaktion Books, London, UK, 2022.

UNWORKING

일과 공간의 재창조

업무 공간의
틀을 깬
새로운 패러다임

제레미 마이어슨 · 필립 로스 지음
방영호 옮김

애플, 구글, 우버가
사무실 복귀 계획을 보류하고
아마존이 사옥에 4만 그루의
나무를 심은 '공간의 의미'를 파헤치다

차례

1925년경, 부활절에 뉴욕시 5번가를 가득 메운 군중.
1920년대가 되자 현대적 의미의 사무실이 도시 생활의 중심 요소로 등장했다.

들어가며

언러닝, 기존의 지식을 버리고 새로운 것을 배우다

100년 전 직업 세계로 돌아가 보자. 한창 모습이 갖춰지고 있는 현대적 의미의 사무실이 눈에 들어온다. 그곳이 뉴욕이든 시카고든 혹은 런던이든 모든 것이 제자리에 배치되고, 도시에는 없는 것이 없다. 도시화가 급속도로 진행되던 1920년대 초반에는 벌써 사무실 생활에 핵심을 이루는 요소들이 전부 등장했다. 타자기와 전화기, 백열전구, 전신기, 수직형 서류함, 계산기 등 발전한 산업 기술과 시간·동선을 철저히 따지는 감독관들의 관리로 정해진 시간 동안 정보가 처리될 수 있었다. 부동산 가격이 하늘 높은 줄 모르게 치솟고, 빠르게 움직이는 엘리베이터로 이동해야 할 만큼 높은 건물들이 도시 경관을 재편했다. 디자이너들은 모더니스트고,

엔지니어들은 '관리 능력'이라는 개념의 핵심 요소가 속도와 효율성, 발전이라고 생각했다. 거기다 새롭게 도입된 교통 시스템이 사람들을 멀리 떨어진 일터까지 실어날랐다.

그로부터 100년이 지난 지금에도 직업 세계에는 과거와 유사한 부분이 남아 있다. 과잉 도시화hyper-urbanization(기반 시설이나 사회 시스템이 제대로 갖춰지지 않은 상태에서 많은 인구가 도시로 밀려드는 현상—옮긴이) 때문에 사람들이 대중교통으로 몰린다. 고속도로와 국도는 마비되고, 도심의 거리는 출퇴근하는 사람들로 가득 찬다. 이전보다 더 늘어난 고층 건물들이 스카이라인을 어지럽혔다. 또 디지털 기술이 계속해서 노동자들 사이에 퍼져나간다. 게다가 놀랍게도 관리자들 사이에서 효율성 이론efficiency theory이 여전히 주류로 여겨지고 있다. 일련의 위기가 멈췄다 시작했다 하며 시스템에 충격을 가하고, 그중 가장 심각한 코로나19 팬데믹이라는 위기가 닥쳤는데도 경제 성장 모델의 바퀴가 계속해서 돌아간다. 이런 상황에 직면해서 누군가는 '정말로 변화된 것은 무엇인가?'라며 물음을 던질 법도 하다.

그런데 한편으로는 이렇게 친숙한 업무 인프라의 이면에서 20세기 초에 구축된 현대적 사무실이 빠르게 해체되어 재구성되고 있었다. 우리는 현재 업무 공간의 변화를 겪으며 검은 백조 신드롬을 경험하고 있다. 100년 전 처음으로 채택되었던 업무 관행과 기술, 아이디어 등이 표면적으로는 100년 동안 완만하게 발전하는 듯 보였지만 수면 아래에서는 일하는 방식이 철저히 와해되고 있던 것이다. 그리고 우리는 현대적 사무 공간이 완전히 재창조되는 흐름을 따라잡기 위해 백조처럼 미친 듯이 발을 휘젓는 중이다.

이와 같은 재창조는 산업의 노후화, 새로운 이론, 유행에 민감한 분야에서 변화된 경영 풍조에서 비롯되었다고 볼 수도 있다. 그렇지만 2000년대 이래, 특히 최근 20여 년간 이어진 변화가 가장 주요한 재창조 원인이다. 2008년의 금융 위기 같은 경제적 충격, 계속되는 기후 변화 등의 환경적 충격, 코로나19 등의 공중 보건 충격이 요인이 되었다. 코로나19 팬데믹으로 인해 2020년에는 전 세계 주요 도시들이 봉쇄 조치에 들어가 원격 재택근무라는 거대한 실험이 촉발되었으며 그 여파가 여전히 이어지고 있다.

이런 충격들을 흡수하는 과정에서 분명히 짚어야 할 점이 있다. 사무 공간을 소유, 계획, 설계, 관리, 공급, 투자, 점유하고자 한다면 직업 세계에 관한 기존 관념을 거의 대부분 폐기하고 다시 배워야 한다는 점이다. 직업 세계가 재조정·재정립되는 지금, '현대적 사무 공간'의 모든 측면에서 언러닝unlearning(폐기학습)과 리러닝relearning(재학습)하는 것을 이 책의 주제로 다룬다.

21세기 초의 도시들이 딱 1927년의 도시들과 판박이일 것이라고 예측한 사람이 있었다. 바로 미국의 소설가 톰 울프Tom Wolf다. 1987년 「아케리칸 스펙테이터American Spectator」라는 잡지에 실린 기고 글에서 울프는 "21세기에는 역행하는 모습, 역행하는 정신적 분위기가 있을 것이다."라고 주장했다. 울프의 말에 따르면 사람들은 재앙을 초래할 정도의 무서운 속도와 역량으로 기술이 빠르게 발전한 한 세기를 돌아본다.

'위대한 재학습(The Great Relearning)'이라는 제목이 붙은 이 기고 글에서 울프는 많은 분야에서 나타났던 '다시 처음부터 시작하는 과정'을 설명했다. 그는 1960년대 샌프란시코에서 시작된 히피 운동을 두고 이어제로주의year-zero, 0년를 설명했다. 수 세기 동안 의사들이 경험하지 못한 질병(옴, 가려움증, 경련, 질염, 부패병)이 재유행하여 개인 위생의 법칙을 다시 배운 예시로 말이다. 울프는 또한 1920년대에 시작된 바우하우스 운동Bauhaus movement에서 나타난 이어제로 접근법도 언급했다. 그는 바우하우스 운동이 부르주아적 건축에서 우리를 해방시키는 대신 "안이 훤히 들여다보이는 작은 베이지색 칸막이 사무실을 선사하여 노동자들이 스스로를 기계의 부품 같은 존재로 느끼도록 했다."라고 말했다.

현대적 사무실의 유래가 20세기 초 산업 경영 시대에 유행했던 이어제로식 사고에서 시작되었다면, 지금은 직장의 미래 모습을 재해석하기 위한 첫 번째 원칙으로 돌아가는 과정에 놓여 있다. 이처럼 기존의 지식을 버리고 새로운 것을 배우는 방식의 언러닝은 오늘날 우리가 직업 세계와 업무 공간에서 접하는 모든 부분에 적용되는 중이다. 사무실이라는 공간의 설계 및 디자인과 관련된 초기의 개념은 1920년대로 돌아가 기계에서 그 실마리를 찾을 수 있는데, 나중에서야 사회적 민주주의와 디지털 기술의 영향을 받아서 그 개념이 널리 채택되었다. 사무실의 설계와 디자인은 주로 직원들이 현장에서 처리하던 작업에 초점이 맞춰졌지만 지금은 업무 중 직원들이 느끼는 감정에 초점을 맞춘다. 직원들의 심리적 경험은 효율성이 중시됐던 시대에만 해도 중요하게 여겨지지 않았다. 반면 오늘날에는 어디에서나 일에서 얻는 경험을 중요하게 생각한다. 사무실은 기능적이고 실용적인 공간에서 감각으로 느낄 수 있는 업무 공간으로 그 기능이 변화하는 중이다.

이에 우리는 현대적 사무실이 과거부터 변화해 온 과정을 추적했으며 그 여정을 이 책에 담았다. '100년 사무실 변천사'라는 제목의 PART 1에서는 일하는 삶의 리듬, 도시 경관, 출퇴근 경험을 형성하는 요소들을 소개하고, 지금 우리가 서 있는 곳 다시 말해, 현대적 사무실이라는 공간에 도달한 과정과 역사를 들여다본다. 또한 기존의 틀을 깬 사람들의 용기, 코워킹 운동coworking movement(독립적인 근로자들이 사무 공간을 공유하는 방식－옮긴이)에 의해 창출된 새로운 아이디어를 다룬다. 최근 글로벌 팬데믹으로 각국 정부가 이동과 상호 작용, 근접성을 제한하는 상황에서 일과 업무 현장에 대한 재평가가 이루어질 줄은 누구도 예상하지 못했다. 그런데 코로나19가 닥치면서 여러 힘이 광범위한 영향을 미쳤다. 그에 따라 기존의 틀이 깨지고 일의 미래를 바라보는 사고가 전환되고 있다.

PART 2 '사무실의 미래'에서는 사무실 경관에 새로운 지평을 열도록 한 10가지 모습을 살펴본다. 디지털 전환으로 인한 와해성이 조직의 본질을 바꾸는 현상부터 팬데믹 이후 직장에 복귀한 사람들의 기대와 희망까지 사무실이라는 공간을 재창조하는 새로운 비전이 형성되고 있다. 특히 4장에서는 업무 프로세스가 개인의 주관적인 경험 중심으로 전환되는 분위기 속에서 그동안 사무실에 상주하는 직원들의 감정을 배려하지 않았던 건물 소유주나 임대인, 고용주가 직원들의 정신 건강을 관리하고자 편의 시설 도입을 고려하는 상황을 설명한다. 또한 HR 부서(인사 관리), 시설 관리 부서(공간), IT 부서(기술) 등 서로 담을 쌓았던 부서들이 모든 직원들에게 전보다 더 만족스러운 노동 시간을 제공하기 위해 협업하거나 단일화된 통합 업무를 제공할 목적으로 부서를 해체하고 있음을 이야기한다. 이런 흐름 때문에 어느 정도는 조직 구조를 재편해야 하는 상황이 되었다.

한때 사무실용 건물은 벽 안에서 누가 어떤 일을 하고 있는지 알 수 없는 '멍청한 컨테이너 박스'였다. 하지만 그 건물들이 오늘날에는 똑똑해지고 있다. 디지털 기술이 건물에 적용되어, 사용 패턴을 추적하여 예측적으로 환경을 조정하고 사용자의 경험을 만들고 있기 때문이다. 5장에서 논의하겠지만 지금의 사무용 건물들은 역동적이고 예측 불가능하며 반복되지 않는 업무 패턴을 보인다. 또한 기업들이 유연하고 민첩한 관리 구조를 선호하면서 점차 경직되고 고정된 계층 구조를 해체하기 시작했다. 조직 이론은 새로운 아이디어로 충만해지고 있다.

기업의 리더십은 명령하고 통제하는 구조를 바탕으로 엄격하고 위계질서를 중요시하는 형태였으며, 대개 업무를 진행하는 직원들이 관리자의 시야에 들어와야 하는 구조였다. 하지만 이런 리더십 유형은 이제 구식이 되었다. 애자일팀agile team, 적응형 시스템adaptive system, 분산 작업distributed working, 자기 조직화 그룹self-organizing group 등으로 조직 관리의 규칙이 다시 쓰여지고 있기 때문이다.

건물이나 조직만 변화하고 있는 건 아니다. 6장에서 설명하듯, 도시도 변화하기 시작했다. 오랫동안 굳건했던 중심 업무 지구들이 서서히 이전되고 스마트 지구나 혁신 지구로 재구성되고 있다. 이렇게 형성된 새로운 구역은 다양한 목적으로 이용되는 것이 특징이며, 전례 없이 도시 생활의 폭을 넓히고, 주로 교통이 편리한 대학가나 쇼핑 센터 주변에서 새로운 방식으로 밀집한다. 2020년대의 우리는 1920년대에 호황과 불황을 겪었던 '사무실의 시대'처럼 멈추지 않고 즉흥적이면서도 1920년대와는 목표가 다른 도시화의 시대를 살아가고 있다.

내부 공간에 대한 접근법도 달라지는 중이다. 사무 공간에서 직원들은 주로 책상에 가만히 앉아서 몸을 별로 움직이지 않았다. 그런데 우리를 책상에 묶어두었던 기술이 우리를 책상에서 해방시키는 기술로 대체되면서 지금은 직원들이 건물 내·외부에서 더욱 자유롭게 움직이고 있다. 이 변화를 7장에서 자세히 살펴보는 한편, 글로벌 팬데믹의 여파로 휴식과 안식의 공간이었던 집이 사무실로 확장되는 현상을 들여다본다.

실제로 가정, 여가, 일 사이에 오랫동안 존재하던 경계가 허물어졌다. 과거에는 사무실이 일하기 위한 기계(건축가 르 코르뷔지에Le Corbusier가 집을 살기 위한 기계라고 불렀듯이, 그 생각의 연장)였다. 사람들은 대개 창가에서 한참 떨어진 깊숙한 실내의 책상에 갇혀 있곤 했다. 반면 지금의 업무 공간은 밝고 탁 트인 분위기로 화초가 가득하고 개방형 탕비실과 음악실은 물론 편안한 소파와 고급 커피머신, 아이스크림 키오스크 등 각종 편의 시설로 채워져 있다.

업무 공간과 건축물, 기업 조직, 도시에 엄청난 변화가 일어나는 데에는 디지털 기술이 끊임없이 영향을 미쳤다(8장 참고). 지난 100년간 현대적 사무실에서는 직원들이 상주하며 현장에 보관된 물리적 인공물과 시설들을 토대로 업무를 수행했다. 지금은 업무와 관련된 인프라 전반이 '클라우드cloud' 속으로 사라졌다. 새로운 데이터 기반의 업무 공간이 시간과 장소, 공간을 가로지르는 디지털 워크 구조의 일부로 등장한 것이다. 21세기에 나타난 스마트폰, 각종 센서, 다양한 애플리케이션이 스톱워치와 책상, 종이가 잔뜩 담긴 서류함을 대체했다.

최근에는 사무 공간 전문 디자이너들 사이에서 오랫동안 유행했던 정형화된 접근법, 특징 없이 획일적인 솔루션, 보편적인 공간 계획이 지양되는 편이다. 대신 인간 중심적이고 개인주의적인 디자인 신조에 따른 다양성과 절충주의가 선호되고 있다. 모든 사람에게 맞는 옷은 없는 법이다. 사무 공간 설계 과정에서도 변화가 일어나는 중이다. 과거에는 업무 공간을 설계할 때 제일 먼저 조직 관리 지침을 파악해야 했고, 마치 전기 배선도처럼 펼쳐진 조직도를 자세히 들여다봐야 했다. 9장에서 자세히 설명하고 있지만, 요즘은 알고리즘을 통한 데이터 과학data science과 제너레이티브 디자인generative design(인공지능과 클라우드 컴퓨팅 기술 기반의 설계 자동화 기술-옮긴이)에 힘입어 사무 공간 설계 프로세스가 달라지고 있다. 과거에만 해도 거의 목소리를 내지 못했던 직원들이 개인 공간의 디자인에 참여한다.

100년 전 현대적 사무실의 공간 계획은 조직과 개인의 동일화에 중점을 두었다. 지금은 개개인의 다양성이 존중되는 공간을 계획하고 있는 것과 대조적이다. 모더니즘 양식의 동질성이 중요시되던 시기에는 다양성이 오랫동안 억제되었지만 이제 어떤 형태로든 다양성이라는 가치가 존중된다. 10장에서 설명하겠지만 우리는 만화경처럼 끊임없이 변화하는 세상에 산다. 직업 세계에는 나이, 성별, 능력, 인종, 문화가 혼재되어 있다. 조직의 다양성 정도가 높을수록 평범함을 뛰어넘는 특이한 패턴을 찾아내고 지식 경제의 혁신 과제를 잘 수행한다는 평가가 뒤따르기 마련이다.

생산성에 사로잡혔던 20세기의 사무실이 직원들의 건강과 복지를 위해 설계되었다고 한다면, 그건 단지 기계를 움직이는 톱니바퀴의 생산성을 유지하는 차원에서 건강과 복지를 염두에 둔 것에 불과했다. 11장에서 설명하는 바와 같이, 지금은 업무 공간에서 느끼는 행복감에 유례없이 관심이 높아지는 추세다. 특히 직원들의 정신 건강 문제가 부각되었으며 이를 해결하기 위한 혁신적인 대안이 계속 나오고 있다.

전통적 개념의 사무실은 매우 단순했다(외부 세계와 차단되어 있었다). 반면 오늘날의 사무실은 복합적인 환경으로 바뀌고 있다.

12장에서 자세히 살펴보겠지만 이런 혼재성은 다양한 형태(일과 삶의 균형을 유지하는 하이브리드 워크hybrid work뿐 아니라 인간과 로봇이 같은 공간을 공유하는 다목적 건물, 작업장 등)를 띤다. 실제로 자동화와 인공지능이 부상한 이후 미래 업무 공간에 대한 새로운 물음이 제기되었다.

20세기 중반의 사무실에서 일했던 사람들은 경제 분야에서 소위 '가정을 형성하는 노동 인구'에 속했다. 이들은 21~45세의 신체가 튼튼한 백인 남성들이었다. 13장에서 언급하고 있듯이 오늘날 업무 현장의 인구 구조는 과거와는 완전히 딴판이다. 퇴직이 얼마 남지 않았지만 여전히 경제 활동하기에 충분한 나이인 직원들과 디지털 기기에 둘러싸여 살아온 Z세대 신입 사원들이 뒤섞여 있다. 그리고 Z세대가 추구하는 가치와 취향이 사무실 경관을 근본부터 뒤바꾸는 중이다. 요즘은 어느 기업을 보더라도 성별이나 나이, 인종에 따라 차별하는 악습이 사라지고 다양성이 존중되며 업무 공간의 경계가 희미해진 분위기가 감돈다.

14장에서는 글로벌 팬데믹의 충격이 근무 시스템 전반에 영향을 미치고 있으며, 기존 트렌드의 붕괴가 가속화되고 있음을 설명한다. 예를 들어, 명상과 관련된 '슬로 워크slow work' 운동으로 1세기 동안 속도와 효율성에 집착했던 흐름이 깨지는 중이다. 회사에 출근하는 목적도 완전히 바뀌었다. 이제 직장은 머리를 처박고 일이나 하는 조용한 공간이 아니라, 사람들이 서로 오가며 사회적 유대 관계를 맺고 함께 창의적 활동을 하는 기대감을 불러일으키는 공간이 되었다. 행동주의를 실천하는 직원들은 과거에 주요한 동기 요인이었던 경제적 가치보다는 사회적 가치를 창출하려고 애쓰며, 새로운 유형의 자본주의를 형성하는 역할을 하고 있다. 블루칼라의 시대를 거쳐 화이트칼라의 시대가 되었지만 이제 노칼라의 시대가 도래했다.

100년 전 세상에 모습을 완전히 드러낸 현대적 의미의 사무실에는 위와 같은 모순과 반전의 흐름이 반영되었다. 사무실은 전례 없이 변형을 겪으며 지금도 새로운 위치로 이동하는 중이다. 변화하는 사무 공간이 장차 어떤 모습으로 우리 눈앞에 나타날 것인가에 대한 설명과 비평이 이 책의 핵심 논제라고 할 수 있다. 이 책에서 제시한 '언워킹unworking'이라는 말은 현대적 사무실에 굳어진 오래된 관념들을 해체하고, 우리의 의식에 깊이 배인 업무 습관과 관리 방식, 조직 문화를 지우고 새로운 것을 배우는 과정 전체를 의미한다. 이와 관련하여 15장에서 미래 업무 공간의 윤곽을 그려본다. 요컨대 지금보다 더 사회적이고 지속 가능하며, 감각적일 뿐 아니라 탄력적이고 유연하며 개인화된 업무 공간이 모습을 드러낼 것이다. 이어서 각종 디지털 기술과 실제 디자인 사례, 조직 전략이 녹아든 공간으로 사무실이 재창조될 것이다.

우리는 어떤 근거를 가지고 일의 미래를 말할까? 이 책에서 논의한 여러 변화가 지금도 눈앞에서 펼쳐지고 있다. 지난 20년 전후로 우리는 현대 사무 공간이 재창조되는 현장을 지켜볼 수 있는 최적의 자리를 마련했다. 2003년 런던에 위치한 대영 도서관에서

워크테크Worktech라는 콘퍼런스를 개최해 일과 업무 현장의 미래를 총체적으로 들여다봤다. 포럼도 만들어서 새로운 아이디어를 창출하고 사람과 공간, 기술을 포괄적으로 고려한 모범 사례를 선보이고자 했다. 첨단 장치와 장비가 뒷받침하는 일의 미래를 보여주거나 건축물의 외관과 가구, 마감재에 대해서만 말하는 행사는 이제 우리의 관심 영역이 아니다. 그보다는 인간행동human behavior과 인문과학human science 분야의 이야기를 다루고 싶었다. 그래서 데이터와 근거가 필요했다. 우리는 정해진 공식만 고집하지 않고 관련 분야에 혁신을 일으키는 사람을 찾고 싶었다.

워크테크 콘퍼런스는 출발이 더뎠지만 개최한 지 얼마 되지 않아 전 세계 30개 도시(뉴욕, 시드니, 싱가포르, 샌프란시스코를 비롯해 베를린, 홍콩, 암스테르담, 뮌헨, 코펜하겐, 토론토, 제네바 그리고 남미와 인도 전역)에 자리를 잡았다. 워크테크가 전 세계에 영향력을 미치는 모습을 보고 나서야 이 분야에서 부상하는 글로벌 트렌드를 감지할 수 있었다. 행사를 연이어 진행하고 12년이 지난 후 우리는 온라인 지식 플랫폼이자 멤버십 클럽인 워크테크 아카데미Worktech Academy를 설립하여 콘퍼런스 및 전문가들의 네트워크에서 발산되는 인사이트와 근거를 수집하고 공유했다. 워크테크 아카데미는 새로운 연구와 현장의 실제 사례를 잇는 중간다리 역할을 한다.

최근 몇 년 동안 비즈니스 리더, 혁신가, 작가, 건축가, 사업가, 기술 분야의 전문가, 인사 전문가, 교수, 과학자, 부동산 전문가 등 다양한 분야의 2천 명이 넘는 일류 연사들이 워크테크에서 강연을 했다. 그들이 콘퍼런스에서 청중과 함께 나눈 아이디어, 미래 예측, 사무 공간 모델은 근본적으로 '위대한 언러닝'을 시사한 것은 물론 이 책의 기본 토대가 되었다.

다시 1925년으로 돌아가보자. 프레드릭 테일러Frederick Taylor의 '시간-동작 연구time and motion experiments'를 신봉한 윌리엄 헨리 레핑웰W. H. Leffingwell이 『사무 경영: 원칙과 실제』를 출간했다. 이 책은 사무실의 효율을 높이는 교과서로 널리 인정받았다. 그런데 2018년 댄 라이언스Dan Lyons가 『실험실의 쥐: 왜 일할수록 우리는 힘들어지는가』로 인상 깊게 기록한 바와 같이 레핑웰도 테일러도, 100년도 지나지 않아 실리콘 밸리에서 회사 임원들이 레고 벽돌로 오리를 만드는 놀이에 진지하게 집중할 줄은 상상조차 하지 못했다.

요즘 신생 창업 기업에선 유럽풍 사내 카페에서 휴식을 취하고, 언제 어느 때고 간식을 즐길 수 있다. 여기에 더해 팀 빌딩team building을 위한 두려움 없는 금요일, 애자일 방법론, 흥미진진한 혁신 놀이터 등 조직의 효율을 높이는 다양한 활동을 한다. 이처럼 현대 사무 공간이 레핑웰의 엄격한 기계식 세계에서 라이언스가 활동하는 캘리포니아나 보스턴의 신생 창업 기업으로 전이된 과정을 파악하려면, 먼저 1920년부터 지금에 이른 과정을 되짚는 여정을 시작해야 한다. 과거를 이해해야 미래가 보이기 때문이다.

UNWORKING

PART 1

100년 사무실 변천사

현대적인 모습의 사무실은
언제 탄생되었나?

사무실,
효율성을 추구하는 공간

1920년대 초 도심의 사무실용 건축물 내부에서는 노동자들이 매일 판에 박힌 일상을 보내며 노동이 끝나는 시간만을 기다렸다. 이런 모습이 요가 수업에 참여하고 주스바에서 음료를 즐기는 오늘날의 업무 공간과는 동떨어진 세상처럼 보이는가? 1920년대의 사무실은 불과 몇십 년 전인 19세기의 사무원이라는 계층이 고상하게 업무하던 사무실과도 완전히 다른 세상이었다. 19세기의 사람들은 좁은 공간에서 혼자 일했거나 소수의 사람과 함께 일했는데, 새로운 시대에 달성된 기술적 업적은 천 년간 이어진 작업에 결정적 단절이 일어났다는 점을 암시했다. 19세기 중반 안락한 앤틱 롤탑 책상에 앉아 있던 디킨스 시대의 사무원이 거래원장을 보려고 고개를 숙였다가 들었는데 갑자기 거대한 기계 속 같은 1920년의 현대적 사무실로 이동했다면? 그가 어떤 생각을 했을지 상상할 수 있을까?

사회학자 니킬 서발Nikil Saval은 『큐브, 칸막이 사무실의 은밀한 역사』에서 위와 관련된 사고 실험을 다음과 같이 썼다.

> 익숙하던 작은 공간은 흔적도 없고, 종유석이 가득한 동굴처럼 높은 천장에 큰 기둥들이 떠받든 공간으로 바뀐 사실에 경악하게 될 것이다. 그와 동고동락했던 유일한 사무원은 사라지고, 낯선 사람 수십 명

이 깔끔하게 줄지은 책상에 앉아 있다. 바로 옆의 책상에서 시가를 물고 있던 파트너도 사라졌다. 이제 소함대를 이룰 만큼 수가 많아진 상사들은 성층권 높이의 임원실에 올라가 있다.[1]

서발은 1920년이라는 새로운 시대의 충격을 다음과 같이 묘사했다.

업무는 힘겹고 가차 없으며 끝이 없다. 고요하고 나른하던 회계실의 나날이여, 이제 안녕. 공장 같은 사무실의 노동이여 (중략) 스톱워치를 든 사람이 연필의 움직임, 서류철을 만드는 습관, 화장실에 가는지와 언제 가는지, 음료수대에서 얼마나 노닥거리는지, 몇 분을 낭비하는지 등을 모조리 기억한다.

서발이 계속해서 묘사하는 새로운 사무실에는 특유의 소리와 의식이 뒤따른다.

타자기와 계산기가 내는 소리와 금속 캐비닛을 여닫는 소리가 사무실을 가로지른다. 들어오고 나갈 때는 출근 카드를 찍는다. 날카로운 종소리가 하루의 시작과 끝을 알린다. 퇴근 시간이 되면 침침한 눈을 가늘게 뜨고 어둑어둑한 저녁 거리로 나와서 긴 행렬을 이룬 검은 코트 차림을 한 수천 명의 인파에 떠밀린다.[2]

건축사학과 교수 에이드리언 포티Adrian Forty는 19세기 말의 사무원이 방향 감각을 상실한 모습을 보다 구체적인 말로 설명한다. 포티는 1986년에 『욕망의 사물, 디자인의 사회사』에서 사무원의 아늑한 지위가 처음에는 분업에 의해서, 이후에는 과학적 관리론이 부상하면서 약화되는 과정을 설명한다. 이 과정에서 가구의 디자인도 중요한 기능을 했다. 19세기에 표준으로 통했던 사무용 책상(장식용 책상은 서류를 보관하도록 설계되었으며 자신만의 영역을 관리하는 책임자라는 사실을 암시했다)은 가능한 신속히 서류를 옮기는 기능 중심의 현대적 디자인으로 점차 대체되었다. 의자도 바뀌었다. 포티는 다음과 같이 설명한다. "새로운 디자인은 사무 노동의 성격이 변화한 점을 시사한다. 등 뒤의 칸막이가 없어진 자리는 사무원이 더 이상 사적인 공간에서 일하지 않는다는 것을 의미했다. 등받이가 없어진 덕분에 선임 사무원이나 감독관은 사무원이 최대의 효율로 일하고 있는지 확인할 수 있었다."[3]

관리자가 개인의 자율권을 없애고 업무 프로세스의 모든 측면을 통제하는 방법으로 효율성을 좇는 건 현대적 사무실과 관련된 모든 디자인 결정design decision의 핵심 요소다. 포티는 "피할 수 없는 현실이 있다. 효율성이 사무실의 궁극적 목표라는 점이다."라고 했다. 효율성이라는 개념은 업무 공간 개발에 완전히 녹아들었다. 디자인 사학자인 제니퍼 카우프만-불러Jennifer Kaufmann-Buhler가 2020년에 출간한 『Open Plan: A Design History of the American Office』에 따르면 오픈 플랜 사무실에서 '플랜'의 측면으로 공간,

조직, 작업자를 감독하는 명령·통제·권한의 체계가 마련된다.[4] 1920년대에는 '효율성'이라고 하면 곧바로 사무실을 떠올렸다. 효율성은 가구부터 파사드facade(건축물의 출입구가 있는 정면-옮긴이), 평면도까지 건물의 모든 부분을 설계할 때 가장 중요하고 당연하게 고려되는 요소였다. 이는 공장의 행정적 부속 공간으로서 현대적 사무실이 출현했다는 점을 의미했으며, 산업 혁명의 여명이 떠오를 법했다.

효율성이 현대적인 사무실의 추진력이 되었다면(그리고 다음 100년 동안 사무실의 생명선으로 유지되었다면), 효율성의 철학은 어디에서 시작되었을까? 현대적인 사무실의 출현에 관한 이야기는 포드주의Fordism 생산 라인의 혁신과 맥을 같이 하지만 전문가들 대부분이 중추적 역할을 한 인물로 헨리 포드Henry Ford가 아닌 다른 인물을 꼽았다. 바로 미국의 산업공학자 프레드릭 테일러(1856~1915)였다. 테일러는 경영학의 선구자이자 시간-동작 연구를 바탕으로, 작업의 흐름을 과학적으로 체계화한 인물이다. 그는 공장의 작업 관리 원칙을 화이트칼라 업무 현장에 적용하여 효율성의 극대화를 꾀했다.[5]

프레드릭 테일러는 인간이 이루는 모든 유형의 성과를 측정해야 한다는 생각에 사로잡혀 있었다. 니킬 서발은 테일러에 대해 냉담한 평가를 내렸다. "별로 관대하지 않은 사람은 그를 보고 미치광이라고 했을 것이다."라고 말이다.[6] 테일러의 머릿속에는 '노동자가 시간-동작 연구를 통해 과업을 설정해야 노동자 자신과 고용주 모두에게 이익이 된다'라는 생각이 가득했다.[7] 또한 그는 '과거에는 사람이 먼저였지만 미래에는 시스템이 먼저일 수밖에 없다'라고 생각했다. 노동조합의 반대편에 섰던 테일러는 제지 공장에서 일하면서 경영에 눈을 떴다. 이후 과학적 관리법으로 체계화된 그의 사상은 노동조합의 생디칼리슴syndicalisme을 저지하고 대영제국과 대등한 조건에서 경쟁하기 위한 수단으로 사용되면서 하버드대학교와 펜실베이니아대학교의 와튼스쿨 등 미국의 경영대학원에서 크나큰 지지를 받았다.

테일러의 이념은 '효율성의 해year of efficiency'인 1911년경 정점에 도달했다. 그의 이념은 「뉴욕 트리뷴」에서 '사업에서 낭비를 없애는 것은 이 사람의 특별한 기쁨'이라는 표제어 아래에 소개되었다.[8] 테일러가 이 신문에서 밝힌 바에 따르면, 어떤 작업을 그 구성 요소들로 분석하면 '작업을 둘러싼 또 그에 수반되는 조건 중 다수에 결함이 있다는 사실이 항상 드러난다. 그렇게 획득한 지식은 높은 수준의 건설적 작업, 도구와 작업 조건의 표준화, 우수한 방법론과 기계의 발명으로 이어졌다'로 귀결된다. 폐렴으로 사망하기 4년 전인 1911년, 테일러는 자신의 사상을 『프레드릭 테일러의 과학적 관리법』이라는 한 권의 책으로 체계화했다. 경영진이 새로운 방법론, 작업 조건, 표준을 엄격히 적용해야 한다는 것이 이 책의 핵심 요지다.

창시자의 이름을 딴 테일러주의Taylorism는 1920년대 산업 전반에 확산되었을 뿐 아니라 앞으로 수십 년 동안 영향을 미쳤다. 과학적 관리의 원칙에 따라 작업장은 합리적 생산 시스템으로 인식되었으며 지배적인 경제 모델에 적합한 디자인 특성이 적용되었다. 당시 제국주의 일본, 나치 독일, 급속히 산업화한 소비에트 연방이 테일러주의의 영향을 받았다. 레닌은 테일러주의에 대해 '테일러 시스템은 (중략) 모든 자본주의적 발전과 마찬가지로, 작업 중의 기계적 동작을 분석하는 분야에서 이룩된 위대한 과학적 성과들과 잘 보이지 않는 부르주아 착취의 야만성이 결합된 것이다'라고 평했다.[9]

한편 테일러주의로 인해 현대적 사무실에 대한 지배적인 메타포가 생겼다(작업장은 움직이는 산업 부품들로 구성된 기계처럼 인간적 요소가 심각할 정도로 신뢰받지 못했거나 완전히 무시되었다). 테일러주의는 또한 위계질서 및 회사의 보고 체계를 보여주는 조직도org chart를 유물로 남겼다. 조직도는 마치 복잡한 배선으로 구성된 전자 회로판 같았다. 20세기 대부분에 걸쳐 조직적인 작업에 대한 문제가 전부 공학 퍼즐을 푸는 일처럼 여겨졌다. 관리 효율성 이론은 사무실 직원들(말 그대로 기계의 톱니바퀴)을 엄격히 통제해야 한다는 주장에 기반한다. 이에 현대주의적 기계시대machine age(1920년대 초·중반을 이르는 시기—옮긴이)의 디자인은 이 관리 방식이 딱딱하고 직선적인 형태의 건축물들에 반영되도록 했다.

사실 현대적 디자인은 테일러주의에 대한 전 세계적 요구가 있기 전 이미 존재했다. 혁신적인 미국의 건축가이자 디자이너였던 프랭크 로이드 라이트Frank Lloyd Wright가 1904년 뉴욕주 버팔로시에 지은 라킨 빌딩Larkin Buinding은 현대적 사무실에 대한 최초의 상징적 프로젝트 사례로 널리 인용되었다.

이 건물의 방대한 아트리움 공간은 벽에 새겨진 회사의 슬로건 '지능, 열정, 통제(Intelligence, Enthusiasm, Control)'라는 문구와 함께 조직의 통합 및 경영주의 힘을 분명히 보여주었다. 이 슬로건 아래에서 통신판매 회사의 직원들이 빽빽이 줄지어 앉아 쥐 죽은 듯한 침묵 속에서(대화가 금지되었다) 세밀한 감독을 받으며 작업을 했다. 라킨 빌딩은 심지어 노동자들이 더욱 효율적으로 출퇴근

존슨 왁스 코퍼레이션 빌딩의 내부 전경. 미국의 건축가 프랭크 로이드 라이트가 설계했으며 1939년에 완공되었다. 과학적 관리법을 개방형 디자인으로 풀어낸 사례로 꼽힌다.

하도록 철도역 옆에 위치했다. 그런데 프랭크 로이드 라이트가 위스콘신주 라신시에 1936년부터 1939년까지 지은 존슨 왁스 코퍼레이션Johnson Wax Corporation Building 빌딩을 자세히 들여다보는 편이 어쩌면 더 디자인에서 나타나는 테일러주의를 알아차리는 데 도움이 될 것이다. 이 건물은 '효율성이라는 열병'이 처음으로 유행하고 나서 25년이 지난 시점에 완공되었는데 과학적 관리법을 정교하게 적용한 사례로, 매우 엄격하게 테일러의 사상이 반영되었다.

소설가 톰 울프가 풍자하듯 묘사한 것처럼 1940년대에는 현대 건축의 상징인 위대한 바우하우스의 '백인 신들White Gods'이 유럽에서 대서양을 건너 미국의 디자인 스쿨과 기업에 그들의 존재를 각인시켰다. 발터 그로피우스Walter Gropius와 미스 반 데어 로에Mies van der Rohe 같은 모던 디자인의 선구자들은 1920년대 바이마르 독일의 정치 상황이 급변하고 노동자 주택 단지가 건설되는 시기에 새로운 국제 양식International Style을 힘껏 익혔다.

그런데 아이러니하게도 이들은 산업 국가인 미국의 디자인 전문 분야에서 권위 있는 자리에 올랐다. 모던 건축 운동modern movement의 대의와 관련된 현대 사무실의 상징적 가치는 르 코르뷔지에Le Corbusier가 1923년 집필한 『건축을 향하여』에서 변함없이 이어졌다. 이 책의 상징적 구절은 다음과 같다. "우리의 현대 생활 (중략) 우리는 우리를 위한 도구를 창조했다. 바로 옷, 만년필, 샤프, 타자기, 전화기, 칭송할 만한 사무용 가구다."[10]

제2차 세계 대전 이후 철골 구조가 개발되는 등 건축 기술이 발전하자 값비싼 도심 부지에 사무용 건물들이 생겨났다. 건물 안은 임대하기 딱 좋도록 바닥에 기둥이나 장애물이 없으며 넓고 훤히 뚫려 있었다. 건물 내부에서는 테일러주의가 지배적 모델로 여겨졌다. 사무실 인테리어는 마치 조립식 부품들로 조합된 기계처럼 보였다. 책상은 직선 형태로 딱딱 맞춰 배치되어 있었다. 직원들은 확 트인 사무실에서 길게 줄지어 앉아 장시간 힘겹게 일했다. 반면 고위 임원들은 창문에 근접한 공간, 외각에 위치한 사무실, 길이 잘든 목재 가구, 미술 장식품, 개인 식사 공간 등을 제공받았다. 제니퍼 카우프만-불러가 설명한 바와 같이, 공간 표준이 새롭게 정립된 20세기 중반 '새로운 기업용 건물의 설계 과정은 합리화되고 표준화된 조직 계층 제도에 대한 참신한 해석을 낳았다.'[11]

이렇게 서로의 마음을 모르는 동료들이 모인 세상에서 현대 디자인의 이념과 관리의 효율성이 더해졌다. 미스 반 데어 로에는 1919년 삼각형 부지에 유리 벽의 사무용 건물을 세우는 계획을 구상한 바 있다. 이후 발전한 건축 기술을 사용할 수 있게 되자 1958년 뉴욕에 시그램 빌딩Seagram Building을 설계해 자신의 목표를 실현했다. 1년 후 파크 애비뉴에 위치한 시그램 빌딩 인근에 스키드모어와 오윙스, 메릴이 설계한 유니온 카바이드Union Carbide 본사 건물이 완공되었다. 기계의 내부를 보여주는 듯한 인테리어로 조명, 에어컨 장치, 파티션을 갖춘 이 인상적인 건축 그리드는 수십 년 동안 사무실 디자인의 본보기로 여겨졌다.

이때까지는 현대 사무실의 현실에 대한 깊은 충격이 대중

1958년 뉴욕의 시그램 빌딩. 본래 캐나다산 위스키 제조 회사인 시그램 본사였는데 미스 반 데어 로에와 필립 존슨Philip Johnson의 설계로 모던 건축 운동이 반영된 작업 현장의 상징으로 더 잘 알려졌다.

문화에 흡수되며 반발이 거셌다. 영화 〈아파트 열쇠를 빌려드립니다The Apartment〉에서 만년 말단 직원이었던 잭 레먼Jack Lemmon(직원 백스터 역)은 직원들이 밀집한 작업장을 탈출해 임원으로 승진하고 싶어서 자신의 아파트를 빌려주면서 회사 임원들의 환심을 산다. 과학적으로 관리된 사무 공간은 과장된 면이 있었다(매우 심하게 과장된 건 아니었다). 사실 영화는 긴 분량의 시작 장면에서부터 끝없는 행렬의 사무직 노동자들을 비추는 데 애썼다. 킹 비더King Vidor 감독이 1928년 연출한 드라마 〈군중The Crowd〉이 보여준 것처럼 근로자들의 모습이 매우 자세히 묘사되었다. 여기서 더 나아가 프랑스의 자크 타티Jacques Tati 감독의 블랙 코미디 영화 〈플레이타

빌리 와일더Billy Wilder가 감독한 로맨틱 코미디 영화 〈아파트 열쇠를 빌려드립니다〉. 계층이 나뉜 기업 내 절망적인 작업 현장에 관한 어두운 스토리가 담겼다.

영화 〈플레이타임〉의 한 장면. 현대적 사무실의 비현실적인 획일성을 대중문화의 핵심 소재로 다루었다.

임Playtime〉은 그 어느 때보다 테일러주의가 반영된 사무실을 위협적이고 암울한 분위기 즉, 카프카적으로 잘 그려냈다.

액션 오피스Action Office 개념을 도입한 허먼 밀러Herman Miller (100년이 넘는 역사를 자랑하는 미국의 가구 회사로 모더니즘을 전파하는 데 앞장섰다–옮긴이)의 로버트 프롭스트Robert Propst 등 진보적인 오피스 디자인 사상가들조차 테일러주의처럼 영향력 있는 모델에 의해 좌절할 운명이었다. 액션 오피스는 사무직 노동자들이 제자리에 머물도록 하기보다 다가오는 지식 노동의 시대에 이동과 공유를 장려하도록 설계된 가구 시스템이었다. 하지만 개성 없는 산업적

1964년 로버트 프롭스트가 허먼 밀러와 설계한 액션 오피스. 혁신적인 프로젝트는 모듈식 오피스 큐비클로 바뀌었다.

요소로 구성된 공간이라고 잘못 이해되고 남용되었으며, 그에 따른 비인간성의 문제가 비판의 도마 위에 올랐다. 액션 오피스는 좋은 의도로 도입되었지만 결국 비인간적인 사무실 큐비클cubicle(칸막이 – 옮긴이)이 등장하는 결과를 낳았다(지배적인 효율성 지표 중 하나가 무색해졌다).

사무실 환경에 대한 통제권을 관리자들에게 부여하는 데 있어, 조직의 욕구와 개인의 욕구 간 균형이 어긋났다는 점이 문제였다. '기업 효율성의 10년'이라고 불리는 1980년대에 수많은 신기술이 개발되면서 압박이 더욱 거세졌다.[12] 업무 공간은 목표가 달성되도록 가차 없이 능률화되었다. 고속 승강기, 컴퓨터화된 조명과 중앙집중식 냉방 장치로 통제된 환경은 스마트 빌딩smart building 또는 인텔리전트 빌딩intelligent building이라고 불리는 지능형 건물을 추구하면서 개별 통제를 없앴다. 워드프로세서는 네트워크로 연결된 개인용 컴퓨터에 자리를 내주었으며, 덕분에 직원들이 각자 자신의 책상에 매이게 되었다.

한편 직원들을 한 자리에 머물도록 하기 위해 가구와 이중 바닥을 통해 건물 주위로 길게 빠져나가는 구조화된 배선이 설치되었다. 그러면 가로막히는 부분이 없기 때문에 시선이 훤히 보여 직원들을 감독하기 좋아졌다. 큰 도심의 사각형 사무실은 내부 깊숙한 곳에 있기 때문에 사람들은 낮인지 밤인지, 바깥의 날씨는 어떤지 인식할 수 없게 되었다. 이는 70년 전 프레드릭 테일러도 사무원에게 강요하지 않았던 환경이다.

필연적으로 이 효율성 우선주의가 인간의 행복감에 영향을 미쳤다. 환경 전문가들이 소위 '아픈 건물 증후군sick building syndrome'의 원인을 밝히기 시작했다(억압적인 환경이 원인이 되어 나타나는 무기력, 답답함, 두통, 감기 같은 신체적 증상을 말한다). 그리고 개인의 통제감 부족이 아픈 건물 증후군의 주요 원인으로 분석되었다. 문제의 원인을 세심히 풀어내기 시작한 경영자들과 디자이너들은 작업 환경을 보다 유연하고 인간적으로 만들기 위한 새로운 방법을 모색했다. 그에 따라 매우 효율적인 건물에서 아주 민첩한 내부 환경으로 업무 공간의 방향이 전환되었다. 영국의 건축가이자 사무실 디자인의 선구자로 여겨지는 프랭크 더피Frank Duffy는 "건축의 영역에서 사무실 가구로 문제 해결 방향이 대거 전환되었다."라고 말했다.[13] 다시 말해, 고정된 건물 외관보다는 변경할 수 있는 자율적 요소에 투자하는 것이 더 경제성이 있었다는 뜻이다. 생산성을 추구하던 기업들은 내부 인테리어를 재구성할 방법을 찾고, 스트레스가 적으며 매우 편안하고 유연한 업무 환경을 구성하려고 했다. 덕분에 효율성 이론이 유발한 최악의 효과를 완화했다.

밀레니엄 시대를 맞이하여 더피는 건축가 동료들과 함께 사무실 디자인의 스토리를 효율성에서 효과성과 표현성으로 전환하는 문제를 논의했다.[14] 그런 노력의 일환으로 커뮤니티를 강조했다. 그래도 현대적 사무실의 진화적 측면에서 효율성이라는 개념을 잊으면 안 된다. 지금도 효율성이라는 개념이 우리의 직업 세계에 먹구름을 드리우며 이를 완화하는 새로운 관리 모델에 저항하는 중이기 때문이다.

평등한 일터를 만들려는 새로운 움직임

1988년 1월, 북유럽에서 가장 큰 항공사인 스칸디나비아항공SAS이 스웨덴의 스톡홀름 근교 프레숀다비크Frösundavik에 위치한 드넓고 공기 좋은 지역으로 본사를 이전했다. 노르웨이의 건축가 닐스 토르프Niels Torp가 설계한 스칸디나비아항공의 본사 건물은 기계 같은 사무실의 전통적 개념을 완전히 새롭게 바꿔놓았다. 호숫가가 보이는 식당과 유리창으로 덮인 거대한 구조물의 뼈대 아래로 태양열을 받는 내부의 '메인 스트리트'가 이어지고, 주변으로 상점과 식당, 커피 전문점 등이 늘어선 복합 커뮤니티가 형성되었다. 스칸디나비아항공의 CEO인 얀 칼슨Jan Carlzon은 당연히 이 건물을 뿌듯해했다. 칼슨은 회사의 임원들이 거리를 오고 가며 격식 없이 직원들을 만나 프로젝트를 만들고 점검하도록 권장했다.

그런데 메인 스트리트를 거닐던 칼슨은 문제를 하나 떠올렸다. 한가하게 산책을 할 권한이 있다고 느끼는 직원이 거의 없다는 사실을 깨달은 것이다. 메인 스트리트 주변에는 사람이 거의 없었다. 이에 칼슨은 스칸디나비아항공 직원이라면 적어도 하루에 한 번은 책상을 떠나 거리로 나오라고 지시했다. 칼슨은 업무 공간에 다목적 공공 장소가 필요한 이유를 강하게 밝혔다. 그는 다음과 같이 주장했다.

프레숀다비크에 위치한 스칸디나비아항공 사옥. 1988년 노르웨이의 건축가 닐스 토르프가 설계했다. 태양광이 비추는 메인 스트리트는 사회 평등적 사무실의 정점을 나타낸다.

> 서비스 기업은 계층 구조가 있을 수 없다. 본사에 성벽과 탑이 있는 성을 세우는 것은 부당한 일이다. (중략) 책상 앞에서 외롭게 앉아 있을 때보다 사람들 사이에서 창조적 만남이 이루어질 때 좋은 아이디어가 나온다. (중략) 다른 부서의 동료를 만나 커피를 마신다고 해서 업무를 소홀히 한다고 볼 수 없다.[1]

칼슨은 1985년 출간해 새로운 획을 그은 저서 『고객을 순간에 만족시켜라』에서 자신의 접근법을 간략히 설명했다. 바로 고객이 조직과 접촉하고 인상을 형성하는 접점이 중요하다는 것이다. 칼슨은 고객에게 양질의 서비스를 제공하기 위해서는 먼저 직원들 간의 상호 작용과 권한 부여가 중요하다고 생각했다. 여기서 직원들이 전망 좋은 곳에서 커피 한잔을 할 수 있도록 본사를 지은 이유를 알 수 있다.

스칸디나비아항공에서는 70년간 이어져온 테일러주의식 사무 관행이 단번에 뒤집어졌다. 새로 지어진 스칸디나비아항공 본사는 미적·조직적 측면에서 테일러주의와는 거리가 멀었다. 도시 외곽에 위치한 사옥은 수영장과 의료 센터, 체육관, 공원 벤치, 카페, 콘퍼런스 센터 등을 갖춘 하나의 거대한 도시였다. 직원을 위한 모든 편의 시설이 꼭 도심에 설치될 필요는 없으며, 외딴곳에 지어져도 괜찮았던 것이다. 나아가 그보다 더 많은 일이 진행되었다. 스칸디나비아항공은 직장에 대한 가장 순수한 형태의 사회 평등적 이상을 제시했으며, 그 영향력은 스칸디나비아를 뛰어넘어 널리 퍼져나갔다.

세계 각지의 건축가들이 토르프의 건물을 상세히 분석했으며 이 혁신적인 사례 중 일부가 영국, 독일, 미국의 사무실에 영향을 주었다. 다국적 기업들은 특히 메인 스트리트와 그 주변부의 보행로, 광장, 초목, 수로 등을 갖춘 커뮤니티 기반의 접근법에 매료되었으며, 사무직 노동자들이 비공식적이고 자연스러운 상호 작용을 하도록 휴식을 제공했다.

영국항공British Airway은 토르프의 디자인 방식 중 일부를 받아들이는 데 그치지 않았다. 그 즉시 건축가에게 본사인 워터사이드 빌딩Waterside building에 스칸디나비아항공의 프로젝트를 그대로 적용해 달라고 주문했다. 공사는 2억 파운드의 비용을 들여 1998년에 마무리되었다. 워터사이드 빌딩은 규모와 비용 면에서 영국에서 최고 수준의 사회 평등적 사무 공간이라는 상징적 존재가 되었다. 메인 스트리트에서 연결되는 말발굽 모양의 개별 건물에서 잎으로 우거진 수목이 전 직원의 시야에 들어왔다. 워터사이드 빌딩 때문에 직원들이 외부 전망과 동떨어진 큐비클에서 고되게 일하는 다른 사무실들은 힐난의 대상이 되었다.

스톡홀름 외곽에 소재한 스칸디나비아항공 본사 빌딩은 하늘에서 뚝 떨어진 것이 아니었다. 이 건물은 제2차 세계 대전이 끝나고, 유럽이 다방면에서 발전했음을 시사한다. 1945년 이후 경제를 산산이 부순 파시즘의 어둠을 걷어내고, 더 밝고 더 나은 유럽을 재건하자는 결단이 반영되어 사회적이고 평등한 커뮤니티 오피스들이 생겨났다. 사무실에 대한 새로운 접근 방식이 나타나면서 효율성만 좇던 원시적인 경제 효율에 집착하지 않게 되었고, 마을 또는 메인 스트리트의 배치에 따른 역동성이 사무실의 주요한 기능이 되었다.

스칸디나비아항공 본사 빌딩은 또한 조직 모델 측면에서도 테일러주의 사무실과 거리가 멀었다. 그래서 고정된 계층에 따라 할당된 시간과 동선을 측정하기보다는 일을 성사하기 위한 인간적 요소와 네트워크를 중요시했다. 이처럼 북유럽에서 화이트칼라 노동조합이 부상하면서 스칸디나비아항공 본사 빌딩과 그 영향을 받은 선구적인 프로젝트들이 추진되었다. 미국에서 테일러주의가 노동조합을 억누르는 수단으로 여겨졌던 사실과는 대조적이다.

미국에서 커뮤니티 오피스는 특정 목적으로 설계된 '상업의 성당cathedrals of commerce(뉴욕에서 가장 오래된 초고층 빌딩 중 하나인 울워스 빌딩Woolworth Building의 별명. 유럽 고딕 양식의 대성당과 유사한 디자인이 특징이다-옮긴이)'에 투자한 사람들이 개척했다. 이는 최적화를 중요시해서 건축된 빌딩을 임대함으로써 테일러주의의 물결을 탔던 모습과는 극명히 대비된다.

1920년대의 테일러주의가 반영된 사무실은 본래 공장의 부속 공간이었다. 그러다 20세기에 들어서면서 공장과 사무실이 점차 분리되었다. 1950년대와 1960년대에 형성된 사교적이고 민주적인 사무실은 의심할 여지 없이 그러한 진보의 발로였다. 비교적 완전 고용의 시대였던 당시에 사무실을 운영한 고용주들은 공장이나 광산과 경쟁하며 직원들을 위해 힘썼는데, 더 높은 임금을 제공하기보다는 사회적 상호 작용이 필요하다는 판단에 기초해 남부럽지 않고 쾌적한 환경을 제공했다.[2]

이러한 새로운 접근법이 최초로 실현된 사례로 1950년대 말 퀵보너Quickborner 컨설팅팀이 창시한 뷔로란트샤프트Bürolandschaf(오피스 랜드스케이핑office landscaping: 기존의 직급이나 서열에 따른 획일적인 배치가 아니라 커뮤니케이션과 유연성을 중시하는 사무실 구성 방식 – 옮긴이)라는 개념을 들 수 있다. 퀵보너는 아버지의 가구 회사에서 조수로 일하던 볼프강 슈넬레Wolfgang Schnelle와 에버하르트 슈넬레Eberhard Schnelle 형제가 함부르크에 세운 공간 계획 회사였다.

당시 사무실이라는 업무 공간의 밋밋하고 획일적인 배열에서 벗어나 새로운 시도를 하려던 슈넬레 형제는 테일러의 시간-동작 연구에 기반한 책상의 일렬 배치 구조를 타파했다. 그들은 업무 공간 전체가 유기적으로 연결되게끔 사무 환경을 배치했다. 테일러주의의 영향을 받은 미국의 경직된 직사각형 형태의 공간 배치는 사무실에서 평등 의식과 유기적 관계의 중요성이 커지면서 점차 개방되고 유연한 배치로 대체되었다. 사무실 디자인 분야에서 중대한 도약이 이루어졌다는 의미다.

유럽 기업들은 뷔로란트샤프트의 공간이 매력적이고 유연하다는 점을 재빨리 알아차렸다. 초창기에 슈넬레 형제가 창고에서 설계한 사무실 도면은 체계적으로 보이지 않았다. 그래도 슈넬레 형제는 휴식 장소와 멋들어진 화분을 놓아, 사무실이 기계의 이

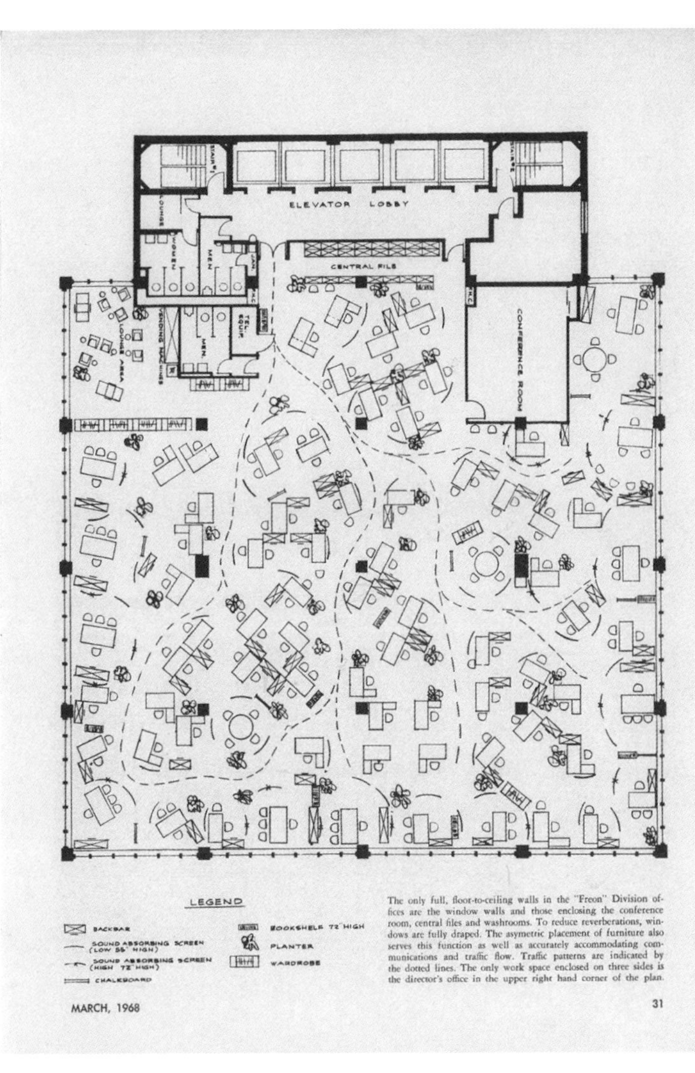

The only full, floor-to-ceiling walls in the "Freon" Division offices are the window walls and those enclosing the conference room, central files and washrooms. To reduce reverberations, windows are fully draped. The asymetric placement of furniture also serves this function as well as accurately accommodating communications and traffic flow. Traffic patterns are indicated by the dotted lines. The only work space enclosed on three sides is the director's office in the upper right hand corner of the plan.

MARCH, 1968 31

1950년대 말 독일 퀵보너 컨설팅팀이 설계한 건축 도면. 역동적인 업무 조직이라는 이상을 향해 한걸음을 내디딘 사례로 꼽힌다.

미지에서 벗어날 가능성을 보여주었다.

1960년대에 퀵보너 컨설팅팀은 영국과 미국에서도 팀을 구성했고, 1967년 듀폰Du Pont의 업무 공간을 미국 최초의 '오피스 랜드스케이프office landscape'로 설계했다. 미국 경제계는 바우하우스 디자인스쿨의 모더니즘을 받아들였을 때처럼 열광적으로 뷔로란트샤프트를 받아들였다. 미국에서는 이스트만 코닥Eastman Kodak, 뉴욕항만공사, 퍼듀대학교 등의 기관이 오피스 랜드스케이프 개념을 채택했다.

그러나 뷔보란트샤프트가 유행했다고 해서 테일러주의 사무실의 위상이 사라진 것은 아니었다. 단지 서열식 구조가 가려졌을 뿐이며, 책상이 이전과 달리 불규칙한 각도로 배치되었음에도 시간이 지날수록 테일러주의가 다시 자리를 잡았다. 개인 간 커뮤니케이션에 적합한 뷔보란트샤프트의 심미적 매력과 달리 이면에서는 사무실 운영을 위한 기계적 모델이 유지되었으며, 그에 따라 가구 배치도 여전히 시스템 기반의 접근법을 따랐다.

허먼 밀러의 디자이너였던 로버트 프롭스트는 1964년 액션 오피스를 탄생시켰다. 이 최초의 모듈식 사무 가구 시스템은 커뮤니티 오피스나 현대적 사무실의 효율성 이야기에 가장 적합한 구조일지도 모른다. 뷔보란트샤프트는 개방형 디자인 사무실의 일종이었지만 결과적으로는 기존의 사무실 운영 시스템에 기여했다. 이와 관련하여 디자인 사학자 제니퍼 카우프만-불러는 "오픈 플랜 사무실이 매우 높은 포용성의 이미지를 보여주었는데도 계층제는 늘 필수적으로 따랐다. (중략) 뷔보란트샤프트도 권력자의 지위와 우선순위, 선호를 체계화하고 강화했다."라고 평했다.[3]

1970년대가 되자 유럽 전역에서 분위기가 바뀌고 있었다. 노동조합은 갈수록 더욱 과격한 행동에 나섰다. 화이트칼라 노동자들은 직장에서 협의회를 형성해 노동 환경에서 발언권을 확대해 달라고 요구했다. 이탈리아와 독일, 스웨덴, 네덜란드는 노동자 대표가 이사회에 참여하도록 허용하는 법안을 통과시켰다. 소통과 협업을 중시하던 사무실은 이제 막 변화를 맞이할 참이었다.

1972년 네덜란드 출신의 건축가 헤르만 헤르츠버거Herman Hertzberger가 설계한 보험 회사 센트럴 비히어Centraal Beheer의 본사가 네덜란드 아펠도른에 지어졌다. 이 건물이 들어서면서 사무실을 커뮤니티로 바라보는 개념이 새롭게 나타나기 시작했다. 헤르츠버거의 건물은 수용 가능한 인원 1천 명에 승강기와 계단, 화장실이 연결되는 구조였다. 주변으로 한 면이 9미터인 56개의 정사각형 공간으로 구성되어 있다. 위에서 건물을 내려다보면 중세 도시의 거리가 연상된다.

건물 내부는 불규칙적으로 올라가는 콘크리트 블록의 '워크 아일랜드work islands'와 복잡하게 맞물려 있다.[4] 각각의 공간에는 대략 12명의 직원이 거주했다. 직원들은 페인트칠, 가구·화분 배치 등 취향에 맞춰 팀 내 공간을 자유롭게 꾸밀 수 있었다. 심지어 반려견을 데리고 올 수도 있었다. 어쨌든 네덜란드에서는 그랬다.

헤르츠버거는 직원들에게 사생활을 보장해줄 뿐 아니라 공동 공간인 사무실에 소속감을 느끼게 해주는 해결책으로 여겨지면서 인간적인 면모를 갖춘 지적 모더니즘의 공간을 창조했다고 인정받았다. 센트럴 비히어의 사옥은 건축된 지 거의 반세기가 지났는데도 처음 지어졌을 때처럼 여전히 직원들에게 크나큰 사랑을 받고 있다.

헤르츠버거가 자신만의 기하학적인 디자인으로 복합 커뮤니티 오피스를 설계했듯이, 노르웨이의 건축가 닐스 토르프는 태양빛이 환하게 비추는 스웨덴 중심가를 완공했다. 그렇게 다국적 기업들이 막대한 비용을 들여 자체적인 커뮤니티 기반의 건물과 대지를 마련했으며, 이를 바탕으로 평등한 사무실의 건축용 거푸집이 설치되었다.

이 획기적인 프로젝트들의 공통점은 디자인 관련 사회 이론에 대한 관심이 확대·적용되었다는 점이다. 사무용 건물은 더 이상 운영 효율을 극대화하는 노동자들의 컨테이너가 아니었다. 이제 노동자들의 긍정적인 심리 효과를 확대하는 구조와 세부 요소들을 바탕으로 하는 공간이 되었다. 그토록 견고해 보였던 관리 프로세스와 모더니즘 디자인의 관련성을 두고 처음으로 의문이 제기된 것이다. 사무실은 더는 기계적인 퍼즐로 한정되지 않았다. 나아가 사무실은 인간 중심적인 공간이 되었다. 1990년대에 들어 관행을 타파하는 아웃라이어들이 시대의 주류에 흡수되자 사무 공간 디자이너들은 모더니즘의 선구자들과는 달리 미래를 바라보는 일

1972년 네덜란드 아펠도른에 들어선 센트럴 비히어 빌딩 내부. 헤르만 헤르츠버거의 설계로 사회 평등적 원칙이 콘크리트 블록에 녹아들었다.

을 멈추고 과거를 되짚어 영감을 얻었다.

건축가들과 의뢰인들은 역사에서 전례를 들여다보며 수백 명의 시민으로 구성된 긴밀한 공동체가 어떻게 공간을 점유하고 사회 결속과 경제 성장을 이뤘는지 확인했다. 이어제로모더니즘(전통적인 관행을 깨고 새로운 곳으로 나아가려는 흐름－옮긴이)을 거부한 그들은 중세시대의 마을, 언덕 위의 정착지, 다리 위의 공동체를 들여다보았다. 또한 그들은 그리스의 아고라agora, 북아프리카의 카스바kasbah, 고풍스러운 옥스브리지oxbridge의 쿼드quad, 코츠월드cotswolds의 크래프트 길드craft guilds를 샅샅이 분석했다.

1990년 초반 스튜디오스 아키텍처Studios Architecture가 밥콕 앤드 브라운Babcock & Brown의 사무실 공간 계획을 수립한 것은 그런 흐름을 포착해서였다. 이 투자은행 회사는 샌프란시스코 해안가에서 과거에 창고로 사용되던 건물에 입주했다.[5] 1926년에 건축된 힐스 브라더스 빌딩Hills Brothers Building의 꼭대기 층에 밥콕 앤드 브라운의 사무실이 중세시대 도시의 지형처럼 배치되었다. 이 사무실은 임원실을 지키는 관리실, 성당의 앞뜰과 유사한 탁 트인 공간을 갖췄다. 게다가 '언덕 꼭대기'에 업무 구역의 형태로 높이 올린 두 지역이 있는데, 구불구불한 경사로와 계단을 통해 접근할 수 있었다.

사무실에서 실천 공동체를 만들기 위한 탐구는 도시 계획urban planning과 조경landscape architecture의 언어로 거듭 실현되었다. 그 과정에서 사회 운동가이자 도시 계획가인 제인 제이콥스Jane Jacobs가 1961년에 썼던 『미국 대도시의 죽음과 삶』이 다시 출간되었다. 미

샌프란시스코의 힐스 브라더스 빌딩. 본래 커피 회사의 사옥으로 건축되었다가 1990년대 초반 투자은행 회사 밥콕 앤드 브라운 사무실이 입주하면서 활력을 되찾았다. 스튜디오스 아키텍처는 중세시대 도시풍의 건물에 포스트모더니즘의 원칙을 더해 공간을 설계했다.

국 도시의 황폐화를 주제로 도시 계획의 흐름을 바꿔놓은 이 책은 1990년대에 재출간되면서 사무 공간 디자인의 기본 지침서로 다시 인기를 누렸다.

이 책에서 제이콥스는 뉴욕의 그리니치 빌리지Greenwich Village 같은 주택가를 즐겁고 살기 좋은 공간으로 만드는 특성과 특징에 대해 설명했다. 또한 어떻게 휴먼 스케일human scale(친밀감 있는 주변 공간과 환경을 조성하기 위해 인간을 설계 기준으로 삼는 개념－옮긴이), 다양성, 복합 용도로 사람들이 거주하는 구역에 생기가 돌게 하는

지 분석하고 설명했다. 이런 요소들이 사무용 건물이나 낡은 창고에 새로운 활기를 불어넣었고 때맞춰 사무 공간 디자이너들이 깊은 관심을 가졌다.

건축가 클라이브 윌킨슨Clive Wilkinson은 1998년 광고대행 회사 TBWA 샤이엇데이TBWA Chiat Day가 로스앤젤레스 창고 건물로 이전할 때 수백 명이 거주하는 이상적이고 창의적인 커뮤니티를 설계하고자 1960년대 초반 그리니치 빌리지의 지적인 면모 즉, 파스티슈pastiche(혼성 작품이나 합성 작품을 지칭하는 말로 유명 작품의 분위기나 아이디어를 모방하여 새로운 작품을 만드는 방식–옮긴이)를 재현했다. 1층의 가로수가 늘어선 메인 스트리트를 이용해 공원과 야구장, 카페 등 직원들이 함께 쓰는 공공 편의 시설들을 이등분해서 배치했다.

그로부터 3년 후 윌킨슨은 다른 광고대행 회사를 위한 두 번째 캘리포니아 프로젝트를 진행했다. 이 프로젝트를 진행하면서 그는 공장으로 사용되었던 공간에 '항구 지역 커뮤니티'를 구성하여 복고풍 커뮤니티 모델을 더욱 확대하여 적용했다. 목재로 된 부둣가 구조물과 정돈된 육지 지역이 있으며, 천장에는 윈드서핑 보드들을 매달아서 조금 더 바다 느낌이 나도록 하고, 녹색과 푸른색으로 작업 책상을 배치했다.

이처럼 정교한 포스트모던 사무실의 메타포는 역사학자 에릭 홉스봄Eric Hobsbawm이 말한 대로 '전통의 재발명'을 의미한다. 이 메타포는 표상하는 개념 이상의 의미가 있었다. 요컨대, 내면을 마주하고 새로운 유형의 환경에서 일하는 개인들의 행동과 성과에 영향을 미치는 설계였던 것이다. 이런 디자인 계획은 조직생태학organizational ecology이라는 용어가 구체화된 모습이라고 볼 수도 있다. 조직생태학은 1981년 코넬대학교의 교수 프랭클린 베커Franklin Becker가 조직 안에서 사회적인 것과 물리적인 것이 상호 의존하는 현상을 최초로 정의한 개념이었다.[6]

한편 센트럴 비히어의 설계를 구상한 헤르츠버거가 프랑스의 인류학자 클로드 레비-스트로스Claude Lévi-Strauss로부터 영향을 받았다는 사실은 전혀 놀랄 일이 아니다. 헤르츠버거는 사람들이 살아가는 방식을 이해한 것을 기초로 하여 업무 공간을 정의·설계했기 때문이다. 이후 영국의 경영학 교수인 키스 알렉산더Keith Alexander와 일프린 프라이스Ilfryn Price가 시설 관리의 맥락에서 조직생태계 구축의 문제를 이야기했다. 둘은 사무실이 고정된 기술적 인공물이라기보다는 '사회적 이용 관행의 영향으로 끊임없이 전개되는 네러티브'라는 점에서 커뮤니티를 추구하는 현상을 설명했다.[7]

클라이브 윌킨슨과 여러 건축가는 풍부한 상상력이 녹아든 커뮤니티 구성 프로젝트를 설계했다. 캘리포니아는 그런 프로젝트들이 펼쳐진 진원지였다. 특히 실리콘 밸리에서 사업을 운영하는 빅테크 기업들이 비싼 비용을 들여서 커뮤니티 오피스를 설계하는 흐름이 계속 이어졌다. 2000년, 화려한 수상 경력을 자랑하는 애니메이션 스튜디오이자 스티브 잡스Steve Jobs가 이끈 픽사Pixar가 직원 500명이 근무할 새로운 캠퍼스로 사옥을 이전했다. 이로써 자체적

건축가 클라이브 윌킨슨이 사무실 공간 계획에 포스트모던 메타포를 적용한 사례. 왼쪽은 1960년대 그리니치 빌리지 주택가를 본뜬 TBWA 샤이엇데이(1998년), 오른쪽은 글로벌 광고 대행사 푸트 콘 앤드 벨딩Foot, Cone & Belding의 사무 공간이다.

EXIT

으로 '타운 스퀘어town square'를 갖춘 거대하고 호화로운 산업 단지에 모든 영화 제작 기술이 집결되었다. 픽사는 직원들이 서로 만나고 마주치게끔 분위기를 북돋았다. 그러다 보면 뜻밖의 발견이 새로운 아이디어와 혁신으로 돌아오기 때문이다.

이후 애플에 복귀한 잡스는 건축가 노먼 포스터Norman Foster에게 애플 파크Apple Park의 설계를 부탁했다. 이 환상적인 신규 사옥에는 1만 2천 명이 넘는 직원들이 상주할 예정이었다. 잡스의 유작으로 불리는 애플 파크는 우주선을 닮은 거대한 원형 건물로, 숲이 우거진 자연 경관을 배경으로 삼고 있는데, 잡스가 세상을 떠나고 5년이 지난 2017년 3월, 캘리포니아 쿠퍼티노에서 모습을 드러냈다. 이에 영향을 받고 빅테크 기업들, 특히 페이스북과 구글도 일류 건축가들에게 설계를 맡겨서 실리콘 밸리에 초대형 사옥을 새로 지었다.

스티브 잡스는 재택근무를 끔찍이 싫어했다. 잡스는 사람들이 우연히 만나는 가운데 최고의 성과가 나온다고 생각했다. 그는 '창의성은 자연스러운 만남, 무작위한 토론에서 생겨난다'고 여겼다. 또한 "누군가를 우연히 만나 무슨 일을 하고 있는지 물어보면 입에서 '우와' 하는 감탄사가 나옵니다. 그리고 온갖 아이디어가 생깁니다."라는 말을 남겼다.[8] 잡스가 우주에서도 보일 만큼 거대한 공동체 지향 사무 공간 프로젝트를 시작한 이유가 바로 여기에서 기인했다. 코로나19 팬데믹으로 인해 재택근무가 빠르게 확산되는 상황에서 업무 공간 기반의 협업을 중시한 잡스의 청사진이 공감을 얻고 있다. 이에 따라 재택근무를 원점으로 돌리고 싶어 하는 경영자들이 늘고 있기도 하다.

경이로운 애플 파크가 세상에 모습을 드러냈지만 한편으로는 커뮤니티 오피스 모델은 한계를 드러내고 있었다. 갈수록 변화가 빠른 비즈니스 시장에 맞춰 기업들은 비싼 비용을 들여서 맞춤형 업무 공간을 구성하기는 했으나 변경할 수 없는 구조에 대해 의문을 제기하기 시작한 것이다. 커뮤니티 오피스는 시공간에 고정되어 있지만 세상은 계속 움직이고 변화한다. 빠르게 발전하는 디지털 기술을 이용하는 지식 노동자들은 예측할 수 없는 노동 패턴을 보인다. 이런 흐름에서 새로운 유형의 사무 공간으로 등장한 커뮤니티 오피스가 효과적인 대응책이 될 수 있을까?

다음 순서에서 '네트워크화된 사무실'로 표현했듯이, 업무 공간에 거대한 변화의 물결이 일어나기 시작했다. '효율성의 열병'으로 19세기 사무원의 고상한 세상이 무너졌고, 사회적 평등주의가 기계의 영향을 완화시켰다. 네트워크는 커뮤니티 오피스에 어떤 영향을 미쳤을지 살펴보자.

모든 것이 연결된 네트워크화된 사무실

2000년대로 넘어갈 즈음, 20세기의 필수 인공물 중 하나인 사무실을 빠르게 변화하는 업무 형태와 조합하려는 시도가 있었다. 하지만 구체적 공간 계획과 관련해서 기업들은 의견을 일치시키지 못했다. 서로 대립하는 공간 계획들은 그저 관심을 끌기 위한 경쟁 수단이 되었다. 기업들은 사무실 부동산 비용을 줄이는 문제를 두고 고민했을 뿐 아니라 직원들에게 혁신을 불러일으키는 부분에도 관심을 가졌다. 고용주들은 혼란을 느꼈다.

새로운 업무 공간의 문제는 물리적 공간에서 나아가 가상의 공간에도 발생했는데, 제지 공장(프레드릭 테일러가 경영에 눈을 뜨게 된 곳-옮긴이)도 가짜 중세시대 도시의 경관도 거기에서 비롯된 다양한 파생물(장소, 존재, 영속성에 기반한 그 모든 것들)도 충분한 해법이 되지 않았다. 40년 전인 1960년에 이미 미국의 경제학자 피터 드러커Peter Drucker와 프리츠 매클럽Fritz Machlup이 차례대로 '지식 노동knowledge work'이라는 용어를 정립했지만 지식 노동자들 특유의 상호 작용이 업무 공간에 진지하게 반영되지 않았고, 지식 노동자들이 필요로 하는 부분들이 수용되지도 않았다.

이렇게 혼란스럽고 모순된 상황 속에서 네트워크화된 사무실이 등장했다. 그리고 우리는 그 핵심 역량을 가지고 오늘날을 살아가고 있다. 네트워크화된 사무실이 등장한 이후 사무용 건물은

건강보험 회사 메디뱅크MediBank 사옥의 중앙 아트리움. 2015년 호주 최대 건축 회사 하셀Hassell이 설계했다. 사회 연결망social network을 물리적으로 구현했다는 평을 받는다.

독립되고 고정된 인공물이 아니라 역동적인 조직 내의 관계망에서 하나의 접점으로 다시 자리를 잡았다. 이는 부동산 공급과 관련된 문제라기보다 수요에 의해 반응이 일어난 현상으로 봐야 한다.

네트워크화된 사무실은 업무 프로세스에 적용되는 것은 물론이고, 그에 가치가 더해지도록 설계된다. 테일러리즘 시대의 가치였던 효율성에 더해 효과성도 중시되었다. 네트워크화된 사무실은 사회 평등적 모델이라기보다는 단축된 사무실 임대 기간, 탄력성 높은 공간, 재구성 가능한 가구 부속품 등으로 업무 변동성에 맞춰 더욱 유연하게 구성되었다. 그리고 처음으로 가상의 존재가 업무 환경에서 물리적 존재와 공존했다. 결정적으로 이런 흐름을 더욱 몰아간 사람들은 이전 사무실 시대의 경우처럼 설계자들이나 거주자들이 아니었다. 바로 서비스 제공자들이었다.

네트워크화된 사무실에서는 디지털 기기를 사용하며 매우 높은 이동성을 가진 인력이 핵심 지식과 자원의 제공처에 연결된다. 이로써 코칭과 멘토링은 물론 협업을 통한 혁신이 촉진된다. 이런 사무실은 사실상 비즈니스와 기업 문화의 중심축이 된다. 네트워크화된 사무실은 원격으로 드나들거나 접속하는 장소다. 게다가 갈수록 가상 세계로 접어드는 모습이 더욱 사실적으로 구현되고 있다. 네트워크는 정보를 전송하고 수신하는 컴퓨터와 기기들이 조합된 시스템으로, 원격 통신과 관련해 특별한 의미가 있다. 컴퓨터 네트워크 이론이 사무실에 영향을 미친 사실은 의심할 여지가 없고 말이다.

그런데 사무실의 변화와 관련해서는 네트워크는 그보다 더 넓은 의미가 있다. 네트워크에는 아주 중요한 의미가 담겼다. 바로 지식 경제에 일어난 가장 근본적인 변화를 반영한다는 것이다. 한때 과학적 관리법의 효율성 극대화주의가 진리처럼 통했던 시대가 있었지만 반복되고 선형적인 프로세스 중심의 작업을 지양하는 흐름 덕분에 노동의 본질 자체가 변화했다.

지금은 프로세스 중심의 작업 대신 지식 노동이 점점 더 강조되고 있다. 공식에 의존하기보다는 지식과 학습을 노동에 적용하는 흐름이 대두되었기 때문이다. 노동자들이 빽빽하게 모여 앉은 채 감시·감독 체제에서 명확한 지시를 따르는 모습이 사라지고, 자기 주도적으로 업무를 하며 협업과 탐구에 중점을 둔 채 일하는 업무 방법이 등장했다. 그 결과 사무실이라는 공간에 지식이 모여들고, 조직 안팎에서 서로 연결이 이루어지고 있다. 퀵보노가 설계한 뷔로란트샤프트는 커뮤니케이션 네트워크 이론의 중요성이 강조된 개념이었지만 해당 시대의 협소한 공간 관행과 기술에 한정된 측면이 있었다. 이후 지식 실행 공동체community of practice를 대상으로 진행된 실험은 지식 노동자의 활동 방식을 제대로 파악하지 못한 채 건물이나 캠퍼스 안에서 이루어지는 협업의 형태나 비공식 사회적 네트워크에 초점을 맞추곤 했다.

피터 드러커가 처음으로 지식 노동자로 구분한 사람은 의사, 변호사, 학자, 과학자였다. 그리고 수년에 걸쳐 폭넓은 범위의 관리·마케팅 분야의 노동자들이 지식 경제에 합류했다. 2001년 드러커는 더 나아가 '지식 기술자knowledge technologist'라는 노동자 계층 개념을 제시해 관심을 끌었다. 지식 기술자에는 컴퓨터 기술자, 소프트웨어 설계자, 임상 실험실 분석가, 법률 보조원 등이 속한다. 바로 이 사람들로 인해 전 세계의 지식 노동자군이 확대되었다.[1]

그런데 새로운 세기가 시작되었던 이 시기에 지식 노동자와 지식 기반 조직을 위한 업무 공간은 어떻게 설계되어야 했을까? 우리는 그에 대해 얼마나 알고 있었을까? 답부터 말하자면 '그리 많이 알지 못했다'라고 할 수 있다.

2002년 「MIT 슬론 매니지먼트 리뷰」에 실린 논문에 따르면 기업들은 업무 공간 재설계 실험을 수없이 진행하고도 제대로 학습하지 못했다. 논문의 공동 저자 중 한 명인 토머스 데이븐포트Thomas Davenport는 대부분의 새로운 지식 노동 환경을 '일시적 유행, 장기간의 유행, 믿음에 이끌린 것'으로 설명했다.[2] 드러커는 지식 노동자의 생산성에 대해 "우리는 2000년대에 사는데, 육체 노동자의 생산성 측면으로 보면 1900년에 머물러 있다고 할 수 있다."라고 설명했다.[3] 20세기에 육체 노동자의 생산성이 50배 이상으로 증가한 점을 고려할 때 지식 노동 환경을 향한 가파른 오름세가 있었다는 것이다.

네트워크화된 사무실은 누구나 해법을 찾을 수 있는 공간으로 구성되었다. 이는 새로운 디지털 기술을 지원받는 지식 노동자들이 순환적인 장소들을 오가는 방식으로, 구시대의 고정된 사무용 건물과 업무 관행에서 벗어났다는 현실을 의미한다. 지식 노동자들은 기업 캠퍼스, 공동의 공간, 자택, 전문가 협회 및 관계망에 해당되는 환경을 오간다. 우리는 2006년에 전 세계를 대상으로 지식 노동자의 업무 수행을 돕도록 설계된 새로운 사무실 디자인에 대한 조사를 최초로 실시했다. 이 조사에서 40건이 넘는 사무 공간을 분석했으며 지식 노동을 위한 네 영역, 즉 기업 영역(아카데미), 공공 영역(아고라), 전문 영역(길드), 가정 또는 사적 영역(롯지)을 확인했다.[4]

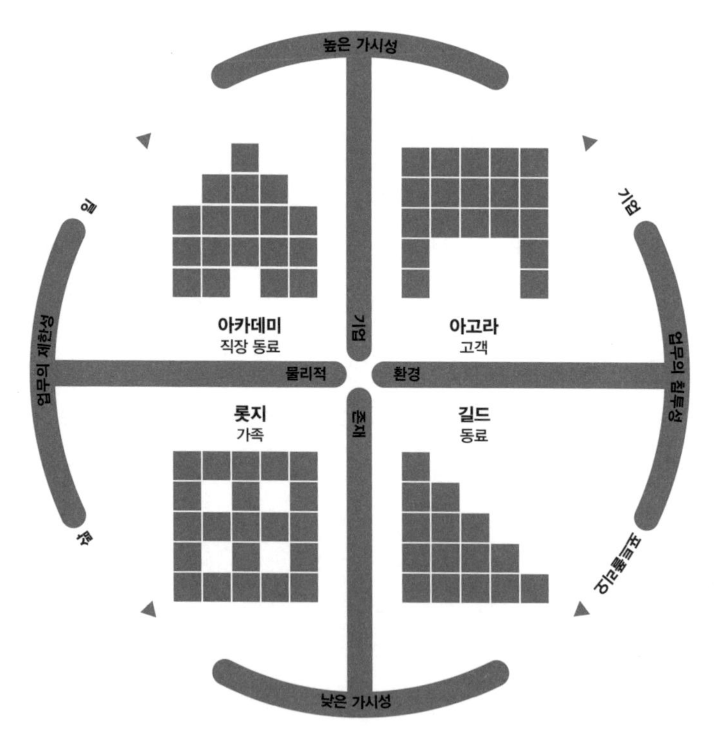

지식 노동을 위한 네 영역, 『Space to Work』, 2006년, 제레미 마이어슨, 필립 로스

아카데미는 대학교와 같은 학습 장소를 가리키며, 직장 동료들이 모여 협력하는 업무 형태를 만들어간다. 이와 관련된 역사적 선례로 정확한 건축 모델의 측면은 아니지만 정신적인 면에서 대학교의 앞뜰이나 사각형 안뜰을 들 수 있다. 아카데미는 특정 장소에서 기업의 존재에 대한 높은 수준의 가시성을 드러낸다. 또한 커뮤니티 오피스의 전통에 속해 있는 공간이다. 은행, 보험 회사, 광고대행 회사, 경영 컨설팅 기업 등이 초기에 아카데미를 도입했다.

아고라는 도시와 시장 같은 개방된 형태로 공공의 업무 현장을 말한다. 역사적 선례를 살펴보면 고대 아테네에서 상업과 사회 활동의 중심지였던 광장이 있다. 아고라는 아카데미와 마찬가지로 기업의 존재감을 드러내는 공간이지만 도시 맥락과 매우 높은 관련성을 보인다. 미디어 기업과 자동차 회사 같은 테크 기업들이 초기에 아고라를 도입했다.

길드는 공통된 기술이나 전문성을 가진 동종 업계 동료들의 집단을 표현한 말이다. 중세시대에 장인이나 상인이 조직한 조합을 길드라고 불렀다. 길드 영역은 업무에 깊숙이 파고드는 특성들이 기업 존재의 낮은 가시성과 결합한다.

원래는 '숲속 오두막'이라는 뜻의 롯지lodge는 일과 삶이 공존하는 환경, 사무실의 기능을 겸하는 자택을 의미한다. 관련하여 역사적으로 농가, 초기의 은행과 운송 회사를 겸했던 부르주아의 거주지 등 상업 활동이 이루어진 집안과 같은 환경을 찾아볼 수 있다. 롯지는 기업의 존재감이 드러나지 않고 업무가 억제되는 환경이다. 다른 분류 영역에 비해 많은 조사가 진행되지 않았지만 롯지는 코로나19 팬데믹 시기에 한동안 주목을 받았다.

지금까지 지식 노동자의 업무 공간을 하나의 매트릭스 안에서 네 가지 유형으로 분류하여 지식 노동이 전체 네트워크상에서 분산되는 과정을 설명했다. 기업이라는 조직의 생태는 과거 그 어느 때보다 더 복잡해지는 중이다. 이런 이유로 매우 다양한 유형의 기업이 유목형 노동자의 자기 주도적인 노동력 향상을 위해 네트워크화된 사무실을 계획했다. 화이트시티와 샐퍼드 퀘이스에 미디어 빌리지를 갖춘 영국의 BBC부터 글로벌 경영 컨설팅 기업 액센추어에 이르기까지 많은 기업이 실험을 진행했다.

오늘날 우리가 접하는 네트워크화된 사무실은 사회 평등적 모델인 커뮤니티 오피스에 비해 매우 유연하지만 어쩌면 개인의 편의와 집단의 결속이라는 수준에서는 후퇴했는지도 모른다. 프레드릭 테일러가 상상했을 법한 수준보다 더 효율적으로, 적기에 공간이 사용되도록 사무실에 새로운 기술이 도입된 것은 분명한 사실이다. 테일러주의가 적용된 사무실이 설비와 공간 관리의 원칙을 중심으로 운영되었고 커뮤니티 오피스가 HR 분야를 아울렀듯이, 네트워크화된 사무실은 IT 부서에 크게 의존하게 되었다.

스마트 빌딩 또는 인텔리전트 빌딩은 '바보 같은 컨테이너 박스'에 반대되는 개념으로, 2000년대 초반에 기본 토대가 마련되었다. 상업용 인터넷의 급속한 성장, 랩탑과 휴대폰 같은 개인 기기의 확산, 건물 관리 시스템의 발전, 고속 케이블에 이어서 무선 네트워크의 출시 및 표준화가 스마트 빌딩 토대를 구축했다. 2006년에서 2016년에 이르는 10년 동안, 고성능 스마트폰이 출시되고 인터넷 연결 속도가 더욱 빨라지는 등 스마트 기기 개발의 두 번째 국면이 펼쳐졌다. 기술 융합, 오픈 소스 소프트웨어, 애플리케이션, 클라우드 컴퓨팅은 네트워크화된 사무실의 잠재력을 한껏 끌어올렸다.

요즘 우리는 스마트 빌딩이라는 세 번째 단계로 깊숙이 파고들었다. 이 단계는 '디지털 생태계digital ecosystem'의 시대다. 어느 때보다도 매우 강력해지고 저렴해진 컴퓨팅 파워, 또 수십억 개의 연결 기기, 매우 빨라지고 광범위해진 연결성, 우리의 손끝에서 다뤄지는 막대한 양의 데이터가 스마트 빌딩의 발전을 촉진하는 중이다. 스마트 빌딩은 일반적으로 관리와 유지, 변화에 적응하기 수월하고 모든 유형의 점유자들에게 진짜로 혜택이 돌아가는 공간으로 설명된다. 또한 스마트 빌딩에서는 건물의 점유와 성능에 대한 피드백이 실시간으로 제공되며, 예측 분석을 하는 자율적인 능력 덕분에 조명과 난방이 조정되거나 조직이 필요로 하는 요소에 따라 공간이 재배치된다.

데이터에 따라 처리되는 기본 요소들이 위치 센서, 환경 감시 대시보드를 도입하면서 1920년대의 사무실이 드러내던 어두운 갈색풍의 효율성주의를 컴퓨팅의 영역으로 확장시켰다. 동시에 네트워크화된 사무실은 속도와 정확성으로 인간의 필요를 충족시키는데, 이는 커뮤니티 오피스의 바탕이 된 메타포 기반의 디자인으로는 전혀 충족될 수 없었던 부분이다.

이처럼 스마트 빌딩이 등장하면서 네트워크 기반의 사무실에 디지털 네트워크가 도입되었으며, 동시에 새로운 상업용 부동산이 부상하여 물리적 네트워크가 재구성되었다. '협업'이라는 용어가 공유 업무 공간의 실제를 확인하는 기준으로 인식된 2005년부터, '서비스 공간으로서의 사무실'이라고 총칭할 만한 새로운 모델과 함께 사무 공간 분야에서 실험이 시작되었다. 서비스드 오피스serviced office(사무 공간뿐 아니라 다양한 업무 지원 서비스를 제공하는 임대 사무실-옮긴이)가 도입된 지 꽤 오래되었음에도 사무실을 서비스로 바라보는 개념은 무언가 새롭게 여겨졌으며, 협업이 가장 눈에 띄는 현상이 되었다.

영국 왕립예술대학Royal College of Art의 박사 과정 연구원인 이모겐 프리벳Imogen Privett은 협업이 사무실 디자인 전반에 미친 영향을 연구해 왔다. 프리벳이 정의한 바에 따르면 협업은 '회원제 기반의 업무 공간이 제공되어 저마다 다른 조직에 소속된 개인과 집단이 공동의 환경에서 시설을 함께 사용하고 생각과 지식을 나누는 일'이다.[5] 프리벳의 분석이 보여주듯, 공동체에 속해 있다는 소속감이 협업 공간에 참여하는 결정을 할 때 핵심 요인이 된다는 점이 광범위한 분야에서 공통적으로 확인되었다.

한편 가구 판매 회사 하워스Haworth의 연구 관리자 가보르 나기Gabor Nagy는 협업이 진화하는 네 단계를 분석했다.[6] 첫 번째 단계에서 협업은 멀리 떨어져 있는 작업자들과 프리랜서들이 고립 상태에서 벗어나 함께 모여서 넓은 임대 공간을 공유하는 사회 운동으로 부상했다. 그들은 함께 일하고 서로의 전문 기술을 조합할 때 예상치 못한 혁신이 일어난다는 사실을 깨달았다. 두 번째 단계에서는 똑똑한 기업가들이 협업 공간을 운영하여 이익을 창출함에 따라 협업 자체가 창업으로 이어졌다. 대중에게 개방된 공간에 회원제를 도입하자 프리랜서, 신생 창업 기업과 그런 기업의 직원들이 모여들었다(그리고 지금도 계속 모여들고 있다). 세 번째 단계에서는 협업이 주류가 되었다. 협업 공간의 선두주자들이 위워크WeWork와 스페이시즈Spaces처럼 브랜드를 갖춘 거대 기업으로 성장한 이래, 업무 공간의 소비자화 현상이 일어났다.

우리가 오늘날 겪고 있는 네 번째 단계에서는 대기업들이 직접 그리고 상당한 수준으로 협업에 참여하고 있다. 대기업들은 글로벌 팬데믹 기간 동안 원격근무가 확산하자 유연한 업무 공간을 활용해 자산 포트폴리오를 재고하거나 축소하는 중이다. 여기서 그치지 않고 대기업들은 자체 업무 공간에 협업과 같은 철학을 도입해 직원들에게 한층 더 연결된 공동의 경험을 제공한다.

이와 관련된 연구를 진행한 오헬리 루클레어 발델라노이트Aurelie Leclercq-Vandelannoitte와 앙리 이삭Henri Isaac은 다음과 같이 말했다.

> 이전의 어떤 업무 조직 모델보다도 더 나은 협업 공간은 지식 노동을 특징짓는 다섯 가지 요건으로 설명된다. 정보에 대한 접근, 지식에 대

한 접근, 상징적 자원에 대한 접근, 사회적 자본에 대한 접근, 우연한 발견의 기회 (중략) 이 다섯 가지 요건은 조직 내 업무 프로세스의 패러다임에 깊은 변화 또는 전환이 일어났다는 점을 의미한다.[7]

네트워크화된 업무 공간 계획의 일부분이자 유연성의 상징으로 협업을 증진하는 움직임은 팬데믹 이후 시대에 더욱 활발해질 것으로 보인다.

사무실과 디자인 문화는 1920년대에서 2020년대에 이르는 100년 동안 이행의 과정을 거쳐 왔다. 사무실의 유형을 구분해 보면 이 과정을 이해하는 데 도움이 된다. 우리는 현장에서 연구를 진행하며 일반적인 네 가지 유형의 조직 모델(거대 단일 조직, 일시적 조직, 현대화주의 조직, 규범 파괴적 조직)을 정립했다.[8] 이 네 유형의 조직은 20세기 말 눈에 띄게 모습을 드러냈다.

거대 단일 조직은 계층형 조직으로, 변화를 거부하며 틀에 박힌 융통성 없는 집단을 가리킨다. 이런 조직은 고위 임원들에게 개인 사무실을 제공하며 명령과 통제가 중요한 테일러주의 모델을 철저히 고수한다. 일시적인 조직은 대개 공간 수용 기준이 열악한 역기능적 집단이자 근본적으로 문제 해결 방안을 찾지 못하는 테일러주의 조직이다. 이런 조직은 변화하는 직원들의 욕구에 발맞춰 업무 공간을 다시 디자인하는 개념을 제대로 고찰하지 못하며, 그날그날의 운영만으로도 벅찬 수준에 직면해 있다.

현대화주의 조직은 새롭게 등장하는 현대적인 캠퍼스나 커뮤니티 기반의 업무 모델을 선택하는 재배치를 통해 시대에 맞춰 기꺼이 변화하는 조직(일반적인 거대 기업)이라고 할 수 있다. 마지막으로 규범 파괴적 조직은 급진적이고 새로운 접근법으로 사무실 디자인의 규칙을 과감히 다시 세우는 아웃라이어 조직을 가리킨다.

지난 20년 동안 거대 단일 조직은 대체로 사양길에 접어들었다. 경직된 조직 문화와 비효율적인 공간 사용 방식은 2008년 글로벌 금융 위기 이후 시대에 뒤떨어진 듯 보였다. 그럼에도 일부 공공 부문과 정부의 조직은 현재까지도 건재하다. 미국, 한국, 일본을 비롯한 세계 일부 지역에서 사업을 독점하는 민간 기업들도 마찬가지다. 반면 개혁하지 못하는 일시적 조직들은 대부분 세계적인 경쟁의 압박과 변화의 속도를 이겨내지 못했다. 이는 현대화주의 조직의 시대, 또 어느 정도는 규범 파괴적 조직의 시대가 왔다는 상황을 의미한다.

그에 더해 사회적 상호 작용, 상호 교환, 협업을 촉진하는 목소리, 커뮤니티 등 현대화와 관련된 다수의 강력한 트렌드가 새로운 공간 계획을 통해 급격히 그리고 강력히 확대되었다. 세계적인 인재 확보 경쟁에 놓인 현대화주의 조직들은 직원의 건강과 행복에 더욱 세심하게 관심을 기울였다. 특히 정신 건강은 영국과 미국의 업무 현장에서 중요한 의제로 떠올랐다. 동일한 맥락에서 1980년대부터 노동자들과 자연의 연결성을 높이고자 사용되었던 바이오필릭 디자인의 개념이 다시 유행했다. 사무 공간 디자이너들은 실내에 식물과 나무를 심었고, 환기와 자연광 접근성을 개선했는가 하면 천연 재료로 자연의 형상을 모방했다(199페이지 참고).

가까운 예로, 2018년 아마존Amazon은 시애틀 도심 한가운데에 위치한 본사 옆에 서로 연결된 지구본 모양의 온실을 의미하는 더 스피어스The Spheres를 지어 혁신을 선도하는 모습을 보였다. 건축 회사 NBBJ가 설계에 참여해 4만 그루의 식물을 심어 만든 이 운무림雲霧林은 아마존의 직원들이 거닐고 사색하며 영감을 얻는 공간이다. 오감을 채우는 자연 속 업무 공간이자 동료들과 교류하는 공간이 되어주고, 업무에 집중이 잘 되도록 만드는 장소가 되어준다. 더 스피어스에는 데이 원Day 1이라는 아마존 본사 건물이 붙어 있는데, 이 책의 초반부에서 소개한 언워킹의 이어제로 개념과 관련이 있다(Day 1, 즉 첫날은 매일 새로운 마음가짐으로 도전한다는 아마존의 정신이자 성공 비결을 뜻한다－옮긴이).

2020년대에 이르자 점차 규범 파괴적 조직들이 등장했다. 수적으로는 매우 적지만 미디어와 기술 업종에 모여 있는 이 기업들은 공간을 제공하는 측면보다 경험을 창조하는 측면에 주로 관심을 가졌다. 이들은 현대화를 넘어 사무실의 존재 목적에 관한 근본적인 물음을 고찰했다. 규범 파괴 조직들의 '스위트 스폿'은 건강을 증진하는 물리적 디자인 기능에 더해 환경 여건을 조절하는 센서 기술이 결합되었다. 일반적인 사무 공간에 대한 의존도를 줄였으며, 협업 공간을 회원제로 운영하는 것을 비롯해 단기 임대 계약도 적절히 활용했다. 뿐만 아니라 디지털 트랜스포메이션digital transformation(디지털 전환, 디지털 기술을 전 분야에 적용하여 혁신을 일으키는 것—옮긴이), 휴대용 기기, 비디오 퍼스트 기술에 투자하는 동시에 관련 교육을 확대했다.

최근 코로나19 바이러스가 확산되어 세계 경제가 하룻밤 사이에 얼어붙었고, 록다운 기간에 사람들이 급히 재택근무를 하게 되었다. 규범 파괴적 조직들은 당연히 팬데믹의 충격을 견디기에 최적이었다.

그러면 미래의 사무실은 어떤 모습일까? 사무실은 재창조의 여정에서 어느 방향으로 향할까? 거대 단일 조직과 현대화주의 조직에서 단서를 찾아서는 안 된다는 건 분명한 사실이다. 현대화하지 못한 기업들은 이미 구식이 된 지 오래다. 마찬가지로 여전히 현대화에만 치중하는 기업들도 이미 때가 늦었다. 답은 규범 파괴적 조직에 있다.

UNWORKING

PART 2

사무실의 미래

미래의 사무실은
어떤 모습을 하고 있을까?

사무실에서 초경험을 얻게 하라

한 세기 동안 사무실 디자인의 진화를 두고 온갖 논쟁이 벌어졌지만 거의 평가되지 않았던 부분이 있었다. 바로 업무 공간에서 일하는 사람들의 경험이다.

효율성이라는 과학적 관리법이 적용되었던 과거 작업 현장의 노동자들은 경제적 교환이라는 측면에서 통제 대상으로만 여겨졌다. 기업과 노동자들은 계약으로 맺어지는데, 이후 작업 현장의

매년 미국 네바다주 블랙록 사막에서 열리는 버닝 맨 축제Burning Man Festival. 참가자들의 협동 작업이 장관을 연출한다. 대기업 고용주들은 기억에 남는 협업 경험을 얻는 방법을 배우고자 이 축제에 참여했다.

경계를 완화한 사회 평등적 흐름이 대두한 시기에도 그 본질은 바뀌지 않았다.

오랫동안 전해 내려오는 농담처럼 죽음을 앞두고 사무실에서 더 많은 시간을 보내지 못해 아쉬워하는 사람은 아무도 없을 것이다. 한물간 농담이겠지만 그 안에는 여러 진실이 숨어 있다. 과거에 사람들은 즐기기 위해서가 아니라 경제적 필요성 때문에 사무실에서 시간을 보냈다. 실제로 이런 노동 목적은 효율성 이론의 부작용이기도 했는데, 미적 작업을 할 때도 효율성이라는 과학적 관리에 기반한 직업 윤리가 반영되었다. 직업 윤리는 엄격하고 경직되고 단조로우며, 실패를 극복하고 끝까지 일을 마치는 측면만 중요시되었다.

그럼에도 불구하고 미래의 사무실 경험을 아주 즐겁고 매력적이며 재미있게 만들 수 있다면 어떨까? 미국의 풍자 소설가 조지프 헬러Joseph Heller가 1974년 발표한 소설 『Something Happened』는 긴장과 두려움 속에서 사는 주인공의 내적 독백을 보여준다. 보험 회사의 중간 관리자인 주인공은 "밀려 들어오는 모든 지루한 일을 다른 누군가에게 떠넘기고 손을 터는 것보다 지루한 일을 하면서 어떤 일이 더 지루한지 판단하는 것이 진짜 문제다."라고 말한다.[1] 헬러는 사무실이라는 업무 공간의 전형적인 특성을 판에 박히고 지루하고 반복적인 것, 새로운 경험이 거의 나타나지 않는 것으로 요약했다.

사실 헬러의 소설이 출간되고 수십 년이 지난 후에도 사무실에서 얻는 경험의 질은 거의 개선되지 않았다. 사람들 대부분이 매일 일하고, 다음 날에도 같은 경로로 같은 장소에 가서 같은 시간대에 같은 일을 계속했다. 적어도 코로나19 글로벌 팬데믹으로 인해 사무 공간에 대해 다시 생각하기 전까지는 그러했다. 가구 배치, 인체 공학, 공간 배치, 조명, 기타 기술과 같은 기능적인 고려 사항들이 개선되기는 했지만 업무 공간에서 얻는 폭넓은 경험, 경험이 행동과 동기 그리고 성과에 미치는 영향에는 특별한 관심이 미치지 않았다.

그런데 오늘날 업무 공간에서의 경험이라는 주제가 기업들의 의제로 속속 떠오르는 중이다. 관련 산업이 매우 약한 기반에서 출발했지만 현재 급성장하고 있다. '사무실 사용자가 얻는 경험'은 몇 년 전만 해도 대부분의 기업 조직 운영 지침에 포함되지 않았다. 'CXO chief experience officer(최고 경험 책임자)'나 '바이브 매니저 vibe manager' 같은 새로운 직급이나 명칭도 등장했다.

글로벌 온라인 음악 유통 플랫폼인 사운드클라우드 SoundCloud의 베를린 사무소에서 바이브 매니저로 근무했던 미국의 디자이너 켈리 로빈슨 Kelly Robinson은 "외부 환경이 내면의 자아에 영향을 미친다."라며 조직에서 얻는 경험이 중요해진 이유를 설명했다. 로빈슨은 요가실, 명상실, 크라이룸 cry room, 음악실, 개인 농작물 재배지 등 여러 공간(새로운 직무 역할을 맡은 사람들이 기획하는 모든 것)을 사무실에 도입할 수 있다고 보았다.[2]

영국항공은 워터사이드 빌딩에 사무실을 열었던 당시 사내에 '기업 어릿광대corporate jester'를 임명했다고 발표하여 많은 사람을 당황하게 만들었다. 이는 새로운 직급과 명칭이 기업 내에 등장한 초창기 사례로, 업무 중 얻는 경험이 재미로도 이어질 수 있다는 점을 시사했다.

1988년에 출간된 도서 『The Corporate Fool』의 공동 저자이자 경영 컨설턴트인 데이비드 퍼스David Firth에 따르면 조직 내에는 경영자 옆에 찰싹 달라붙어서 돌이킬 수 없는 일을 하고, 생각할 수 없는 일을 생각하고, 말할 수 없는 일을 말하는, 오직 '반대 의견을 말하거나 비판하는 역할을 맡은 사람'이 있다. 퍼스의 이 말은 인간이라는 존재 자체가 일을 하면서 실수를 쉽게 한다는 측면을 지적한다. 그만큼 우리는 본래부터 효율적으로 일한 적이 없다.

기업 익살꾼corporate joker과 바이브 큐레이터vibe curator가 활동하는 지금의 업무 현장에는 의뢰인들과 개발자들, 디자이너들, 관리자들이 친숙하지 않은 영역에 들어서고 있다(전 세계적으로 이제는 설비 업종의 영역이 아니라 경험 경제experience economy의 일부가 되었다). 공급하는 쪽에서도 새로운 역할이 부상하고 있다. 예를 들어, 애덤 스콧Adam Scott은 건축 회사 하셀의 자회사인 프리스테이트FreeState에서 '경험 총괄계획가experience masterplanner'라는 직책을 맡고 있다. 스콧은 "사람들이 살아 있는 경험, 자극적인 경험, 매력적인 경험, 의미 있는 경험을 하고 싶어 하는 것은 이런 요소들이 소속감을 불러일으키기 때문입니다."라고 말했다.

반면 부동산 전문가들은 이미 건축된 인프라에 물적 측정 기준을 적용하는 것을 오랫동안 당연한 일로 여겼다. 이런 사람들에게 재미나 즐거움을 제공하는 부서의 담당자처럼 활동해야 한다는 개념은 머리로는 이해하기 어려운 일인지도 모른다.

그러나 기업들이 양질의 직장 내 경험을 제공하는 부분을 고민해야 하는 특별한 이유가 있다. 최고의 인재를 중요시하는 디지털 경제에서, 즉 모든 기업이 근본적으로 디지털 기업으로 활동하는 영역에서, 많은 기업들이 무료로 제공하는 식사나 다양한 사내 행사, '멋진 사무실 인테리어' 같은 경험을 제공한다면서 인재 모시기 경쟁을 벌이고 있기 때문이다. 게다가 날이 갈수록 혁신의 당위성이 부각되고 있다.

기업들이 인식하고 있듯이, 사무실과 건물이 아무리 잘 설계되었다고 해도 매일 똑같은 일상의 경험만으로는 직원들이 사고를 전환하거나 동료 또는 협력자들과 새로운 아이디어를 창출하도록 유도하기 어렵다. 이런 이유로 프로젝트룸과 크리에이티브랩, 우연한 만남이 이루어지는 장소를 제공하는 등 혁신을 뒷받침할 경험이 설계되는 중이다.

글로벌 팬데믹으로 인한 경제적 혼란 속에도 직원들의 사기를 높이고 성과를 내려는 기업들은 직원들의 건강 증진과 복지 강화로 생산성을 높이고 있다. 같은 맥락에서 이런 기업들은 업무 현장에서 얻는 경험을 중요시하기 때문에 켈리 로빈슨이 예측한 것처럼 자연 친화적 환경, 깨끗한 공기, 채광, 사운드 스케이프soundscape

(물리적인 인공음, 자연의 소리, 인간의 목소리 등 각양각색의 소리가 포함되는 '청각적 경관'을 의미한다-옮긴이), 스트레스 상담 전화, 건강 검진, 명상과 요가 또는 필라테스 수업을 위한 쉼터를 회사 내에서 직원들이 자주 접할 수 있도록 곳곳에 배치한다.

사회가 급변하는 불안정한 시기에 기업의 직원들은 온라인뿐 아니라 그룹 학습이라는 환경에서도 끊임없이 새로운 지식을 습득해야 한다. 이에 기업들도 평생 학습과 자기 주도 학습에 초점을 맞춰 다양한 학습 경험을 제공하기 위해 노력하는 중이다. 이때 학습 경험에는 몰입형 학습 프로그램과 소셜 러닝social learning(주어진 사회적 상황에서 다른 사람을 관찰하고 모방하면서 하는 학습-옮긴이)도 포함된다.

팬데믹의 긍정적인 효과 중 하나를 꼽자면 사무실에서 자동화와 인공지능의 사용이 가속화되었다는 점을 들 수 있다. 이론상으로는 직원들이 상상력을 발휘해야 하는 창의적인 업무에 집중하도록 만든 셈이다. 이런 유형의 업무에 참여하는 직원들은 사회적 활동과 협업을 할 수밖에 없다. 그에 따라 클라우드에서 자신의 데이터에 접근하고, 어디에서나 원격근무를 하는 직원들에게 사무실은 여러 선택지 중 '최종 목적지'가 된다.

사업의 목적이 무엇이든 업무 현장에서는 매우 다양한 경험이 발생한다. 온라인 쇼핑으로 인해 소비자에게 직접 물건을 판매하는 경험이 발생하는 소매상점이 붕괴했듯이, 최근 업무 현장에서는 디지털 붕괴digital disruption로 인해 사무 공간 디자인이 변화하기 시작했다.

실제로 물건을 소비자에게 파는 행위와 접객에 관련된 다수의 고객 중심 기술이 (실시간 데이터에 신속히 반응하는 데 중점을 두고) 업무 공간으로 이전되고 있다. 고객들을 위해 시장의 경험과 서비스에 집중했던 기업들이 이제는 직원들에게 필요한 업무 공간 경험을 모색하고 있다.

오스트레일리아의 부동산 투자 회사 미르박Mirvac과 추진한 연구 조사에서 이러한 현상을 자세히 들여다보았다. 조사 결과, 다양한 분야의 기업들과 조직들이 업무 공간 경험을 개선하고 있었다.[3] 코로나19의 위기가 전 세계적인 충격을 일으킨 2020년 이전, 기업의 리더들은 인재 모시기에 중점을 두었다. 그러다 장기간의 재택근무가 진행된 이후에는 안전하고 효과적인 방법으로 직원들을 사무실로 복귀시키고 원격근무와 재택근무의 대안을 찾아야 했다. 다시 말해, 사무실을 경쟁력 있고 매력 넘치는 공간으로 만들어야 하는 필요성이 대두된 것이다.

그래서 우리는 '초경험Super-Experience(SX)'이라는 용어를 만든 다음 사용자경험User Experience(UX)이 초경험으로 전환된 현상을 설명했다. 우리가 정의한 초경험은 최상의 수준, 독창성, 영향력으로 설명되는 업무 현장에서의 경험을 의미한다.

초경험은 대개 물리적 요소와 디지털 요소가 결합했을 때 발생된다. 이런 경험은 기대감이나 성취감을 불러일으키고, 호기심을 자극하고, 목적의식을 고양하고, 소속감을 유발하기도 한다. 초

세일즈포스의 샌프란시스코 사옥 로비. 삼나무숲으로 들어가는 듯한 영상이 장관을 연출한다. 이처럼 직원들에게 초경험을 선사하는 기업이 늘어나고 있다.

경험은 현실에서는 보기 드문 뜻밖의 일에 의해 발생될 수도 있고, 사람들의 기대를 저버리지 않는 당연하고 타당한 일에 의해 발생될 수도 있다. 친숙한 소규모 행사나 대규모 행사에서도 초경험을 할 수 있다. 매번, 매일 직원들에게 드라마틱한 경험을 안겨줘야만 하는 게 아니라는 뜻이다.

좋은 예로, 고객 관계 관리(CRM) 솔루션업체인 세일즈포스 Salesforce의 샌프란시스코 본사 로비로 걸어 들어가면 거대한 디지털 벽 digital wall을 마주하게 된다. 이 디지털 벽의 고해상도 화면에는 레드우드 국립공원의 숲이나 진짜 폭포와 똑같은 시뮬레이션 영상이 현실감 있게 펼쳐진다.

뉴욕에 위치한 원 월드 트레이드 센터One World Trade Center의 엘리베이터도 초경험을 선사한다. 47초 만에 102층까지 올라가는 엘리베이터에 탑승하는 것만으로도 믿기 힘들 만큼 멋진 오디오 비주얼 경험audio-visual experience을 할 수 있다. 1500년대부터 현재에 이르기까지 뉴욕이라는 도시가 성장하고 발전한 변천사를 생생히 감상할 수 있을 것이다.

영국에서도 초경험을 할 수 있는 곳이 존재한다. 바로 블룸버그Bloomberg의 런던 사무소다. 이 건물 로비의 천장을 바라보면 250만 개로 구성된 '알루미늄 꽃잎 패널'이 눈에 들어온다. 소음과 냉난방, 조명 등을 조절하는 역할을 하던 평범하기 그지없는 천장 패널이 우리가 업무 공간에서 초경험이라고 이름을 붙인 것을 선사해준다.

프리스테이트의 애덤 스콧은 3만 년 전 불을 피워서 환하게 밝힌 동굴에서 주술사의 주도·지휘·감독에 의해 '최초의 위대한 초경험'이 발생했다고 생각한다. 주술사는 경험 설계의 숙련자였고, 아주 강렬하고 경이로우며 흥분을 불러일으키는 경험으로 사람들을 결집시켰다. 스콧은 오늘날의 우리도 여전히 '잊지 못할 순간'을 만들어 진귀한 광경 앞에 관객을 불러들이려 한다고 말한다. 이와이EY, Ernst and Young 런던 사무소의 모멘텀 익스피어리언스 센터Momentum Experience Centre를 설계한 스튜디오 바나나Studio Banana의 건축가 알리 간자비안Ali Ganjavian은 업무 공간에서 일어나는 초경험은 새로운 일을 시도하도록 직원들을 유도해 결과적으로 행동과 사고

방식을 전환하게 만든다고 말했다.

역사적으로 볼 때 현대적 사무실에서 겪는 경험은 늘 명쾌함과 최적화를 결합한 것이었다. 프로세스와 설비를 이해하고 사용하기 쉽게 만드는 한편 자원을 최적화하는 것이 원칙이었다. 그래야 조직이 효율성이 높아졌다.

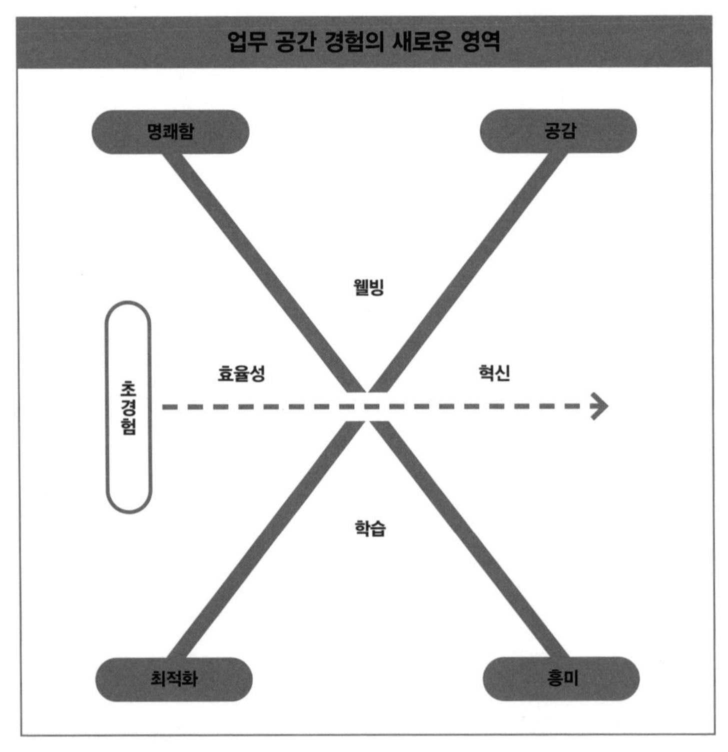

— 초경험은 효율성 이상의 것을 노린다. 워크테크 아카데미와 미르박이 2020년에 발표한 다이어그램.

반면 지금 우리는 경험이 스펙트럼을 따라 이어져야 한다고 여긴다. 경험은 흥미와 기쁨, 호기심의 단계들을 거쳐야 한다. 명확함만 추구하면 일상이 단조로워진다. 경험은 다른 사람의 감정을 느끼고 반응하면서 공감을 불러일으켜야 한다. 자원을 최적화하는 활동이 전부가 아니다.

업무 공간의 경험과 관련해 명쾌함과 최적화라는 전통적인 가치보다는 최근 들어 흥미와 공감이라는 가치에 초점이 맞춰지면서 초경험이 부상하는 중이다. 개인의 창의성과 상상력이 촉발된다면 흥미와 호기심이 영감을 자극해서 조직에 혁신을 불러일으킬 수 있다. 혁신을 위한 업무 공간이 일반적인 형태의 사무실보다 격식을 차리지 않고 편안하고 친근하게 보이는 것도 그런 이유 때문이다. 편안한 좌석, 낮은 조도의 조명, 체형에 따라 조절 가능한 가구나 가구 부속품, 장식품, 가공품과 같이 공간을 차지한 것들이 감각을 자극하고 영감을 불러일으키며 결국 혁신으로 우리를, 조직을 이끈다.

또한 초경험은 기업의 필요도 충족시킨다. 휴게실처럼 공감이 느껴지는 공간, 건강에 유익한 편의 시설이 업무 현장에서 제공되는 것이 시각적으로 드러난다면, 명쾌함과 공감이라는 요소들이 조합되어 기업은 건강과 웰빙이라는 이미지를 탄탄하게 쌓아올릴 수 있다. 게다가 최적화와 호기심의 요소들이 합쳐질 때 직원들이 새로운 학습 경험을 하기도 한다. 예를 들어, 몰입형 오디오 비주얼 기술이 접목된 최첨단의 학습 공간에서 수많은 직원이 지식욕을 불태울 수 있다.

한편 명쾌함과 최적화의 교차 지점이 업무 현장에서 여전히 상당한 의미가 있다는 사실도 잊지 말아야 한다. 이런 조합이 바람직한 방향으로, 직원들에게 잘 적용된 사례로는 사무 공간 안의 '지니어스바genius bar(애플 스토어에서 빌린 이름)'를 들 수 있다. 지니어스바에서 직원들은 기술적인 문제를 해결하고 서로 연결을 유지한다. 이때 정말 중요한 점이 있다. 바로 업무 공간에서 겪는 경험이 새로운 소재가 있는 영역으로 확장되어야 한다는 점이다. 이런 점에서 기존의 현대식 사무실의 구성 요소들은 경험의 소재를 그리 많이 만들어 내지 못한다. 부드럽게 표현하자면 그러하다. 기업들이 영감을 일으키는 공간을 찾아야 하는 것도 바로 사무실의 구성 요소들이 지닌 한계 때문이다.

또 다른 예를 들어보겠다. 미국에서 기업들이 유능한 인재들을 모아 효과적인 팀을 구성하는 방법을 찾고자 버닝 맨 축제를 분석했다. 구글과 온라인 의류 소매업체인 재포스Zappos가 대표적이다. 버닝 맨 축제는 매년 네바다주 블랙록 사막에서 열리는 예술 축제다. 사막 한가운데 임시로 세워진 가상의 도시에 5만 명이 넘는 사람들이 모여든다. 이렇게 모인 수많은 참가자가 공동생활을 하며 예술 작품을 만든다.

2018년 버닝 맨 축제의 디렉터인 스튜어트 맨그럼Stuart Mangrum은 한 인터뷰에서 "업무 현장에서의 행동주의는 주로 파블로프Pavlov의 행동주의 이론과 테일러주의(우리가 원하는 일을 직원들이 하게 만드는 것)를 가리킨다. 버닝 맨 축제는 내재적 동기 및 급진적 포용과 관련 있다. 굳이 단점을 짚자면 우리가 하는 일이 비효율적이라는 부분이겠지만 우리는 일부러 비효율적으로 행동한다. 우리는 지속 가능한 문화를 구축하고 있다."라고 했다.[4]

버닝 맨 축제에서 얻는 경험은 경외심을 불러일으킨다는 말로도 설명된다. 경외심을 불러일으키는 능력은 초경험의 중요한 영역이다. 우리는 성당이나 박물관, 오페라 하우스 또는 고급 주택을 볼 때 흔히 감탄사를 연발하지만 업무 공간, 그러니까 사무실을 보거나 떠올릴 때는 거의 경외심을 느끼지 않는다. 경외심이 업무 공간에 불러올 긍정적인 점을 기업들이 이해하면 상황은 달라지겠지만 말이다.

경외심과 관련된 연구에 참여한 블라다스 그리스케비시우스Vladas Griskevicius, 미셸 시오타Michelle Shiota, 사만다 뉴펠드Samantha Neufeld는 경외심을 '무언가 새롭고 이해하기 어려운 대상 앞에서 느끼는 경이롭고 놀라운 감정(세상을 이해하는 틀로는 설명되지 않는 자극)'으로 정의했다.[5] 그 외 다양한 학술 연구에 따르면 사람들은 경외심을 불러일으키는 사물이나 공간을 마주할 때 창의력과 호기심이 샘솟아서 정보를 매우 효율적으로 처리한다고 한다.[6] 여기서 끝이 아니다. 사람들은 경외심을 느낄 때 마음을 한껏 열고 인내심을 발휘하며, 주변 세상과 교감하고, 사회 집단에 매우 효과적으로 통합된다. 게다가 자신의 강점과 약점을 균형된 시각으로 바라보며, 짧은 순간 동안 엄청난 행복을 경험한다.

업무 공간에서 경외심을 느끼는 직원은 좋은 성과를 낸다는 사실을 뒷받침하는 과학적 근거들이 늘어나고 있다는 점에 주목해야 한다. 왜냐하면 색다를 뿐 아니라 매우 훌륭한 기능적인 디자인에 대한 경제적 근거가 마련되기 때문이다. 그간 입을 떡 벌어지게 하는 기능이나 설정을 위한 디자인 제안은 대개 자기 중심적이라는 혹평을 받거나 묵살되었고, 그런 이유로 업무 공간 계획에서 사람들의 시선을 모으는 요소들이 대부분 비용 때문에 초기 단계에서 제외되고는 했다. 다행히도 지금은 점차 분위기가 바뀌고 있으며, 업무 공간에서 일어나는 놀라운 혁신이 필요하다는 점이 세상에 널리 알려지고 있다.

그러나 한편으로는 직원들이 매일 똑같은 경험을 반복하면 경이로운 경험에 대한 반응이 감소하는 문제가 생긴다. 숨이 멎을 정도로 멋진 대상을 처음 접했을 때, 그때가 바로 경외심을 느끼는 순간이다. 경외심을 느낄 만한 일은 자주 일어나지도 않지만 자주 느낄수록 우리는 경외심이라는 감정에 점차 익숙해진다. 그러다 보면 다음번에는 놀라움이 조금 덜하게 된다. 똑같은 경험을 반복하면 그 경험을 표준이라고 불러야 하기 때문이다.

경외심을 불러일으키는 경험은 규모와 상관이 없다. 한 학술 연구에서 아주 사소한 것(예를 들어, 복잡한 문양의 장신구 상자)이라 해도 놀라움이라는 감정을 느끼게 할 수 있다는 결과를 발표했다. 굳이 감정을 억지로 일깨우려 애쓰지 않아도 된다는 뜻이다. 직원들에게 숨 돌릴 틈을 주거나 잠시 일을 멈추고 사색하도록 휴식

시간을 제공하는 것만으로도 경외심을 불러일으킬 수 있다.

직원들을 대상으로 조사를 진행해보는 것도 좋다. 어떻게 개입해야 직원들에게 놀라움이나 경외심을 일으킬 수 있을지 사전에 파악해 보는 것이다. 직원들의 심리를 뒤흔들어서 평소의 일상에서 벗어나 새로운 방식으로 행동과 기분, 감정을 전환하게끔 유도하는 것도 좋다. 흔히 공동 디자인이나 협의 과정에서 그런 경험을 만들어 낼 수 있다. 과학자들이 음악과 공연을 통해 고정된 사고방식에서 벗어나게 하고자 나사NASA가 경험 디자이너 넬리 벤 하윤Nelly Ben Hayoun의 지휘 아래, 국제 우주 오케스트라International Space Orchestra를 구성한 것처럼 말이다.

과거에는 의도적인 계획이나 통제 없이도 대부분 하루 중에 일어나는 부수적인 일들로 인해 업무 공간에서 경험이 채워졌다. 지금은 코로나19 팬데믹이 영향을 미친 탓에 경험이 엄격하게 선정되고, 짜여진 각본대로 일어난다. 전문 경험 제공자들이 애플리케이션을 통해 경험을 전달하는 경우도 흔하다. 정확하고 정교해지는 경험은 전 세계적으로 협업이 중요시되는 현상을 반영하는 것이라고 말할 수 있다. 요컨대 갈수록 많은 기업이 전통적인 기업 구조 밖에서 일하는 직원들에게 경험 중심의 업무 공간을 제공하면서 협업의 가치가 높아졌고 그 중요성이 점차 확산되었다는 뜻이다.

과거에는 직원 복지나 커뮤니티, 목적의식 같은 쟁점에 우선순위가 낮았기 때문에 협업은 업무 공간의 평가 기준으로 보이기도 한다. 협업 장소는 사용자가 경험을 어떻게 생각하는가에 따라 인기를 끌기도 하고, 관심 밖으로 밀려나기도 한다. 감명받지 않은 사람들은 바로 다른 협업 장소를 찾아 떠난다.

새로 창업한 기업이 협업 공간에 참여해 무엇을 얻을까 생각해 보면 협업에 대한 가치 변화 현상을 쉽게 이해할 수 있다. 유연한 단기 임대 조건, 모든 게 갖춰져 있어서 직접 설계하지 않아도 되는 환경, 인력과 자원(경우에 따라 협업 공간 제공자가 투입한 벤처 기업 지원 자금 등)에 대한 접근성이 사업을 성장시키는 데 도움이 될 것이다. 협업 공간의 회원들은 흔히 긱 이코노미gig economy(기업이 필요에 따라 정규직보다 단기 계약직이나 임시직을 직원으로 고용하는 경향의 경제 현상–옮긴이)에 속해 있어서, 다양한 공간에서 여러 업무를 수행하고 현재 진행하는 업무에 적합한 경험을 선택할 수도 있다.

세계 최대의 공유 오피스 기업인 위워크의 커뮤니티 매니저가 제공하는 '신속한 비공식 서비스'를 여러 경쟁 업체의 서비스와 비교해 보자. 업무 공간이 호응을 얻지 못하는 기업의 경우 그 내부를 들여다보면 '심술궂은 관리자'가 시설물을 관리하는 게 아닐까 싶은 생각이 들 정도다. 그래서 기업 직원의 상당수가 부분적으로 협업 공간에서 일하고, 많은 기업이 사옥 내부에 협업의 분위기를 조성하려고 하는 경향이 별로 놀랍지 않다.

협업을 촉진하는 업무 공간에 대한 구상이 대부분 접객 분야에서 파생되기는 했지만 또한 많은 아이디어가 소비자에게 직접 물건을 판매하는 소매 부문에서 비롯되고 있다. 고객 여정 지도 customer journeys map(서비스 사용자의 경험을 시각적으로 체계화한 지도—옮긴이)가 만들어지고, 디지털 애플리케이션을 통해 새로운 경험이 제안되면서 소매 부문의 고객 중심 문화가 사무실에 녹아들었다. 이케아IKEA가 매장에 고객 이동 경로를 설정해둔 사례처럼 빅테크 기업들이 그와 유사한 콘셉트를 채택해 직원들의 사무실 경험을 만들기 시작했다. 이처럼 건물 전반의 여정 지도를 만들면 인간적인 업무 공간의 경험을 더욱 확장할 수 있다.

마찬가지로 많은 기업이 넷플릭스를 모방하는 중이기도 하다. 넷플릭스는 개별 고객에게 이전에 감상한 작품이나 다른 사람들이 즐겼던 영상을 기준으로 맞춤형 콘텐츠를 추천하는 서비스로 유명하다. 이와 비슷하게 직장 앱workplace app을 개발해 '제안하는 경험'을 만들어 내는 기업이 늘고 있다. 직원들은 이전에 처리했던 일, 자신의 직무, 처리해야 할 업무를 바탕으로 어디에서 일할지, 사무실에서 누구를 만날지 다양한 선택지를 제공받는다. 업무 공간에서 얻는 경험을 더욱 즐겁고 의미 있게 만들려는 목적에서 설계된 머신러닝 소프트웨어가 알고리즘을 작동시켜 다양한 선택지를 추천해준다.

예를 들어, 프랑스계 단체 급식 및 시설 관리 회사인 소덱소 Sodexo는 스톡홀름과 오슬로의 사무소에서 일하는 직원들을 대상으로 직장 앱을 도입했다. 개인 스마트 기기에 설치된 이 애플리케이션은 직원들이 동료들과 상호 작용하도록 유도하거나 가까운 곳에서 즐길 수 있는 음식을 추천하는 등 다양한 방식으로 여러 선택지를 제공한다. 경험의 시대를 맞이해 알고리즘은 우리의 과거 행동과 기록된 선호를 바탕으로 갈수록 더 우리의 모든 행동을 예측하고 제안하며 자극하고 유도할 것이다.

궁극적으로 미래에는 사무용 건물을 개발하고 임대하는 사람들이 주체가 되어서 업무 공간에서 겪는 경험을 색다른 체험으로 발전시켜야 한다. 더 나아가, 그 건물을 점유한 주요 기업들은 조직 문화를 변화시켜야 할 것이다.

글로벌 컨설팅 그룹 딜로이트Deloitte가 전 세계 140개국의 비즈니스 리더들을 대상으로 실시한 설문 조사에 따르면 기업 경영진들의 의식이 바뀌고 있다고 한다. 최근 기업 경영진들은 조직이 잘 운영되고 있다고 자만하기보다는 직원들의 경험이 매우 중요하다는 사실을 받아들이고 있다.[7] 다만 이를 뒷받침하는 근거가 충분해야 하며, 더욱 많은 부분에서 변화가 일어나야 한다. 사무용 부동산 분야에서 직원들이 얻는 경험의 중요성이 대두되면서 예상치 못한 상황에 부딪혔기 때문이다.

우리가 예측하는 바와 같이, 이 분야는 앞으로 새로운 기술을 도입하고 공연, 예술, 접객, 소매, 행동 과학 같은 분야에서 아이디어를 빌려 기술 기반을 확대해야 할 것이다. 여기에 더해 더욱 열린 마음으로 기술 도입을 검토해야 한다. 초경험을 실현하기 위해 다수의 디지털 애플리케이션과 함께 새로운 디자인의 조명, 오디오 비주얼, 사운드 스케이프, 센서 기술을 업무 공간에 도입해야 할 것이다.

한편 기업 내부에서는 FM[Facilities Management](시설 관리), IT[Information Technology](정보 기술), HR[Human Resources](인적 자원)과 같이 사일로[silos](부서 이기주의 – 옮긴이)로 인해 너무 오랫동안 서로를 배척하거나 경쟁해 온 부서들이 재편성되어야 한다. 훌륭한 직장 내 경험은 세부적인 공간과 기술, 인사 정책에서 비롯된다. 이 부분들은 모두 경험 체득에 필수적이며, 무엇보다도 통합되고 조화가 이루어져야 하는 부분이다. 또는 전문가들이 제안하듯, 지금 이 모든 것을 해체하여 하나의 통일된 업무 공간을 관리하든가 직장 경험 서비스로 통합해야 한다. 기업들이 어떤 선택을 하든 업무 공간에서 얻는 경험은 미래의 사무실에 변화를 일으키는 주요한 요인이 될 것이라고 본다.

유연한 업무 공간을 만들려는 조직의 변화

기업이라는 조직들은 재창조와 혁신의 영향을 피할 수 없다. 현대적 의미의 사무실이 정착한 시기에 기업들은 자신들의 조직이 영구성과 견고함, 지속성의 본보기로 보였으면 하고 애썼다. 대다수의 고용이 중소 규모의 기업 부문에서 이루어졌는데도 대기업과 다국적 기업들이 일의 개념을 지배했으며, 고용의 본질을 정립했다. 이런 영역에서는 역사상 직업을 구하는 사람들은 그저 고용주의 자애로운 온정을 기대했다(일본 사회의 전형적인 사무직 노동자 또는 미국과 유럽 경제의 '임금받는 노예wage slave'는 인적 자본을 제공하는 대가로 회사로부터 보살핌을 받기를 기대했다). 학교 공부를 마쳤거나 대학교를 졸업한 사람들은 견습생이나 수습 직원으로 고용되었다. 그들은 대개 '삶을 위한 직업'이라는 기대를 품은 채 노력해서 기업 사다리corporate ladder를 올라갔다.

고용주들은 집단 책임collective responsibility의 한 부분을 맡아서 연금부터 건강 관리까지 직원들에게 여러 혜택을 제공했다. 산업 혁명을 계기로 거대 재벌들이 배출되었는데 많은 재벌 기업이 직원용 사택과 학교를 지었다. 영국 산업화 시대의 사례를 들자면 레버 브라더스Lever Brothers의 포트 선라이트Port Sunlight(1888년), 캐드버리Cadbury의 본빌Bournville(1895년)이 유명하다. 이처럼 상업적 목적과 이상적 공간을 함께 추구하면서 일과 삶의 경계가 모호해진 체계에서 조직을 관리하기 위한 거대한 관료제가 탄생했다.

어떤 측면에서는 이런 체계가 여러 변화를 거쳐 다시 제자리로 돌아오고 있다고 본다. 실리콘 밸리의 빅테크 기업들이 다시 업무와 사교 활동, 학습, 식사, 심지어 주거까지 가능한 캠퍼스를 짓고 있다. 일례로 페이스북은 1천 7백 세대의 주택이 들어선 멘로 파크Menlo Park에 마을을 짓고 있다. 이런 캠퍼스는 대개 종교나 전문 직종에 뿌리를 둔 산업 개척자들의 보수주의가 변형된 형태로, 고용주의 온정과 선의가 블루칼라와 화이트칼라 노동자 모두에게 확대 적용된 모습이다. 또한 이전에 개개인이 발휘한 기술들이 효율과 성과라는 집단 이익을 위해 한데 모아졌음을 뜻하기도 한다.

퀘이커교도들은 초창기에 온정주의를 전파하는 역할을 했다. 퀘이커교도 기업인 론트리Rowntree는 세계 최대 제과업체 중 하나가 되었으며, 직원들에게 복지를 제공한 선구적인 기업이 되었다. 캐드버리(퀘이커교도 기업)와 마찬가지로 론트리는 치과 진료부터 오락, 사교 모임, 야유회에 이르기까지 직원들에게 다방면의 복지를 제공했다. 이런 접근 방법에는 교육도 필수적인 요소였기에 직원용 도서관과 학교도 지었다. 결국 직원 사택 건축도 계획에 포함되어 그 유명한 론트리의 모델 빌리지인 뉴 이어스윅New Earswick 마을이 조성되었다. 퀘이커교의 교리는 금융 서비스 기업인 바클레이스은행Barclays Bank과 보험 회사인 프렌즈 프로비던트Friends Provident에 이르기까지 다양한 현대 기업인이 되었으며, 금욕주의와 자선 활동으로 정립된 관리 방식에 엄격함이 스며들었다.

— 영국 머지사이드 위럴반도에 위치한 모델 빌리지인 포트 선라이트. 레버 브라더스가 1888년부터 짓기 시작했다. 온정주의 방식의 일부가 표출된 형태의 마을로, 포트 선라이트 건설 이후 일과 삶의 경계가 모호해졌다.

이후 상업 분야와 군사 분야, 의료 분야 등에서 복합 조직이 부상하며 기업은 점차 관리 효과를 높이는 방향으로 발전했다. 조직도로 표현되는 기업의 계층 구조는 기업 내 조직, 계층, 부서, 보고 체계로 구성된다. 이런 구조와 견고성의 전형으로 현대의 사무 공간이 탄생했다. 일반적으로 건물의 한쪽 벽에 조직의 구조를 도면으로 붙여 보면 사무 공간의 배치 방식이 드러난다. 이를테면 건물의 맨 위층에 임원실이 있고, 뒤이어 부서를 기준으로 조직의 계층이 분류된다. 맨 아래층에는 직원들이 모두 모이는 회의실이 위치하는 식이다.

서열은 조직의 계층 구조에서 공통적으로 자리하는 맥락이었고, 단계를 올라가면 지위와 특권이 따랐다. 관리 계층에서는 '우리와 그들'이라는 분리 의식이 생겼는데, 분리 의식은 소위 연공서열이라는 실제적인 경계로 한층 더 단단하게 굳어졌다. 이런 현상은 대개 공간과 지위가 밀접하게 연관된 사무실에서 나타났다. 명령과 통제는 관리를 위한 주문과도 같았다.

그런데 오늘날에는 이런 조직 관리의 전형이 파기되고 있다. 기업들은 아프가니스탄과 이라크에서 미군을 지휘했던 장군 스탠리 맥크리스털Stanley McChrystal 같은 사람들의 경험을 빌려, 유동성 높은 조직 관리에 대해 배우는 중이다.[1]

맥크리스털은 이라크에서 알카에다를 추적하던 과정에서 민첩한 적에 대항해 의사 결정을 내리기에는 군대식 명령 통제 구조의 절차가 다루기 까다롭고 너무 느리다고 판단했다. 그래서 지휘 체계를 재조정하여 스스로 의사 결정을 내리고 결과를 얻는 유연하고 자율적인 팀을 구성했다.

그는 자신의 저서 『팀 오브 팀스』에서 다음과 같이 말했다. "우리가 발라드에 특수 작전 본부를 꾸렸을 때 거의 모든 벽에 지도를 걸어놨다. 지도는 군인에게 신성한 것이다. 그런데 문득 지도에 테러리스트 조직의 전장이 표시되어 있지 않다는 사실을 깨닫고는 지도 대신 흰색 칠판을 벽에 걸기 시작했다. (중략) 우리는 생각나는 대로 말하고, 알고 있는 것을 도식화했다. 지휘 체계를 보여주는 직선과 직각 대신 그동안 봤던 것 중 어느 조직 구조와도 닮지 않은 형태의 뒤얽힌 그물망을 그렸다."

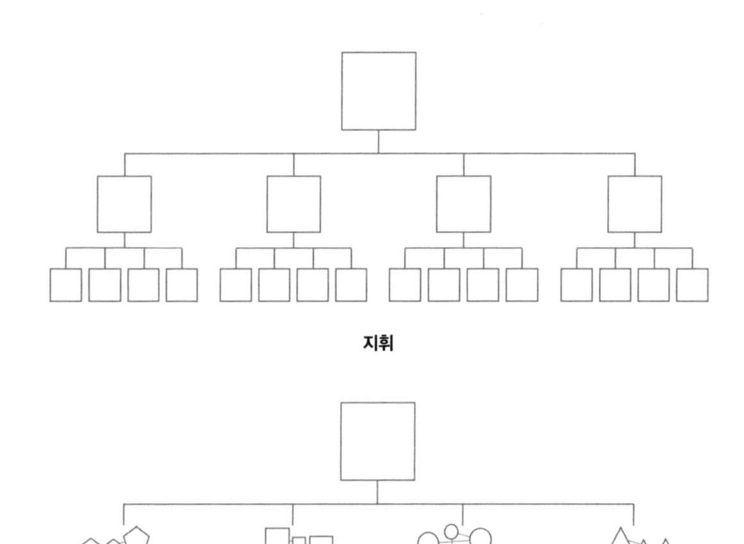

지휘

팀에 대한 지휘

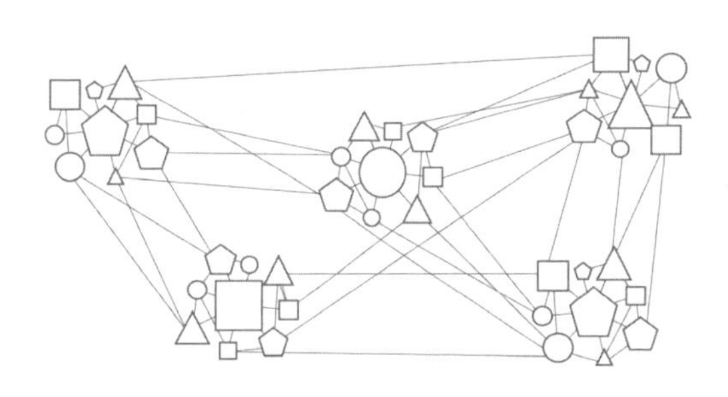

팀으로 구성된 팀

— 계층 구조hierarchy에서 애자일팀으로 이동. 스탠리 맥크리스털, 탠텀 콜린스Tantum Collins, 데이비드 실버먼David Silverman, 크리스 퍼셀Chris Fussell, 『팀 오브 팀스』, 2015년.

이라크의 발라드에 차린 지휘 본부에서는 넓은 작업 공간을 만들어 모두가 함께 모일 수 있도록 했다. 그리고 그는 이 공간에서 정보의 흐름과 의사 결정의 속도를 최적화할 수 있었다.

> 발라드는 완전히 새로운 것을 구축할 수 있는 장소이자 우리에게 유리한 방향으로 승률을 높일 만한 조직 체계가 물리적으로 표현된 기회였다. 발라드의 임시 지휘 본부에 앉았을 때 (중략) 우리의 목표가 하나의 거대한 팀을 만드는 게 아니라는 점을 깨달았다. 우리는 '팀으로 구성된 팀(team of teams)'을 구성해야 했다.[2]

프레드릭 테일러는 기업뿐 아니라 군대에도 조직도를 남겼다. 맥크리스털은 전통적인 지휘 계통을 통해 의사 결정이 이루어졌을 때는 적이 이미 사라지고 없다는 사실을 알던 리더였다. 그래서 맥크리스털은 계층 구조를 이루는 층을 만들기보다는 유동적이고 자율적이며 서로 연결된 팀을 구성했다. 이렇게 구성된 팀은 현장에서 신속히 대응할 수 있었고, 임시 작업 현장을 이용해 그때그때 흐름을 조정했다. 지금 그는 대기업들을 대상으로 조직 내 지휘 통제 체계를 해체하는 방법을 알리고 있다.

조직 상층부는 대개 조직 안에서 통제되고, 공간 장벽을 통해 분리되며, '중간 관리 계층'의 보호를 받는다. 중간 관리 계층은 정보를 걸러서 아래쪽이 아닌 위쪽으로만 보고한다. 이 계층 구조를 보여주는 피라미드는 조직 환경 내에 설계된 분리의 개념을 반영한다. 푹신한 카페트가 깔린 고급 사무실부터 개인 식당, 임원용 화장실이나 세면실, 전용 주차 공간에 이르기까지 분리하고 멀리 떨어뜨려 놓으며 지위를 존중하는 관습이 가장 중요시되었다. 기업의 사무실은 권한과 역량의 상징이다.

소니는 1979년 워크맨을 출시했던 당시 놀라운 성공을 거두었다. 워크맨 열풍이 불기 시작한 이후로 몇 년간 2천만 개의 워크맨을 판매했다. 소니의 공동 창업자 모리타 아키오Morita Akio와 이부카 마사루Ibuka Masaru는 그들의 발명품을 배팅해서 위험을 감수한 끝에 크나큰 결실을 거두었다.

도쿄에 있는 한 백화점 지하에서 일했던 아키오와 마사루는 기술자들과의 경계 없는 브레인스토밍이 워크맨이라는 제품을 탄생시켰다고 믿었다. 그리고 이들의 성공은 16만 명의 직원을 거느린 거대 기업의 탄생으로 이어졌다. 소니는 워크맨에 더해 트리니트론 TV, 바이오 컴퓨터, 플레이스테이션 등 다수의 혁신적인 제품을 출시했다. 곧이어 흥행한 제품에 맞춰 부서를 세분화했다. 모든 부서가 근본적으로 독립형 조직이 되었다.

그러나 이런 접근법으로 인해 결국 소니에서는 협력 작업이 중단되었다. 부서별로 자신들의 손익을 책임지게 되자 회사 내에서 각자의 사업부를 보호하는 것을 최우선 과제로 삼았다. 「파이낸셜 타임스」의 편집국장인 질리언 테트Gillian Tett는 자신의 저서 『사일로 이펙트: 무엇이 우리를 눈 멀게 하는가』에서 '소니 유나이티드Sony United'라는 슬로건을 내걸었던 소니에 대해 다음과 같은 평을 했다. "부서 간에는 점점 더 서로 소통할 의지가 사라졌다. 결국 사일로의 경계가 더욱 강화되었다. 거대 기업이 된 소니 바깥에서는 엔터테인먼트와 미디어, 전자 분야의 기술이 빠르게 변화하는 중이었다. (중략) 하지만 소니 내부에서는 부서 간 벽이 강화되고 있었다."[3]

소니의 공동 창업자인 이부카 마사루가 1958년에 회사명을 소니로 변경했을 때 그의 투자 안내서에는 '회사의 설립 목적은 자유롭고 역동적이며 즐거운, 이상적인 업무 공간을 만드는 것이다'라고 적혀 있었다. 그로부터 50년이 지나고, 소니의 규모와 성공 자체가 사일로라고도 불리는 견고한 경계 벽을 세웠다. 인터넷이 도입된 이래 엔터테인먼트 기술이 재편되었으며, 각 부서는 자체 혁신에만 집중했다. 또한 소니 뮤직Sony Music(소니가 CBS 레코드를 인수하면서 탄생한 기업)은 워크맨 담당 부서와 소통하지 않았으며, 워크맨 담당 부서는 바이오 컴퓨터 담당 부서와 소통하지 않았다. 견고한 사일로가 혁신뿐 아니라 조직의 본질과 정신까지 해칠 수 있다는 인식이 널리 퍼졌을 때도 소니의 부서들은 분리된 채로 남은 상태였다.

소니의 상황은 애플의 처지와는 사뭇 달랐다. 애플은 창업자 스티브 잡스가 복귀해 회사의 방향키를 잡은 후 글로벌 시장에서 업계 최대 경쟁자로 빠르게 부상했다. 잡스에 관한 책을 쓴 월터 아이작슨Walter Isaacson이 밝힌 바와 같이, 잡스는 '긴밀한 협업deep collaboration'

과 '동시 공학concurrent engineering'이라는 말을 즐겨 사용했다. 제품이 엔지니어링부터 디자인, 제조, 마케팅, 유통까지 순차적으로 지나치며 개발되는 과정보다 이 다양한 부서들이 동시에 협업해서 제품을 개발하는 과정을 원한 것이다.[4] 이런 점에서 잡스가 유산으로 남긴 애플 파크 프로젝트에 따라 캘리포니아 쿠퍼티노에 새로운 본사 캠퍼스가 들어섰다. 애플 파크는 업무 프로세스의 핵심에서 협업이 계속되는 형태의 업무 공간으로 설계되었다.

애플이 아이팟을 출시한 2001년, 소니는 운명의 기로에 놓였다. 얼마 지나지 않아 소니의 새 CEO가 임명되었다. 웨일스에서 온 하워드 스트링거 경Sir Howard Stringer은 처음부터 소니를 사일로가 너무 많은 기업이라고 보았다. 이런 자기 성찰과 내부 분열은 위대한 개척자를 선택의 기로에 서게 했다. 부서끼리 협업하지 않은 소니는 결국 애플과 삼성에게 추월당하고 말았다. 소니는 애플의 아이튠즈 기술에 못지않은 음악과 기술을 보유했으나 부서끼리 협업하지 않는 관리 구조라는 걸림돌에 주저앉은 것이다.

고대 중국의 철학자이자 시인이었던 노자는 "최고 단계의 통치에서는 백성들이 통치자가 있다는 사실만 겨우 안다. 그 아래 단계에서는 백성들이 통치자를 친밀하게 느끼며 통치자를 찬미한다. 그보다 더 낮은 단계에서는 통치자를 두려워한다. 가장 낮은 단계에서는 백성들이 통치자를 비웃는다."라고 말했다. 그래서 첫 번째인 최고 단계를 유지하되 내리막길로 완전히 들어서지 않도록 하는 것이 기업의 성공 비결이다.

이런 점에서 보면 기업이라는 조직에는 위험을 감수하고, 성장을 이루고, 기업 비전을 설정하여 방향을 제시하는 리더와 기업인이 필요하다. 새로운 방향으로 노선을 변경하려면 기존의 엄격한 구조와 계층제는 필요하지 않을 것이다.

라스베이거스에 본사를 둔 신발 및 의류 소매업체 재포스가 좋은 본보기다. 재포스의 창업자이자 전 CEO인 토니 셰이Tony Hsieh는 계층 구조와 관리자 직급, 직위를 없애고 관리·조직 지배 구조를 분산하는 홀라크라시holacracy의 개념을 바탕으로 새로운 조직 운영 모델을 창출했다. 회복 탄력성뿐 아니라 고도의 생산성을 조성한다는 목표로 의사 결정 권한을 조직에 분배했다.

현재 아마존이 소유한 재포스는 조직 모델을 진화시켰으며 중앙집권식 관료제가 아닌 독립된 팀을 기반으로 하는 운영 방식을 만들어가고 있다. 직원들은 거대한 기계의 부품 같은 존재라고 할지라도, 개별 서클을 구성해 자율적으로 경영을 하며 이제 막 창업한 중소기업처럼 활동한다. 이런 식으로 직원들은 사업의 핵심인 고객 중심 사고를 주도해 나갈 권한을 부여받는다. 재포스는 실제로 직원들끼리 서로 거래하는 내부 시장을 형성하기도 했다.

셰이의 비전은 라스베이거스에서 다운타운 프로젝트Downtown Project라는 물리적 공간으로 확장되었다(셰이는 스트립 북쪽의 황폐한 동네에 재포스의 새 사옥을 짓기 위해 라스베이거스 구 시청 부지를 인수했다). 이 프로젝트에 3억 5천 달러의 사재를 들인 셰이는 도시에 새로운 활기를 불어넣고 이를 재구상하여 다운타운 베이거스Dowtown

Vegas를 '영감과 창의성, 기업가 에너지가 넘치는 공간'으로 만들었다. 공간 계획의 중심에는 야외 복합 쇼핑몰이 있다. 선적 컨테이너가 재사용된 '컨테이너 파크'는 불을 내뿜는 거대한 사마귀 조각상(버닝 맨 축제에서 영감을 얻은 디자인)이 입구를 지킨다. 컨테이너 파크에는 30여 개의 소상공인 사무실과 신생 창업 기업 사무실이 입주해 있다.

셰이는 '뜻밖의 만남으로 돌려받기return on collision'라는 개념을 설명했는데, 이는 보스턴 컨설팅 그룹Boston Consulting Group이 입주한 뉴욕의 허드슨 야드Hudson Yards(상업, 문화, 주거, 교육 기능을 충족하는 초대형 복합 단지-옮긴이)의 업무 공간에서 비전을 실현한 방식으로, 예기치 않은 만남의 가치를 수량화한 개념이다. 보스턴 컨설팅 그룹이 회사에서 뜻밖의 만남이 일어나는 횟수와 효과를 평가하는 과학적 방법으로 '충돌 계수collision coefficient'를 정립한 것처럼 말이다. 셰이가 투자한 공간 구조에서 추진된 혁신은 다운타운 프로젝트로 장려되었다. 그리고 실제로 도시가 재생되었다.

컨테이너 파크 주변에서는 영업을 중지한 카지노였던 골드 스파이크Gold Spike가 협업 허브로 변신했으며, 음악 페스티벌 'Life Is Beautiful'이 마련되었다. 셰이는 2010년에 『딜리버링 해피니스: 재포스 CEO의 행복경영 노하우』를 출간하여 고객 서비스를 한 부서의 책임이 아닌 전 부서의 책임으로 삼아야 한다고 말했다. 그가 이 책에서 분명히 보여주듯이, 다운타운 프로젝트는 창의성 넘치는 기운을 불러일으켰다.

중국 최대 가전업체인 하이얼Haier도 유사한 접근법을 채택했다. 하이얼은 회사의 규모가 커도 실패할 수 있으며, 큰 규모의 회사가 항상 안전한 것만은 아니라는 점을 인식했다. 그래서 직원들에게 자아실현이라는 성취 능력을 불어넣고자 했다. 하이얼의 창업가이자 CEO인 장 루이민Zhang Ruimin은 "직원들은 매일 출근해서 그저 시키는 대로 수동적으로 일할까? 아니면 회사에 와서 포부를 실현하기 위해 적극적으로 일할까? 후자인지 확인하려면 올바른 조직 구조(가능한 경계가 없는 수평적인 조직)를 갖췄는가를 먼저 생각해 봐야 한다."라는 물음을 던졌다.[5]

그래서 하이얼은 시장에 우선순위를 두는 프로젝트팀을 구성했다. 하이얼의 직원들은 상사가 아니라 고객의 요구에 응한다. 장 루이민은 생각에 잠겼다가 "물론 올바른 조직 구조는 쉽게 선택할 수 있는 방향은 아니다."라고 덧붙였다.

하이얼의 직원들은 직위와 직급에 따른 보상이 아니라 팀의 성과를 기준으로 보너스를 받는다. 장 루이민은 '시장과 고객의 니즈를 충족시킬 줄 알고, 스스로 리더 역할을 하는 직원들과 함께 자체적으로 운영을 해야 훌륭한 기업이 된다'라는 비전이 있었다. 실제로 직무 표준화가 갈수록 복잡하고 어려운 일이 된 오늘날에는 자기 조직화self-organization와 자기 적응형 시스템self-adaptive system이 증가하는 추세다. 게다가 관리자들은 직원들이 독립적으로 자급자족하며 직무를 처리하길 기대한다.

모더니즘의 아버지라고도 불리는 미국의 건축가 루이스 설리번Louis Sullivan은 1896년에 발표한 논문 '미학적으로 바라본 사무용 고층 건물(The Tall Office Building Artistically Considered)'에서 '형태는 기능을 따른다(form follows function)'라는 디자인 명제를 언급했다. 이 논문에서 설리번은 조직 구조상 개별 셀들discrete cells이 건축 양식에 반영되어야 한다는 개념을 언급했다.[6] 과거에는 기업 내에서 사다리를 올라가는 것이 성공에 이르는 길로 통했으나 지금은 수평적인 조직 구조, 자율 경영팀, 홀라크라시의 실행이 대안으로 부상하고 있다. 어떤 유형의 업무 공간에서 이 새로운 조직 구조 작동 방식을 따라야 할까?

맥킨지 앤드 컴퍼니McKinsey & Co가 '애자일 조직으로의 여정(The Journey to an Agile Organization)'이라는 논문에서 밝혔듯이, 전통적인 형태의 조직이 고정되고 폐쇄된 계층 구조라면 애자일 조직은 신속한 학습과 의사 결정 사이클로 운영되는 팀 중심 네트워크로 특징지어진다.[7] 더 나아가 맥킨지가 인정한 바와 같이, 애자일 조직은 전형적인 조직도에 따라 업무를 수행하지 않는다. 그보다는 대개 트라이브tribe(부족)라고 불리는, 공동의 이정표milestone를 중심으로 모인 일련의 셀cell이라고 할 수 있다.

애자일 접근법을 활용하여 자급자족하는 팀들은 일정한 기간 내에 소프트웨어를 개발한다는 특징이 있다. 애자일 스크럼 방법론agile scrum methodology에 따르면 시장 출시 시간을 단축하는 '빨리 실패하기fail fast' 사고방식을 기반으로 하는 스프린트sprints(짧고 점진적인 개발 주기-옮긴이)를 통해 재빨리 소프트웨어를 개발한다. 특정한 애자일 공간agile space에서 작업하는 소규모 팀들은 팀 내에서 원활하게 협업이 이루어지도록 업무 공간을 재정립하고 있다. 맥킨지 앤드 컴퍼니가 확인한 것처럼 애자일팀에 속한 구성원들은 동일한 장소, 다른 셀들과 작업하고 협업하는 등의 애자일 접근법을 실천할 수 있는 작업 공간을 필요로 한다.

그러나 대부분의 기업이 회의로 팀워크를 막아버린다. 부서 동료들과 함께 매일 사무실에 앉아, 여러 분야의 프로젝트를 수행하지만 우리는 대개 영혼 없는 회의에 참석하느라 삶을 소모한다. 이처럼 소모적인 회의에서는 프로젝트에 대한 언급은 없다. 회의는 그저 업무를 보고하는 수단이다. 한 세기의 대부분을 그래 왔다. 회의는 한 세기 내내 변함없이 정형화된 접근법으로 일하는 사람들의 시간만 소모했다.

이런 상황을 프로젝트팀이 함께 모여 있는 그림과 비교해 보자. 즉각 결정하고, 우연한 대화로 소통하며, 아이디어와 데이터를 신속히 공유할 때 매우 빠르게 양질의 결과가 도출된다. 하지만 이렇게 애자일 프로젝트가 가능한 환경이 조성된 업무 공간은 거의 찾아보기 어렵다. 쭉 늘어선 책상, 회의실로 통하는 복도만 있을 뿐이다. 그렇다면 조직을 움직이게 하는 커뮤니티와 트라이브의 상호 작용, 그 개념을 바탕으로 업무 공간을 계획할 수 있다면 어떨까?

세계 최고의 경영 사상가인 찰스 핸디Charles Handy는 조직을 비롯해 기업의 미래에 관해 폭넓은 저술을 했다. 1994년 처음 출간된 저서 『텅 빈 레인코트: 왜 우리는 성공할수록 허전해지는가』에서 핸디는 긱 이코노미의 부상을 예상하고 '샴록 조직shamrock(핵심 직원, 주변부에 속한 직원, 보조적인 노동력이라는 3개의 잎새로 이루어진 회사-옮긴이)'을 보여준다. 안정된 핵심 직원 및 한층 더 유연한 주변부에 기반한 미래의 조직 구조, 즉 서로 다른 그룹으로 갈라진 기업을 설명한다. 이런 기업은 조직의 세부 지식을 보유한 고위 경영자와 기술자들로 구성된 지속적이고 집합적인 그룹, 유연한 고용 관계에 놓인 계약직 사원 그룹, 비정규직 직원 그룹으로 나뉜다.

핸디는 이후 1996년에 『올림포스 경영학』에서 서로 다른 조직 문화를 논의하며 설립자의 카리스마로 주도되는 매우 형식적인 관료제와 기업가적 문화 사이의 긴장 관계를 들여다본다. 이 책에서 핸디는 네 가지 경영 문화를 그리스 신에 비유하여 설명한다. 이를테면 이성과 지혜의 신인 아폴로는 사람들이 안정성과 확실성을 열망하는 문화를 대표한다. 최상위 신인 제우스는 전형적인 창립 문화를 상징한다. 춤과 술, 쾌락의 신 디오니소스는 노련하고 경험이 풍부한 사람들이 종사하는 전문 직종을 나타낸다. 마지막으로 지혜와 전쟁 신이기도 하지만 특히 평화에 앞장서는 신인 아테나는 동료 각자가 책임지는 문제 해결 문화를 의미한다.

아테나는 아마도 사무 공간의 미래와 가장 밀접하게 연관되어 있을 것이다. 즉, 조직을 작업이나 활동의 집합체로 보는 관점을 지닌 신이다. 늘 변화하는 클러스터cluster(작업을 수행하기 위해 구성되고 해체되는 팀들-옮긴이)와 유사한 조직 네트워크 내에 공간이 구성되고 그 공간에서 작업이나 활동이 수행된다. 이 개념은 고대 역사에 있는 트라이브의 개념을 유동적으로 해석한 것이다. 조직에 협력과 협업은 기본 조건이며, 사람들이 함께 모여 개별 작업을 수행한다. 팀의 노력으로 달성된 결과나 산출량을 기준으로 하는 문화에서는 전문성과 경험이 지위와 역할보다 더 중요시된다.

이런 목적의 커뮤니티들은 갈수록 더 인공지능 도구를 이용해서 작업 관리와 프로세스를 자동화하거나 강화할 것이다. 게다가

찰스 핸디의 조직 구조 유형

자율

개인(디오니소스)
- 시간 지향
- 전문 서비스 회사
- 전문가
- 안정된 환경

임무(아테나)
- 결과 지향
- 프로젝트 중심의 사업
- 각자의 책임 및 협업
- 유연한 환경

역할(아폴로)
- 규칙과 절차 중시
- 관료제 및 거대 기업
- 안전성, 안정성, 예측 가능성
- 표준 환경

권력(제우스)
- 기업가적 사업
- 설립자의 카리스마
- 평면적 구조
- 유동적 환경

협동

— 1996년 출간된 찰스 핸디의 『올림푸스 경영학』 속 그리스 신들은 서로 다른 유형의 경영·조직 문화를 상징한다.

애널리틱스analytics와 기계지능machine intelligence이 최적의 작업 처리 방법을 예측할 것이고, 그에 따라 조직이 재형성될 것이다. 자체적으로 형성되고 끊임없이 변화하는 업무 공간은 찰스 핸디의 분류 체계에서 명시된 공식적이고 예측 가능한 구조보다는 불확실성을 수용해야 한다.

업무 공간에 모든 신이 존재할 수도 있지만 그들의 역할은 새로운 모델에 따라 결정될 것이다. 고정된 조직도가 아니라 실제로 수행하는 업무를 기반으로 팀이 형성되고 해체된다는 의미다.

건물은 탄력적인 노동력을 위한 공간이 되어야 하기 때문에 적응성이 높아야 한다. 사일로를 형성하는 조직 구조는 앞으로 풀어 나가야 할 숙제다. 그동안은 조직 전체를 보기보다는 업무 영역을 특정한 기능별로 구분했다. HR 부서는 직원 고용과 해고, 유연한 근무 정책과 직원 복지를 담당하고 FM 부서는 업무 공간, 식음료 시설, 공기 질, 인체공학적 사무 환경을 관리하며 IT 부서는 우리를 책상에 가두는 기술을 관리해 왔다. 그런데 이런 개별적인 기능이 업무 경험에 집중하는 단일 독립체(경직된 계층형 구조가 아닌 조직에서 업무와 관련한 수행 방법과 장소, 시기에 대해 전체론적 관점을 가지는 집단)에 통합된다면 어떨까? 또 데이터를 이용해 한층 더 유연한 업무 공간을 만든다면 어떨까?

1911년의 프레드릭 테일러는 어쩌면 세계 최초의 경영 컨설턴트였을지도 모른다. 테일러의 묘비에는 '과학적 관리법의 아버지The Father of Scientific Management'라는 말이 새겨져 있다. 최적화를 신봉한 그는 분업의 효과를 강조한 애덤 스미스Adam Smith, 생산 효율성에 집착하여 자동화 생산 공정을 창안한 핸리 포드 등 경제학자들의 선례를 따랐다. 이후 포드주의와 테일러주의는 20세기 경영 사상의 기초가 되었다. 테일러도 퀘이커교도였으며, 앞서 예로 든 것처럼 많은 기업이 퀘이커교에 뿌리를 두었다.

퀘이커교에 관한 흥미로운 지점은 목사가 없고 찬송가를 부르지 않고 기도나 설교도 하지 않는다는 점이다. 퀘이커교의 예배 모임은 언제 어디서나 열린다. 모든 예배는 침묵 속에서 시작된다.

흥미롭게도 아마존, 트위터Twitter, 미국 금융 서비스 기업인 스퀘어Square 등도 침묵으로 회의를 시작한다. 아마존의 설립자 제프 베이조스Jeff Bezos는 비전통적인 경영 방식으로 유명한 인물이다. 베이조스는 수많은 회의에 장애가 되는 소위 '파워포인트에 의한 죽음'이나 '슬라이드웨어slideware(파워포인트 같은 프레젠테이션 프로그램-옮긴이)' 사용을 금지한다. 대신 회의 참석자들은 모든 회의에서 30분 동안 말 없이 메모를 읽는다. 이 메모에는 논의해야 할 회의 내용이 담겨 있으며, 메모 작성자의 이름이 회의 자료에 전혀 나타나지 않는 것이 특징이다. 회의 참석자들은 모두 메모에 피드백을 남긴다.

퀘이커교의 예배 모임에서는 대개 의자가 원형으로 배치된다. 그들의 철학이 보여주듯, 누구나 예배 집회에서 영감과 생각을 표현해도 된다. 리더가 따로 없으며, 교회 업무를 준비하는 '비즈니스 회의'에서도 계층을 나누지 않고 그룹이 함께 합의를 통해 의사 결정을 내린다. 퀘이커교도의 모임 방식은 오픈 스페이스 기술open-space technology부터 홀라크라시, 팀으로 구성된 팀, 사일로 파괴와 같이 지금까지 소개한 다양한 개념에 영향을 주었다. 퀘이커교도 기업들이 영향력을 발휘하는 것은 어쩌면 당연한 일이다. 이들처럼 조직 이론에 대한 자유로운 접근 방식을 이해해야 계층화되고 경직된 컨테이너가 아니라 사업을 유동적으로 유지하는 도구로 업무 공간을 바라볼 수 있다.

긱 워크와 길드의 재부상, 도시화에 제동을 걸다

20세기 초 수십 년 동안 현대적 모습을 갖춘 사무실은 시간과 장소에 고정되었다. 그중 장소가 바로 도시였다. 산업 혁명 이래 도시는 부를 좇던 농촌 노동력을 끌어모으는 자석이었다.

도시화가 되면서 사람들의 소득이 늘어나고 생활 방식이 개선되었다. 기업이 군집한 대규모 사무용 건물 단지가 생기고 나서 도시의 경제를 견인하는 힘이 나타났으며 그 영향력은 계속해서 확대되었다.

가상 기술이 유행하고 분산 근무가 확산되는 시대인데도 도시는 왜 최상의 접근법을 제공해야 할까? 금융 및 공중 보건 충격의 여파로 사회 전반에 다양한 변화가 일어난 상황에서 현대 도시는 밀도를 유지하며, 상업의 발전과 기업의 혁신 그리고 기업가 정신을 촉진할 수 있을까?

끊임없이 도시화를 추구하는 움직임에는 다양한 문제가 뒤따랐다. 교통 혼잡과 공기 질 저하 문제부터 생활과 학습, 여가를 위한 공간이 부족하고 천연자원이 고갈되는 문제까지 도시라는 영역은 지속적으로 압박을 받아 왔다.

개발된 도시들은 하나같이 변화하는 인구 문제, 그에 따른 기반 시설과 보건, 교육에 대한 부담으로 인해 거주자들이 부담해야 하는 주거비와 교통비가 크게 올랐다는 문제를 불러왔다. 도시

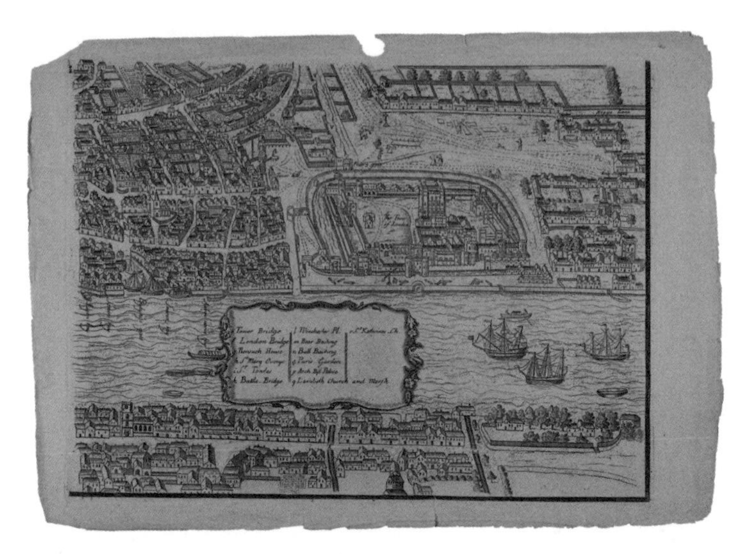

— 론디니움 안티콰Londinum antiqua. 18세기에 조지 버튜George Virtue가 제작한 16세기 런던 지도 사본. 유서 깊은 강과 지류가 도시 계획의 기준이었다. 근대의 '격자형 도시'와 대조된다.

를 이끄는 사람들과 도시 계획가들은 이제 떠오르는 디지털 기회를 이용해 도시의 구식 아날로그 시스템을 리부트하고 '시티 2.0City 2.0'을 만들어야 한다고 주장한다.[1]

리부트나 버전 2.0 같은 소프트웨어에 대한 비유는 그저 생각나는 대로 던진 것이 아니다. 컴퓨터 하드웨어에는 소프트웨어가 내장되어 있어 새로운 기능이 개발될 때마다 업그레이드되고 재시동된다. 도시는 그렇지 않다. 운영 체제를 갖춘 부동산을 상상하면 이해가 쉬울 것이다.

그러면 도시가 사용자의 필요에 따라 업그레이드된다면 어떨까? 이 물음은 부동산의 용도가 바뀌고 도시가 성장하는 과정에서 도시 계획가들이 오랫동안 탐구해 왔던 문제다.

미국의 작가 스튜어트 브랜드Stewart Brand는 『How Buildings Learn』에서 비용이 낮고, 표준화되어 있고, 쉽게 변형되는 건물을 짓는 것이 변화하는 사람들의 니즈를 충족시키고 급변하는 시대에 발맞춰 발전하며 인근 지역과 공동체의 경제적 활력을 유지하는 가장 좋은 방법이라고 주장했다.

게다가 도시 인구가 기하급수적으로 증가하기 때문에 오늘날 지속 가능한 미래를 만들기 위해서는 지속 가능성과 재사용 가능성이 부상하면서 무엇보다도 변화에 대한 적응성이 최대 현안으로 떠올랐다.

현재 경직된 도시 경관은 과거의 상업 중심지 또는 중심 업무 지구central business district, CBD(도심 지역에서 상업, 사회, 문화 같은 도시의 중추 관리 기능이 집중된 지구-옮긴이)가 자리잡았던 공간과 극명하게 대조된다. 중세시대의 도시는 산책로와 교역로의 교차점이 종교와 상업의 영향으로 형성되었다. 당시의 중심 업무 지구는 기능의 밀집을 의미했다. 은행 본사 및 정부 관청과 함께 전문직과 일반직의 사무실이 집단화한 것은 대면 소통이 요구되는 시장 활동에 대한 최적의 해법이었다.

중세시대에 등장한 커피숍은 거래를 하고 정보를 교환하는 공간이 되었으며, 이후 보험 회사로 발전했다. 커피숍은 등장 이래 시장을 형성한 것은 물론이고 증권 거래소의 모태가 되어 인간이 상호 작용하는 공간으로 진화해 왔다.

우리의 도시는 과거부터 천연자원과 인간의 노력으로 형성되었다. 예를 들어, 런던에서는 템스강과 그 지류를 중심으로 도시가 계획되었다. 플리트강River Fleet 유역은 패링던 로드Farringdon Road가 되었으며, 그 이름이 플리트가Fleet Street에도 쓰였다. 메릴본 거리Marylebone는 티번강River Tyburn의 흐름을 따라 형성되었다. 우물과 샘을 중심으로 브룩가Brook Street와 같은 고대 도시의 싹이 트기 시작했으며, 알드게이트Aldgate와 무어게이트Moorgate처럼 옛 성곽 도시의 관문이 형성되어 주요 장소들이 자리매김했다. 당시는 강으로 경계가 지어지고, 그 강과 성벽으로 국경이 형성되던 시대였다.

이 고대의 지도상에서 도시 거주자들은 문명을 형성했다. 로마의 도로는 지금 현대의 도시 아래로 깊게 파묻힌 강바닥을 따라 만들어졌다. 이 지도가 공공 시설과 교통망으로 둘러싸이면서 오늘날 우리가 매력적이고 살기 좋은 도시로 인식하는 복합 구조가 형성되었다. 이와 같은 비효율적인 배치는 현대 사회의 다양성과 속도감을 반영한다.

고대의 도시들과 대조적으로 현대적이고 질서정연한 모습의 '격자형 도시'는 특정 용도로 구분된 지역, 교통 계획, 반복되는 확실성을 통해 리듬감을 드러낸다. 인간의 주거에 몬드리안Mondrian의 화풍(몬드리안은 주로 삼원색과 격자형 다시 말해, 바둑판무늬를 사용했다-옮긴이)을 적용한 방식에서 중심 업무 지구의 고층 건물들이 뚜렷한 특징을 보인다. 도시 구조에 정신적인 요소가 반영되지 않을 때도 있지만 말이다.

이후 도시에 일어난 일에 대해서는 글로벌 팬데믹의 여파로 현재 치열히 논의되는 중이다. 중심 업무 지구는 20세기에 형성되었으나 점점 더 먼지만 날리는 인공물로 전락했다. 앞으로는 한층 더 인간 중심적인 도시가 출현할 것으로 예상한다. 융통성 없고 경직된 접근법에서 벗어나 도시 계획과 용도에 따른 지역 설정·개발로 넘어간다는 말이다.

현대 도시는 복합체 또는 혼합체로 대체될 수 있다. 여기서 침투성과 상호 운용성은 경계와 장벽이 무너지면서 더 유동적이고 불규칙적인 형태로 이어질 것이다. 부동산 개발은 오랫동안 사일로화되어 있었다. 상업, 주거, 상점 등으로 기능이 분리되어 있었지만 이런 관행은 이제 과거의 유물이 되었다. 우리의 도시를 통합된 공간으로 바라보려면 앞으로 의견 충돌을 감수해야 한다.

더군다나 우리에게 익숙한 복합 용도(도시 개발 및 도시 디자인의 형태로 주거, 상업, 문화 등 여러 용도가 하나의 공간에 혼합되는 유형 – 옮긴이) 개발도 아직 제대로 작동하지 않고 있다. 다른 기능들이 불편하게 혼재하며, 서로가 실제로 연결되기보다는 단절되어 있는 상태다. 우리는 진정한 통합을 예상한다. 기반 시설과 편의 시설이 공유되는 공간에서 사람들이 일을 하고, 물건을 사고, 학습을 하고, 생활을 하며 여가를 즐기는 모습을 말이다(이동 시간을 단축하고 환경 오염을 줄일 수 있다). 이러한 혼합의 개념은 사람들이 직장과 가까운 곳에서 생활하도록 매우 압축된 도시를 만들어야 한다는 요구와 맥을 같이 한다. 혼합 이론은 특히 세계경제포럼World Economic Forum(전 세계 유력한 정계, 재계, 언론계 인사들이 모여 세계 경제에 대해 토론하고 연구하는 국제회의 – 옮긴이)에서 지지를 받고 있다.[2]

잘 계획된 압축 도시compact city(도시가 확산하여 발생하는 경제·사회·환경 문제를 최소화하고 도시 확산을 억제하려는 대안 도시 정책 – 옮긴이)는 출퇴근 시간 단축, 공기 오염·소음 감소, 화석 연료·에너지 소비 감소 등 다양한 이점을 불러온다. 혼합된 구역이나 지역으로 구성된 압축 도시는 대규모 인구가 먼 교외에서 출퇴근하는 20세기의 중심 업무 지구 모델을 대체한다. 이 새로운 구역들은 복합 용도에 그치지 않을 것이다. 더 나아질 수 있다.

실제로 디지털 데이터와 시스템은 여러 용도가 혼합되는 접점이 될 것으로 보인다. 코로나19를 예방할 목적으로 2020년부터 도시에서는 건강 애플리케이션과 데이터 추적 시스템이 사용되었다. 개인 정보 보호 및 사생활 침해에 대한 우려(도시에서 흔히 우려되는 점이다)가 있겠지만 사용자 데이터에 의해 주도되는 '디지털 구역digital district'이 급격히 부상할 것이다.

시티 2.0은 더욱 살기 좋은 도시가 되고 침투성과 순응성을 더욱 높일 것이라고 생각한다. 그러면 인간의 노력이 번성할 수 있는 무대가 마련된다. 유기적이고 어쩌면 비효율적인 계획으로 회귀하는 것으로 볼 수도 있는데 일과 삶, 여가, 교육 사이의 경계가 흐릿해지며, 일상생활에서 필요하다고 요구되는 행동 양식에 도시

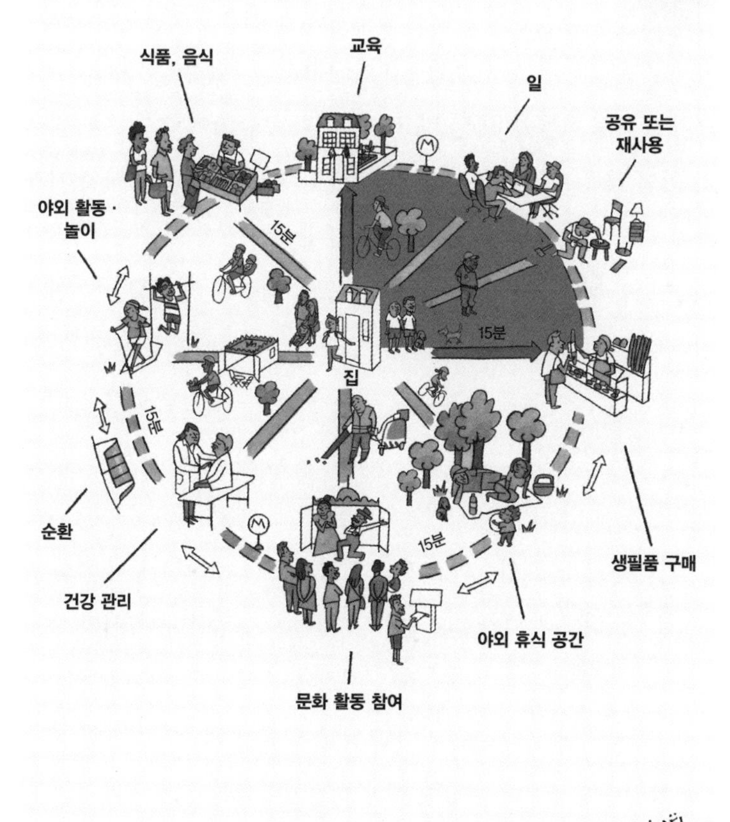

파리의 '15분 도시'. 일, 주거, 오락, 교육, 의료 시설을 15분 내에 이용할 수 있도록 한 도시 계획이다. 압축 도시들은 일하는 삶의 규칙을 다시 쓰고 있다. 2020년 미카엘 케이로스Micaël Queiroz의 삽화.

가 균형을 맞춘다.

도시 영역에서 평등주의적 접근법을 만들려는 노력이 계속되어서 포용성과 커뮤니티가 이제 도시의 핵심 도전 과제가 되었다. 교외와 도시 근교의 커뮤니티는 대대로 사람들이 직장으로 출근하고 나서 하루 종일 텅 비고는 했지만 부유층이 중심 업무 지구가 아닌 다른 지역 커뮤니티에서 시간과 돈을 쓰면서 다시 생기가 돌기 시작했다. 게다가 거주하는 지역 안에서 일을 할 수 있게 되면서 그동안 몸이 불편해 이동이 어려웠던 사람들, 아이들이나 연로한 부모를 보살펴야 하는 사람들도 자유롭게 경제 활동을 할 수 있게 되었다. 매일 똑같은 시간에 통근자들을 도심으로 급히 실어나르던 교통 인프라도 다른 수요 모델로 재조정되었고 말이다.

도시 인프라는 과거부터 도심부로 사람과 물건을 실어나르는 기능을 했다. 대다수의 도시는 상업 허브가 조성된 중심 업무 지구 한가운데에서 외곽으로 방사상 패턴을 형성한다. 도시의 요소인 구역district와 교점node, 기차나 버스의 종착역termini은 리듬을 형성한다. 하지만 신기술로 인해 오늘날에는 이 리듬이 깨지는 중이다. 아날로그 세상이 디지털 세상으로 전이되면서 도시 계획을 비롯해 그 안에서 살아가는 사람들의 삶이 뒤집힌 것이다. 현재 도시가 존재하는 근본 이유가 다시 논의되고 있다.

기술을 바탕으로 사람들이 어디에서나 연결되고 협업할 수 있기 때문에 이제 과거와 동일하게 위치하는 전략은 기업의 비용을 줄이는 최선의 전략이라고 할 수 없다. 시장에서도 거래와 기능을 위한 물리적 공간이 없어도 된다. 집적화는 글로벌 경제에서 의미가 사라졌다. 업무가 분산화되면서 메트로폴리스metropolis와 공간 효율성에 대해 이의가 제기되는 중이다.

우리가 거주하고자 하는 창의적인 공간들 대부분이 아직 완성되지 않았다. 다시 중세시대풍의 도시 계획, 전기로 움직이는 차가 다시 등장한 길거리 풍경, 빅토리아시대의 비대칭 양식 건물 등이 나타나 삶의 질을 높여줄 것이다. 한때 격자형 도시가 효율적인 삶과 일, 교통의 대명사로 통했으나 지금은 개발자가 주도하는 프로젝트로는 수준 높은 삶의 질을 실현할 수 없다.

베니스 광장, 케임브리지의 사각형 안뜰, 시티오브런던City of London, 고대 로마의 아고라로 돌아가 보자. 여기서 우리는 학습이든 상업 활동이든 축제든 인간적 노력이 깃들어 설계된 공간과 장소를 발견한다.

종교 건축물이 생긴 이후에 플랜더스Flanders(벨기에의 북부 지역 – 옮긴이), 앤트워프Antwerp(벨기에의 도시 안트베르펜 – 옮긴이), 런던 같은 고대 도시에 들어선 상업용 구조물들은 길드와 리버리livery가 사용하던 건물들이다(길드와 리버리는 무역상의 조합이나 직능 조합, 상인들이 이권을 보호하기 위해 만든 이익 집단의 형태를 띠었다). 길드는 상인들의 조직화를 의미했다. 새로운 길드 홀guild hall(길드 본부 건물 – 옮긴이)에는 커뮤니티의 사교, 도제 훈련, 상업 거래 등 다양한 기능이 수행되는 공간이 세심하게 구성되었다. 초기의 길드 건물들은 도시를 이끄는 핵심 기능을 했으며 상업 활동의 리듬을 만들어 냈다. 웅장하고 인상 깊은 건축물은 그 안에서 생활하는 사람들의 직종을 알려주는 간판이자 아이콘이었다.

상업 중심지이자 동서 문물의 합류 지점이었던 베니스에서는 스쿠올레scuole라는 조직이 전문직 길드를 대신했다. 이질적인 사람들로 구성된 리버리, 무역 길드를 받아들인 스쿠올레에서 사람들은 함께 모여 아이디어를 교환했다. 실제로 스쿠올레를 통해 상인들과 여행자들이 섞여 있던 초기의 인쇄업자들과 제본업자들이 인쇄물 전파라는 역할을 담당했다고 한다. 아래의 그림처럼 웅장하고 인상적인 건축물을 세운 스쿠올레에서는 여러 직종의 사람들이 모여서 서로의 기술을 배우고 교류하는 공간들이 있었다.

1884년에 제작된 목화. 스쿠올레 중 하나인 스쿠올라 그란데 디 산 마르코Scuola Grande di San Marco와 바르톨로메오 콜레오니Bartolomeo Colleoni 승마상.

저니맨journeyman(장인. 장차 마스터가 되었으며 도제와 달리 매일 급여를 받았다-옮긴이), 다시 말해 21세기의 용어로 초창기 프리랜서나 '긱 이코노미 참가자'들이 유럽의 길드를 옮겨 다녔다. 그들 덕분에 노동 이동이 일어났으며, 기술과 지식이 이전되었다(당시에는 고용된 기간 동안 시급을 받기보다는 대개 일의 양에 따른 보수를 받거나 생산에 대한 보수를 받았다).

종교 건축물과 함께 길드와 스쿠올레는 도시에서 중점적인 역할을 했다. 두 조직은 매우 효율적인 메커니즘으로 상업 심장부의 근간을 형성했는데, 노동 시장을 조직하고 전문가들 간의 교류에 따른 중개 소멸disintermediation 비용을 최소화했다. 디지털 기술이 사회 전반의 변화를 유발하는 오늘날, 우리는 무역과 상업 활동의 중심지에서 길드와 스쿠올레가 새로운 모습으로 다시 부상하는 모습을 지켜보고 있다.

프랜시스 케언크로스Frances Cairncross가 1997년에 출간한 획기적인 책 『거리의 소멸 디지털 혁명』에서 예측한 대로 통신 기술의 발달로 '입지 경제'라는 개념이 파괴되었다. 따라서 대기업 본사들이 도심 내 이름만 들어도 어딘지 알 만한 지역에 위치해야 한다는 생각에 이견이 제기되는 중이다. 이런 때는 새로 창업한 기업들도 진입 장벽이 낮은 시장에서 기존에 주도권을 쥐고 있던 기업들에게 도전장을 내밀 수 있다. 직원들은 기술의 발달 덕분에 등장한 클라우드 기반 서비스를 통해 동료들과 자료·데이터를 공유하며, 고객들은 온라인에 접속해 상품을 산다. 기업들은 낡은 인프라에 굳이 매달리지 않아도 되었다.

기업을 무역과 상업 활동을 주도하는 유일한 조직으로 보는 개념도 현재 무너지기 직전이다. 예고된 바와 같이 긱 이코노미가 부상했으며, 일시적인 노동 현상이 증가하고 있다. 프로젝트와 고용 계약에 따라 움직이는 전문가와 프리랜서 집단이 이리저리 옮겨다니며 자신들의 시간을 팔고 있다. 이런 현상은 도시 영역에 대한 여러 함축적 의미를 내포한다. 오늘날 협업이 전 세계적으로 도시에서 유행처럼 번지고 있다. 서로 다른 것들이 섞여 있는 기업이 세분화되어 가는 모습에서 우리는 길드와 스쿠올레의 재부상을 실시간으로 목격하고 있는 것이다.

언젠가부터 협업 공간과 유연한 사무 공간을 제공하는 사람들이 대도시에서 영향력을 발휘하기 시작했다. 그들은 경직되고 흔해 빠진 사무실에 질린 사람들을 위해 '서비스로서의 공간space as a service'이라는 모델을 만들고 활용한 다음 해당 공간을 다시 임대하고 있다.[3] 이 모델은 갈수록 더 이동성이 높아지는 애자일 인력에게 제약이 거의 없는 주문형 공간space on demand과 서비스를 제공한다. 프리랜서와 새로 창업한 기업 등 독립된 사업자들이 가장 먼저 해당 모델을 받아들였는데, 지금은 대기업들도 그 장점을 높이 평가하며 받아들이는 중이다.

이러한 협업 공간에서는 책상과 회의실을 이용할 수 있을 뿐 아니라 커뮤니티와 네트워킹을 통해 다양한 경험을 얻기도 한다. 조직 생활에서 강요되는 동지애를 가질 필요 없이, 그저 의견이 같은 공동 작업자들이 한 장소에 모여 유사한 기술과 관점을 공유할 기회를 누린다. 이 공동 작업자들의 모임은 21세기의 주문형 모델에 적합한 새로운 길드·스쿠올레라고 할 수 있다.

앞서 설명했듯이, 삶의 다양한 측면이 디지털화되면서 입지 패러다임이 뒤집혔다. 고객들이나 시장에 근접해야 하고, 중심 업무 지구에서 좋은 입지를 갖춰야 한다고 주장하던 '집적화라는 효율성'은 업무상 이동이 잦은 도시에서는 이제 그 의미가 무색해졌다.

과거부터 도시 인프라가 도로나 철도, 강에 따라 좌우되고 정치와 권력, 도시 계획에 의해 강화되었던 것과 달리 다중심 속성

런던의 브로드게이트 서클Broadgate Circle에서 회사원들이 점심시간을 보내는 모습. 사업 효과를 극대화하는 방향으로 도시가 재생되고 있다.

에 기반한 새로운 흐름이 생겼다. 인구 증가, 교통 체증, 탄소 감축 서약, 신기술 출현 등 도시에 퍼펙트 스톰이 불어닥쳤다. 최근에는 기업들이 비용 절감을 기대하는 데 더해 업무 공간의 실제 수요가 줄어들 정도로 사무실이 저이용 자산이라는 인식이 퍼졌으며, 도시가 재생 가능할 것이라는 희망적인 시나리오도 생겼다.

앞으로 등장할 새로운 도시는 중심부나 핵심부가 없는 대신 마치 인터넷처럼 서로 연결된 교점들이 이어진 형태일 것이다. 시티 2.0은 디지털 도시 경관이 될 수 있다. 그런 공간에서 사람과 장소가 연결되고, 마치 옆구리를 쿡쿡 찌르며 선택과 행동을 이끄는 것처럼 머신러닝 알고리즘과 인공지능이 사람들의 의사 결정을 돕는다. 고대의 구불구불한 강과 산책로는 다시 한번 누구나 기대할 만한 장소가 될 것이다. 흥미롭고 예상치 못한 경험과 혁신적인 요소들이 도시의 재생에 더해질 것이다.

시티 2.0은 우리가 도시 영역에서 일과 생활, 출퇴근하고 소비하는 방식을 재정립할 것이다. 이와 관련하여 『거리의 소멸 디지털 혁명』의 저자 프랜시스 케언크로스는 2020년에 다음과 같이 전망했다.

> 위치가 사업상 결정을 내릴 때 이미 중요성을 잃었음에도 (우리가 한때 생각했던 것만큼은 아니지만) 우리는 여전히 도시와 사무실을 필요로 할 수 있다. 일부 대도시에는 온라인으로 모방할 수 없는 강점과 깊이가 있지만 재택근무가 점점 더 확산되는 상황에서, 도시에서는 대규모 업

무 지구에 대한 기대가 사라지고 오락과 사교 활동을 위한 공간이 더욱 두각을 나타낼 것이다.[4]

찰스 핸디가 1990년대에 예상한 것처럼 도넛 회사들doughnut organizations이 거주하며 중심 허브가 존재하지 않는 도넛 시티doughnut city가 등장했다. 새로운 행동 양식이 나타남에 따라 시티 2.0은 이제 끊임없는 상업적 움직임이 아닌 다양성이 어우러진 도시가 될 것이다.

다중심적 접근법에 따라 새로운 클러스터와 커뮤니티가 생겨나고 지역을 바라보는 새로운 관점이 형성될 것이다. 본사에서 멀리 떨어진 업무 환경을 선택할 자유도 생겨서 매일 회사로 출근해 아침부터 저녁까지 붙어 있는 삶에서 벗어날 수도 있을 테다. 여기에 더해 공유 경제sharing economy가 확산되고 자율주행과 전기차가 유행할 전망이다. 그러면 자동차를 소유하지 않아도 되고 혼잡한 거리에서 장시간 운전할 필요 없이, 주문형 애플리케이션을 통해 서비스를 요청하면 그만이다. 새로운 패러다임은 필연적으로 나타날 수밖에 없다.

우리는 1차 산업 혁명의 결과처럼 도시 경관이 급진적이고 영향력 있는 모습으로 변화되는 현상을 목격할 것이다. 그날이 얼마나 빨리 올 것인가는 도시의 지리와 문화에 달려 있다. 게다가 코로나19가 불러온 위기로 변화에 대한 열망이 필연적인 현상이 되었다. 질병에 대한 두려움은 종종 도시 건축과 랜드스케이핑, 디자인을 변화시키는 요인이 되었다.

역사를 돌아봤을 때 흑사병을 막기 위해 빽빽하게 인구가 밀집되어 있고, 위생 수준이 낮은 빈민가를 정비하여 공공의 공간으로 개방하고는 했다. 도로를 넓히고 실내 배관을 설치하여 열병과 콜레라에 대응했다. 뉴욕의 센트럴 파크Central Park 같은 녹지 공간들은 공중 보건 문제에 직접 대응하는 차원에서 설계되었다. 1933년에는 건축가 알바 알토Alvar Aalto가 결핵 환자들을 치료할 목적으로 파이미오 요양원Paimio Sanatorium을 설계했는데, 이러한 질병 치료 시설들은 근대식 건물과 미니멀리스트 가구의 유선형 외관에 영향을 미쳤다. 덕분에 먼지와 세균이 축적될 공간이 줄었다. 한마

뉴욕의 센트럴 파크. 공중 보건 문제를 해결할 목적으로 만들어졌다. 전염병에 대한 해독제를 마련하기 위한 도시 재설계는 전혀 새로운 개념이 아니다.

디로 공중 보건 문제에 대한 우려로 인해 새로운 도시 계획도 과거부터 잘 다져진 길을 따라갈 것이라고 본다.

코로나19 팬데믹 초기에 록다운이 시행되고 나서 도로에서는 자동차가 사라졌고 하늘에서는 비행기가 자취를 감췄다. 그 결과, 대기질이 개선되었으며 변화를 꾀해 지속 가능한 도시를 만들 절호의 기회가 왔다는 공감대가 폭넓게 형성되었다. 실제로 자동차의 이동을 줄이고 자전거를 안전하게 타도록 자전거 전용 도로를 넓힌 것도 같은 맥락이었다. 더 나아가 보행자 구역이 늘어났으며, 포켓 파크pocket park(작은 공원이라는 뜻으로, 사용하지 않는 공간이나 버려진 공간으로 조성한 녹색 공간-옮긴이)와 공공 좌석과 같이 '전술적 도시화tactical urbanism'라는 트렌디한 소규모 사례들로 도시 영역이 친환경 공간으로 변모했다.

앞으로 도시들은 계속해서 인력과 자원, 네트워크가 하나로 어우러지는 집합체가 될 것이다. 이런 도시에 이끌리는 회사인들의 삶도 변화할 것이다(그들은 더 나은 삶을 살 것이다).

당신이 일하는 장소가 곧 사무실이 된다

도시가 변화의 흐름을 따르고, 재생이라는 기회를 수용하고 있는 덕분에 도시 영역 중 많은 부분을 차지하는 실내 업무 공간에도 변화가 일어날 전망이다. 그러면 공장 같은 창고형 사무실에서 1인당 면적에 따른 공간 계획 효율을 측정하는 일은 의미가 없어진다. 이제 사무실은 원격근무를 선택할 수 있는 기업 직원들에게 하나의 선택지가 되었다. 그래서 사무 공간은 입소문과 매력, 분위기에 좌우될 수밖에 없다.

공간은 사기를 떨어뜨리는 곳이 될 수도 있다. 그런 공간에서는 직접 분위기를 조성하고, 경험을 만들고, 활기를 불러일으켜야 할 책임이 생긴다. 반면 활력을 불러일으키는 공간에서는 다양한 요소들이 사람들의 반응을 불러일으킨다. 코로나19의 영향으로 기업들은 얼마나 많은 사무 공간이 필요한지, 남아도는 공간을 어떻게 활용해야 하는지 과거 어느 때보다 더 깊이 고민할 수밖에 없는 상황을 맞이했다.

건축 형태와 인간 행동의 연결성은 다양한 근거가 증명한다. 처칠Churchill은 "우리는 건물을 만들지만 그 건물이 다시 우리를 만든다."라는 명언을 남겼다. 이 말이 너무 자주 인용된다고 생각하는가? 그럴 수밖에 없다. 공간이 행동에 미치는 영향력이 우주의 진리이기 때문이다.

2003년 네덜란드 틸뷔르흐에 위치한 보험 회사 인터폴리스Interpolis 본사 내부 공간. 시대를 앞서는 접근 방식으로 창의적 활동이 가능한 업무 환경을 구성했다.

의회 회의장은 정치 경관을 반영하는 것은 물론, 정치인들의 행동과 사고방식에 영향을 미친다. 예를 들어, 영국 하원의 본회의장은 여당과 야당이 서로 마주보며 대립된 형태로 좌석이 배치되어 있다. 반면 유럽 의회 회의장은 대학교 강의실과 유사한 구조인 말발굽 모양으로 배치되어 있다.

감옥이라는 공간도 범죄자 관리 시스템의 일부로 연구되었다. 18세기 말 영국의 철학자이자 사회 개혁가인 제러미 벤담Jeremy Bentham이 설계한 원형 감옥이 판옵티콘 모델panopticon model인 이유는 죄수들을 감시하고 통제하는 최적의 공간으로서 중앙을 활용할 수 있기 때문이다.

현대 사무 환경과 관련된 공간적 매개 변수들은 효율성의 시대 초기에 설정되었는데, 이는 디자이너들의 욕심을 억누르고 효율성을 집중시킨 모습이었다. 당시엔 사무실이라는 공간은 주로 직선과 직사각형 모양으로 배치해야 된다는 강박관념이 있었다. 더불어 생산성과 능률을 높이려는 계획이 실시되었기 때문에 상자처럼 생긴 건물에서 그에 어울리도록 공간을 빼곡히 채우는 배치가 주를 이뤘다. 이런 이유들로 인해 윌리엄 헨리 레핑웰은 책상을 일렬로 배치하여 시간-동작 연구에서 말하는 효율성 높일 수 있다고 봤지만 앞으로는 지식 노동자들을 위해 무언가 다른 것이 필요해질 테다.

오늘날에는 현대적 사무실과 관련해 공간 설계자들이 채택하던 대부분의 규칙들에 의문이 제기되는 중이다. 어디에서나 볼 수 있는, 마치 유리 상자 같은 직사각형 모양의 회의실을 예로 들어보자. 이런 회의실에는 책상을 중심에 두고 그 주변으로, 겨우 비집고 들어갈 공간밖에 없으며 모든 사람이 칠판이나 화면을 보기 위해 정면을 응시한다. 지금은 덜 그렇지만 이런 공간에서는 회사가 요구하는 상호 작용과 협업이 전혀 일어나지 않았다. 유리벽 회의실은 2020년 첫 록다운 이전 시기에나 어울리던 공간이었다.

코로나19 팬데믹 시기에 사회적 거리두기나 록다운 등으로 인해 화상 회의가 유행한 이래 사람들은 물리적인 장소에 모이는 회의에 참석하지 않고 화면에 나타나는 방 안의 작은 상자에 모습을 드러냈다. 언제 어디에서나 이 화면 안에서 파워포인트 프레젠테이션을 진행할 수 있게 되었다. 멀리 떨어진 곳에서 비디오나 오디오로 연결을 시도하다가 형편없는 경험을 하고는 했던 과거와 달리, 지금은 누구나 원활하게 화상 회의에 참여한다.

재택근무를 할 수밖에 없는 상황이 되자 우리에게 익숙하지 않은 일이 벌어졌다. 갑자기 모두 평등한 존재가 되어버렸다. 사무실에 사람이 아무도 없었기에 평준화가 일어난 것이다. 모든 사람이 플랫폼에 모여, 똑같은 경험을 얻었다. 디지털 평등digital equality이 최초로 실현된 셈이다.

지금은 집에 머무는 사람들도 있고 사무실로 복귀하는 사람들도 있어서 혼합되거나 혼재된 직업 세계를 이루었다. 이런 상황에서는 회의에서 디지털 평등을 실현하는 것이 더욱 까다로운 일이 된다. 사무실의 표준으로 통했던 특색 없는 유리벽 회의실은 디지털 평등이라는 목적을 실현하는 데 적합하지 않다. 대신 우리는 여러 가지 기술적 해법을 새롭게 발견하고 있다.

긍정적인 사례를 들어보겠다. 구글은 혼합된 노동력blended workforce을 지원하는 다양하고 새로운 공간 배치를 모색하는 중이다. 구글은 캠프 파이어라고 불리는 회의실을 만들었다. 회의에 참여한 사람들이 동그랗게 둘러앉고 사람들 사이사이에 설치된 모니터를 배치해 회의를 진행하는 방식이다. 실제로 회의실에 있지 않고 화상 회의로 참석한 사람들도 모니터를 통해 거리감을 최대한 줄인 채 활발히 소통한다. 모니터가 온라인으로 소통하는 사람들의 얼굴을 큰 화면으로 보여주어서, 회의에 참여한 사람들은 마치 모닥불 주변에 함께 모여 앉아 있다는 착각에 빠진다. 원형 공간은 치료나 만남이 집단적으로 이루어지는 환경에서 널리 활용되고, 이전의 기업 환경에서는 잘 보이지 않는 배치 방식이었다.

물리적 공간의 평등은 실제로 흥미로운 명제다. 우리는 모두 평등해야 하기 때문에 지위, 직무 역할, 서열, 근무 기간 등이 아니라 필요에 따라 공간을 할당받아야 한다. 조직 문화 이론가이자 저명한 경영 컨설턴트인 해리슨 오웬Harrison Owen은 1993년에 자신의 저서 『셀프 오거나이징 SELF ORGANIZING: 세상을 움직이는 제1의 힘』에서 관련 개념을 지지했다. 이 책에서 오웬은 원형 공간이 공동체가 서로 소통하기에 가장 좋은 기하학적 형상이라고 설명한다.

오웬의 주장은 서아프리카의 발라마Balamah라는 마을 주민들의 전통과 문화에서 근거를 발견한 것인데, 이 마을 사람들은 열린 공간에서 원을 만들며 둘러앉아 의견을 나눈다. 원형은 인간의 열린 의사소통을 불러일으키는 기본적인 기하학적 구조다. 원형에는 맨 위와 맨 아래가 없고, 높고 낮음이 없으며, 어느 한쪽으로 기울어지는 측면도 없다. 원형 구조에서 사람들은 서로 마주보며 함께할 수 있다.[1]

오픈 스페이스 테크놀로지는 아이디어 창출 및 문제 해결에 대한 방법론이라고 할 수 있다. 이 방법론은 다양성을 지닌 집단이 까다롭고 의견 충돌이 있을 만한 주제를 다룰 때 효과가 크다. 이 과정을 수용하기 위해 오웬이 제안한 공간에서는 원형으로 둘러앉은 사람들이 커피와 음식을 자유롭게 먹고, 아무때나 휴식을 취하며, 틀과 격식에서 벗어나 자유롭게 토론한다. 공식 의제가 사전에 결정되는 일은 없으며, 모이는 사람들이 그때그때 의제와 토론 일정을 정하고 토론에 참여한다. 이 과정에서 매우 혁신적인 공간에서 나타나는 흥미로운 장면이 이어지며, 매우 빨리 해법을 도출해내는 환경이 조성된다.

스탠퍼드대학교에서는 다양한 전공의 학생들이 디.스쿨D.School에 참여할 수 있다. 창의적 사고를 위한 이 시설에서 학생들은 혁신 과제에 디자인 싱킹design thinking(디자이너가 활용하는 창의적 사고법-옮긴이)을 적용할 수 있다.[2]

아이디어를 도출하는 과정에서 공간이 핵심 기능을 한다.

― 스탠퍼드대학교의 디.스쿨. 호기심과 상호 작용을 자극하도록 설계된 공간이다.

디.스쿨에는 밀폐된 방부터 개방된 공간, 벽에 아이디어가 가득한 복도까지 천장에 레일형 화이트보드가 설치되어 있어 아이디어를 도출하고 발전시켜나갈 수 있다. 이 매력적인 공간에서 새로운 유형의 상호 작용과 학습이 일어나는 덕분에 학생들은 호기심을 자극받고 뜻밖의 발견을 한다.

교육 환경에서도 오픈 스페이스 공간을 살펴보자. 기존에는 계단식 강의실처럼 격식을 차린 강당에서 교사나 강사가 한 무리의 학생들을 마주하며 정보를 전파하는 것이 일반적인 방식이었다. 하지만 최근 개인과 집단의 학습을 촉진하는 공간이 등장하고 나서 전통적인 학습 공간 모델에 이의가 제기되고 있다. 지금은 사람들이 테이블에 모여 앉아 집단을 이뤄서 학습하는 '거꾸로 모델'이 보편적인 방식으로 통한다. 즉, 이 거꾸로 모델에 의해 교육 환경이 뒤집히고 있는 것이다.

오늘날에는 사람들이 기술을 바탕으로, 새로운 방식으로 일하고 학습할 수 있게 되었다. 그래서 효율성이나 학습된 행동 기반의 공간 유형학에 대한 과거의 정형화된 접근 방식은 힘을 잃는 중이다. 공간이 성과에 미치는 영향을 평가했듯이 실제로 지금 교육 현장에서는 다른 분야에서 배울 점을 도입해서 학습 환경을 발전시키고 있다.

과거부터 사무실에서는 대개 한 책상에 한 사람이 앉고, 몇몇 '탈출 공간'과 회의실이 제공되는 전통적인 공간 모델이 굳건했다. 그러다 지난 20년 동안, 네트워크화된 사무실의 시대에는 전통적인 공간 모델이 사무실이라는 공간의 목적에 부합하지 않는다는 공감대가 형성되었다.

코로나19 팬데믹 이전에 금융, 정부, 미디어, 제약, 기술 다섯 가지 분야에서 사무실 공간 활용에 대한 조사를 시행했는데, 당시 우리가 발견한 사실에 따르면 전 세계적으로 작업 공간의 평균 사용률이 55%에 머물렀다. 대회의실의 평균 사용률은 43%에 불과했으며, '탈출 공간' 같은 대체 작업이 이뤄지는 공간은 겨우 30%만 사용되고 있었다.[3] 의외의 결과도 얻었다. 이상하게도 업무 공간은 대부분 사용되지 않고 있었다. 그러면서도 응답자들 대부분이 아이러니한 대답을 했다. 가령 12명이 모일 수 있는 회의실이나 정해진 시간 동안 프로젝트를 수행할 만한 공간을 찾을 수 없다고 답한 것이다.

팬데믹이 닥친 이래, 애자일 방식의 사무 환경 트렌드가 확산되었다. 기업 경영진들은 적어도 일정한 시간 동안은 원격으로 근무할 때 능률이나 업무 효율성이 높아진다는 사실을 깨달았다. 하지만 한편으로는 현대적 사무실의 폐해인 프레젠티즘presenteeism(출근은 하지만 육체적·정신적 건강 문제로 생산성에 부정적인 영향을 초래하는 현상–옮긴이)이 글로벌 팬데믹으로 인해 재택근무 모델에도 옮아갔다.

기업 직원들을 대상으로 한 설문 조사에서 노동자 10명 중 1명 미만이 일주일에 5일을 출근해 시간을 보냈던 '컨테이너 박스' 같은 사무실로 돌아가고 싶어 했다. 반면 다른 노동자들에게는 근무 방식과 관련된 새로운 복합형 업무 모델이나 혼합형 업무 모델에 대한 니즈가 나타났다. 새로운 업무 모델은 주당 근무 시간을 나눠서 사무실, 자택, 카페나 협업 장소 같은 '사이 공간in-between' 또는 '제3의 공간'을 오가며 근무하는 방식이다. 이에 기업 경영진들은 조직에 적합한 공간 배치를 따져보고 있다. 그들은 현재 유행하고 기업 공간 포트폴리오 관리에 중요한 의미가 있는 다양한 공간 배치 방안을 고찰하는 중이다.

일례로 겐슬러 연구소Gensler Research Institute가 2020년 2천3백 명이 넘는 미국 노동자들을 대상으로 실시한 조사에 따르면 사무직 노동자들 대부분이 팀원들과 협업하기 위해 사무실로 돌아가고 싶지만 매일 사무실로 출근하고 싶지는 않다고 밝혔다.[4] 사무실로 돌아간 직원들도 비평적 디자인의 변화들critical design changes을 보고 싶어 했는데, 팬데믹 이전에도 업무 성과와 만족감에 부정적인 영향을 미쳤던 사무실의 빽빽한 밀도와 주의를 흐트러뜨리는 소음, 산만한 요소들이 줄어들기를 바란다고 답했다. 이와 같은 조사 결과들은 사무실이라는 공간이 다양한 측면에서 개선되어야 한다는 점을 암시한다.

최근 들어 직원들과 직원들에게 할당된 책상, 개인 사무실 그리고 이 요소들 사이의 연결고리가 깨지고 있으며 그에 따라 공유 모델이 엄청난 인기를 끄는 중이다(호텔에서 일정 기간에 방을 예약했다가 체크아웃하듯이 누구나 필요할 때 공간을 이용할 수 있다). 공유 공간은 전체 임대율이 절반 정도에서 80~90% 이상까지 올라갈 정도로 이용률이 높아지고 있는 상황이다.

맥킨지 앤드 컴퍼니가 발표한 '코로나19 이후의 사무실과 직장 생활 다시 상상하기(Reimagining the Office and Work Life after COVID-19)'라는 보고서에 따르면 공유 모델을 채택하면 부동산 임대료를 30% 이상 절감할 수 있다고 한다. 이 보고서는 사무실을 재창조하는 변혁적 접근법이 필요하다고 말한다.[5]

어떻게 공유 공간이 임대료를 절감할 수 있는 것일까? 사무실이 무엇을 위한 공간인지, 어떤 활동이나 작업이 사무실에서 이뤄지기 적합한지, 누가 사무실에 있어야 하는지 다시 생각해 보는 과정이 생겨났기 때문이다. 공유 경제를 수용한다는 것은 사람들이 공간을 필요에 따라 그때그때 사용하는 예약 상품으로 바라본다는 의미와도 같다. 더 나아가 변화 없는 평범한 사무실에 대해 문제 의식을 품고 업무 공간을 적절히 배치할 기회가 넘쳐난다는 뜻이기도 하다.

그렇지만 최근 이런 접근 방식과 관련된 실험들은 실망을 안겨주었다. 어설프고 세심하지도 않으며 불친절한 디자인의 업무 공간은 별다른 특징도 없을뿐더러 그다지 실속도 없었다. 앉을 자리를 공유하거나 선택해서 매일 자리를 옮겨 다녀야 하는 환경은 사람들을 우울하게 만들기 때문이다.

이 방식은 흔히 핫데스킹hot-desking(직원들에게 개인 책상을 지정해주지 않고 근무할 자리를 예약해서 앉게 하는 좌석제 – 옮긴이)이라고 불리는데, 핫벙크드hot-bunked라는 영국 왕립 수병의 용어에서 유래했다. 군함과 잠수함처럼 공간이 협소한 환경에서 해병들이 침상 하나를 돌아가며 쓰는 모습을 상상하면 이해가 쉽다. 아무튼 핫데스킹이 실망스러운 이유는 또 있다. 핫데스킹으로 일할 만한 자리를 찾아다니던 사람들은 비용을 절약하려는 목적으로 만든, 공간 밀도가 매우 높은 작은 컨테이너 박스 속으로 비집고 들어가 일을 한 것이다(부동산 임대료와 낮은 사무실 이용도에서 비롯된 반응이었다).

게다가 지식 노동자들을 위한 해법들은 개성과 특색이 없었고 호응을 얻지도 못했다. 이렇게 '특별할 것 없는 해법들'은 대부분 공통분모를 바탕으로 기능했다. 사람들이 무관심하고 환경에 대해 매일 직접 불평과 불만을 드러내지 않으면, 시설 관리 부서도 문제를 의식하지 않는다는 점이었다.

그럼에도 최근 들어 기업들이 환대 산업hospitality industry(숙박, 외식, 카지노 등 넓은 범위의 다양한 서비스 산업을 통틀어 부르는 말-옮긴이)의 방식을 시도할 뿐 아니라 노동자들의 활동과 팀의 특성에 맞춰 업무 공간을 조정하는 개념을 이해하고 있다. 이런 진보적인 접근 방식을 개괄적으로 보여주는 새로운 용어로, 활동 기반 업무 Activity-Based Working(자신의 업무 특성에 따라 할당된 사무 공간에서 업무를 진행하게 하는 방식-옮긴이)가 있다.

이와 관련하여 필립 스톤Philip Stone과 로버트 루체티Robert Luchetti가 1985년 「하버드 비즈니스 리뷰」에 '당신의 사무실은 당신이 있는 바로 그곳입니다(Your Office Is Where You Are)'라는 제목의 논문을 발표했다.[6] 이 획기적인 논문에서 두 저자는 활동 기반 업무에 애초부터 하나의 전제가 깔렸다는 점을 처음으로 지적했다. 바로 일은 우리가 하는 것이지 우리가 가는 장소 그 자체가 아니라는 점이다. 이 논문은 관련 기술을 갖추고 경험을 개선하는 방향으로 설계된, 활동과 직무에 기반한 다양한 전문가의 환경에 초점을 맞췄다.

네덜란드 틸뷔르흐에 시대를 앞선 인터폴리스의 사옥이 들어섰듯이, 창의적으로 설계된 활동 기반의 업무 공간에서는 흥미가 더해지며, 새롭고 다양한 경험을 즐길 수 있다. 보험 회사인 인터폴리스의 사옥은 건축가 아버 보네마Abe Bonnema가 설계했는데 1996년에서 2003년까지 네덜란드 출신의 예술가와 디자인 거장들이 세 단계에 걸쳐 단장했다. 마르셀 반더스Marcel Wanders와 바스 반 톨Bas Van Tol도 이 작업에 참여했다.[7] 이 작업은 매우 훌륭하게 계획·완성되어 사람들의 다양한 업무 활동에 부합하는 방향으로 진행되었다. 다양한 색상으로 연출된 사적 공간에서 집중이 필요한 일을 하고, 불이 환하게 켜진 미팅존에서 빠른 속도로 협업을 진행한다. 또한 대형 팔걸이의자에 앉아 격의 없는 대화를 나누거나 명상에 빠질 수도 있다.

인터폴리스의 공간들은 일반적인 사무실과 어울리지 않는 재료와 색상이 적용되어 놀라움과 즐거움을 느끼게 한다. 부서와 팀은 공동 저장소와 개인 물품 보관함, 마이크로 키친micro-kitchen을 함께 사용한다. 마치 직원들이 거주하는 개념처럼 '동네' 주변으로 여러 공간이 배치되었다. '일하는 곳은 어디를 가든 있다'가 인터폴리스의 철학이었다.

특이하고 색다른 모습 이면에서 참신한 공간 사용 방식이 작동했으며, 부동산 임대료가 30%나 절감되어 맥킨지의 매직넘버(맥킨지가 모든 복잡한 문제를 세 가지로 요약하여 해결한 데서 비롯된 말로 숫자 '3'이 적용되었다는 뜻 – 옮긴이)가 달성되었다. 인터폴리스는 세간의 이목을 끌며 다가올 미래를 암시하는 성공 모델로 부상했다.

최근에는 활동 기반 업무 모델이 점차 유행하고 있다. 이 모델의 발전은 활동 기반 클러스터화activity-based clustering, 줄여서 ABC라고 불리는 새로운 비전으로 이어졌다. 우리의 미래 비전인 ABC는 조직도를 기준으로 하지 않고, 사람들이 수행하는 실제 업무를 기준으로 트라이브나 커뮤니티에서 동일한 의견을 가진 사람들이 모여 앉는 방식을 가리킨다. 데이터와 알고리즘, 인공지능을 이용해 클러스터와 경험이 만들어지며, 비전이 이론에 그치지 않고 현실에서 실현된다.

캐나다에서는 금융 회사인 스코샤은행Scotiabank이 500명 정도의 직원들을 집단화한 생태계를 토대로 W4(우리가 일하는 방식과 장소The Way We Work and Where)라는 업무 기반 활동 정책을 시행했다. 스코샤은행은 각각의 생태계에서 데이터를 수집하고 분석하여 서로 다른 집단들이 공간을 사용하고 매일 활동을 수행하는 방식을 파악했다. 조직의 곳곳에서 선정된 7천 명이 넘는 스코샤은행 직원들이 이제 W4 생태계팀 모델의 일부를 차지하고 있다. 스코샤은행에서 업무 공간의 혁신을 이끄는 로라 밀러Laura Miller는 "우리는 직원들이 자연스러운 상호 작용을 할 수 있는 방법을 만들었습니다. 주로 직원들을 사무실로 복귀시키는 방법일 거예요. (중략) 우리에게는 상호 작용을 용이하게 만드는 도구와 기술이 있어요."라고 말했다.

또한 우리가 관찰할 수 있는 부분 외에도 새로운 세대의 센서가 물리적 환경에 도입되고 있어 공간 점유 상태부터 온도나 공기 질 등의 환경 조건까지 모든 정보가 측정되는 중이다. IoT 즉, 사물인터넷Internet of Things이라고 불리는 혁신 기술로 유·무형의 객체들이 서로 연결되고 있으며, 건물들이 온라인에 연결되고 있는 것이다.

이 흐름과 결합한 스마트 스페이스smart space는 모든 활동과 관련된 데이터가 클라우드에 저장되는 데이터의 보고라고 할 수 있다. 마이크로소프트Microsoft를 비롯한 많은 기업이 아웃룩Outlook 같은 클라우드 기반 플랫폼을 운영할 뿐 아니라 조직 내부에서 실제로 발생하는 일을 낱낱이 기록·분석하고 있다. 이에 조직의 성과가 정량화되고, 최고 성과와 최저 성과가 자동으로 비교된다. 매일 얼마나 많은 이메일이 전송되는지, 회의에 얼마나 많은 시간이 소요되는지, 전문 네트워크professional network의 범위가 어느 정도인지 측정되는 것이다. 이 모든 데이터가 측정된다. 그리고 이 데이터에 점유 데이터(예를 들어 직원이 사무실에 나타난 시간, 직원들이 선택한 업무 공간, 직원들이 마신 커피의 양 등)가 합쳐져 직원과 공간의 성과가 한눈에 그려진다.

여기서 끝이 아니다. 대시보드가 변화를 일으킬 만한 일을 제안해서 띄우는가 하면 이메일 발신과 수신 대상, 회의와 화상 회의 초대자들을 시각화해서 보여준다. 게다가 조직에 존재하는 클러스트나 트라이브 외에 공식 조직도에 나타나지 않지만 커뮤니티 오피스에서 성장하는 비공식 사회적 네트워크의 구조와 정보도 찾아서 띄운다.

기업들은 과거부터 공간이 실제로 사용되는 방식은 물론이고 업무가 진행되는 과정에 관심을 가져왔다. 이제 그 궁금증을 풀어줄 도구를 가지게 되었다. 반면 직원들의 입장에서는 사생활 침해가 우려된다. 그래서 데이터가 익명으로 처리되어 특정한 개개인의 정보가 선별되기보다는 조직에 관한 전체 그림이 제시될 것이라고 예상한다.

그래도 자동화되고 시각화된 데이터 덕분에 직원들의 경험과 복지가 향상된다면, 결국에는 업무 활동이 최적화되어 직원들의 노동 강도가 감소한다면, 직원들도 기업이 시행하는 면밀한 관찰을 받아들일 것으로 생각한다. 13장에서 더욱 자세히 살펴보겠지만 Z세대는 그 정도의 사생활 침해는 수용할지도 모른다.

사람들은 다른 사람들과 함께 일하고 싶어 한다. 팬데믹 시기에 서둘러 재택근무를 시행한 결정은 올바른 판단이었으며, 실제로 달리 대안도 없었다. 하지만 현실은 달랐다. 사람들이 함께 모여서 창의적으로 일하게 만드는 상황이 중요했다.

팀을 분산했을 때 개인의 업무에 집중하기 좋고, 화상 회의를 통해 제한된 형태의 원격 상호 작용으로 소통할 수 있었다. 그렇지만 분산된 팀이 전부 만능이라고 할 수는 없다. 학습을 유발하고 새로운 관계를 만들고 혁신을 촉진하며 브랜드를 정립해 회사를 차별화하려면 물리적인 공간을 갖춰야 한다. 다시 말해, 기존의 사무실 분위기를 개선해야 한는 의미다. 기운을 북돋고 활력을 불러일으키는 분위기는 근접성과 밀도에서 비롯된다. 사업에서는 항상 속도나 신속함이 요구되기에 사람들이 함께 모여서 그때그때 상황에 맞게 의사 결정을 내릴 수 있도록 환경이 최적화된 상태여야 한다. 답이 정해진 화상 회의가 끝없이 이어져 원격근무를 하는 사람들이 업무를 강요받고 스트레스에 시달리면 안 된다.

그렇다면 업무 공간은 어떤 용도로 사용될까? 팬데믹이 한창이었던 2020년 「파이낸셜 타임스」의 기자 제인 크로프트Jane Croft는 한때 도시에서 넓은 영역의 부동산을 점유했던 법률 회사들을 소재로 기사를 썼다. 기사에는 코로나19가 법률 회사 사무실들을 팀워크와 사회화의 중심지로 재창조했다는 내용이 담겼다.[8] 해당 기사에서 크로프트는 한 회사의 사례를 들었다. 글로벌 애자일 근무 정책을 도입한 이 회사는 직원들의 자택근무 비중이 20~50%에 달했다. 그 이후에 다양한 분야의 기업들이 하이브리드 워크(원격근무와 현장근무를 혼합한 업무 방식 – 옮긴이)에 대한 자체 예측치와 모델을 바탕으로 근무 방식을 개선해 나갔다.

우리가 확인하고 있지만 사무실이라는 공간은 업무나 활동, 결속, 관계 구축, 훈련, 멘토링, 상호 작용뿐 아니라 휴식과 사회화,

복지, 건강과 신체 단련을 위한 공간으로 재분배되는 중이다. 사무실에 들어온 직원들이 원하고 필요로 하는 부분을 바탕으로 공간이 재조정되고 있으며, 그에 따라 이전에는 책상 주변에 설치되지 않았던 편의 시설들이 등장할지도 모른다.

이와 관련하여 이탈리아의 가장 큰 은행인 유니크레딧은행UniCredit에서 글로벌 부동산 분야를 이끄는 클라우스 샌드빌러Klaus Sandbiller가 다음과 같이 말했다. "우리 회사는 책상 수를 줄여서 사무실 공간을 재배치하고 있습니다. 현재 다기능 환경을 살펴보고 있으며, 타운홀 미팅이나 교육 행사를 위한 공간을 다시 구성하는 중입니다. 팀의 규모에 맞게 이동식 벽과 가구를 이용하는 방안을 모색하는 것이지요."[9]

대체 가능한 공간 모델이 존재한다는 사실은 기업들에게 좋은 소식이다(거기다 '제3의 공간'이 사무실과 집에 더해 혼합된 환경의 일부가 될 것이다). 미국의 도시 사회학자 레이 올든버그Ray Oldenburg는 2001년 『Celebrating the Third Space』에서 사람들이 모이는 커뮤니티 공간, 즉 집과 업무 현장의 중간에 있는 공간에 제3의 장소라는 명칭을 붙였다.[10] 보험을 계약하려는 사람들이 모이거나 문학과 철학을 탐구하는 장소로 쓰였던 런던과 비엔나의 커피하우스coffee-house부터 현대의 플렉스 스페이스flex-space, 협업하는 유형의 길드나 아고라까지 제3의 장소는 세계의 다양한 그리고 전통적인 공간에서 유래했다.

오늘날 제3의 장소는 그 자체가 업무 공간이 아니라 해도 사실상 업무 공간의 일부가 되어가는 중이다. 하이브리드 워크 모델이 등장하고 나서 집과 사무실 사이에 새로운 공간(순회하는 도시의 일부를 형성하는 새로운 공간)이 형성되고 있다. 애자일 업무 방식이 유행하는 상황에서 사람들은 집과 사무실 사이를 이동하는 중에 '잠깐 들러서 일하는 공간'을 필요로 한다.

이런 공간의 범위는 카페와 바 외에도 서비스드 오피스, 고급 회원제 클럽까지 이어진다. 쉐비시크shabby chic와 인더스트리얼 미니멀리스트industrial minimalist 스타일부터 호화로운 내실이나 고풍스러운 클럽에 이르기까지 공간이 다양한 유형으로 설계될 수 있다. 지식 노동자들의 선호와 위치, 니즈를 바탕으로 그들에게 어필하는 것이다.

지금의 이런 경향은 또 다른 현실을 암시한다. 이를테면 10~15년 동안 건물을 임대하여 고정된 공간의 평수를 사용하던 방식이 사라지고 있다. 애자일 인력을 보유한 회사는 유연한 부동산을 점유하는 대신 직원들에게 연봉이나 연간 예산을 지급하여 클럽 같은 회원제 업무 공간에서 '작업을 하게끔' 할 수 있다. 이로써 선택 사항이 생기고 직원들은 자신들에게 가장 잘 맞는 작업 공간을 이용하게 된다. 뉴욕의 더 윙The Wing 같은 여성 전용 코워킹 라운지coworking lounge를 선택하여 일해도 되고, 음악 산업 종사자들이 찾는 협업 공간인 런던의 더 미니스트리The Ministry 등 특정 분야의 종사자들이 모이는 클럽을 찾아도 된다.

앞서 길드와 스쿠올레(근대 기업이 형성되기 전 소속되는 공간을 형성한 단체들)가 21세기에 맞는 형태로 다시 등장했다고 설명했다. 기술 관련 상업 모델처럼 회원제와 서비스 이용에 기반한 '페이고(pay as you go의 약자로, 쓴 만큼만 지불하는 방식 – 옮긴이) 공간 모델'은 우리가 현재 소프트웨어를 소비하는 방식(고정 비용에서 가변 비용으로 전환된 부동산 이용 방식)과 유사성을 띤다.

업무 공간을 바라보는 관점과 접근 방식이 변화함에 따라 현대적 사무실의 기본 요건들이 재해석될 것이다. 앞으로 업무 공간은 활동 중심의 원칙에 맞춰 디자인되고, 클러스터에 기반한 장소(특정 작업이나 활동을 하는 개인들이나 그룹을 위한 공간)가 될 것으로 보인다. 그에 더해 공간의 목적이 정립되고 직원들을 사무실로 다시 '끌어들이는 방향'으로 디자인에 다양성과 활력이 더해질 것이라고 예상한다.

이와 같은 공간 전략을 통해 기업들은 공간 면적을 30%까지 줄일 수 있을 것이다. 여기에 새로운 도시주의, 제3의 공간에 대한 침투성 높은 접근 방식을 결합하면 미래의 공간 사용 방식에 대한 윤곽이 그려진다.

디지털 기술이 바꾸는 업무 공간의 경험

새로운 디지털 기술은 업무 공간과 도시, 기업에 변화와 혁신을 불러일으키고 있다. 디지털은 모든 것을 변화시켰다. 우리는 자료를 종이에 직접 기록하던 세상에서 데이터를 비트와 바이트로 처리하는 세상으로 이동했다. 많은 이유로 비즈니스를 이루고 수행하는 매개체는 눈에 보이지 않게 되었으며, 사무실 이외의 다른 장소에 위치하게 되었다.

이전의 아날로그 세상은 이해하기 어려운 곳이 아니었다. 예측 가능했으며, 시간과 공간에 고정된 객체가 지배했다. 아날로그 세상에서는 물리적인 인공물이 성과를 끌어냈고 생산량을 산출했다. 기계 장치, 종이, 생산품 주변에서 작업이 집중적으로 진행되었다. 작업도 기계 장치, 종이, 생산품처럼 확실하고 안전하게 반복되었으며, 직업 세계에서는 일종의 리듬이 형성되었다.

변화의 물결은 서서히 일어났지만 변화를 이루는 요소들은 분명히 나타났다. 중앙의 서버실에서 처음에 데스크탑으로, 그다음에는 랩탑으로 컴퓨팅 파워가 이동한 양상은 우리가 언제 어디서나 '개인용 스마트 컴퓨터'를 사용할 수 있다는 아이디어가 실현된 전조 현상이었다. 19세기 말, 알렉산더 그레이엄 벨Alexander Graham Bell이 전화기를 발명하여 인류에 공헌한 이래 널리 쓰였던 전화 통신의 종말은 커뮤니케이션 혁명으로 이어졌다. 다시 말해, 오늘날 우

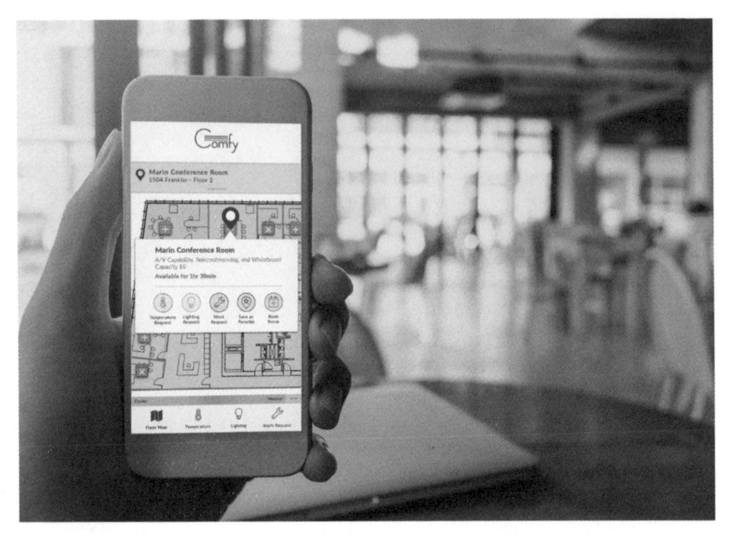

— 지멘스Siemens의 스마트폰 애플리케이션 콤피Comfy. 회의실 예약과 사무실 온도 조절, 실내 전등 밝기 조절 등이 가능하다. 디지털 기술 덕분에 노동자들은 자신들의 업무 공간에서 겪는 경험을 관리할 도구를 가지게 되었다.

리는 사람과의 통신을 뛰어넘어 건물이나 공간, 책상이나 방에 연결되어 사용자의 위치에 상관없이 상호 작용할 수 있게 되었다는 의미다.[1]

공간 거리의 해체는 엄청난 결과를 낳았다. 원자로 구성된 물질을 이동시키는 데는 비싼 비용이 드는 반면, 비트를 이동시키는 데는 실제로 비용이 거의 들어가지 않는다. 우리는 또한 원격 센터에서 데이터를 저장하고 처리하는 핵심 기술인 클라우드의 출현을 지켜봤다. 기업들은 한때 모든 자료를 사무실에 보관했고 이후 문서를 저장하는 서버를 사무실에 설치해두었다. 지금은 그 모든 것을 어디에 보관하는지 누구나 쉽게 짐작할 수 있을 것이다. 아마존 같은 글로벌 시장의 강자들은 데이터 프라이버시와 관련된 법률 사항을 제외하고는 장소나 위치에 구애받지 않는 창고를 제공함으로써 사업 확장에 박차를 가하고 있다.

지금은 컴퓨팅 파워가 기하급수적으로 커져서 서류 가방과 손가방, 손안으로 이동했다. 또 데이터가 작업 현장에 묶이지 않아 언제 어디서나 접근 가능하며, 날이 갈수록 무의식적인 연결이 강화되는 중이다. 그에 따라 때와 장소에 상관없이 작업하는 방식이 기존과는 다른 형태로 변화하고 있다. 무의식적으로 인터넷에 상시 연결된 사회에서는 사무용 건물, 즉 일정한 시간 동안 작업하기 위해 머물러야 했던 '컨테이너 박스'의 의미가 사라진다. 거기다 물리적으로 건물과의 접촉을 가능하게 했던 우편 주소와 전화번호, 팩스번호가 모두 가상화되었다. 과거에는 벽돌과 콘크리트 건축물이 기업 기술의 본거지이자 중심지였으나 지금은 가상의 공간으로 대체되는 중이다.

한편 새롭게 노동자로 진입한 Z세대의 디지털 라이프 스타일은 앞으로 펼쳐질 미래에 많은 변화를 몰고 올 것이다. 스냅챗 Snapchat이나 포트나이트 Fortnite 등의 플랫폼을 이용하는 방식은 인터넷에 상시 연결되어 친구들과 실시간으로 투명하게 소통하려는 경향을 보여준다. 실시간으로 상호 작용(모든 것을 함께한다는 개념)하는 게 일상적인 일이 되었다. 과거에는 흔히 많은 시간과 노력이 들어가는 순차적 절차 때문에 문서가 '생산 공정'에 전달된 다음 평가나 승인이 이루어졌다. 지금은 비실시간적인 작업이 공동 저작, 공동 창작, 공동 편집 등의 '공동 작업'으로 대체되었다.

집단 지향의 온라인 게임에서 동지애가 생기는 현상이 사무실에 대한 기대를 형성하는 요인으로 대두될 것이다. '엑스박스Xbox 세대'가 노동력으로 합류한 결과, 게임의 요소가 적용된 업무 공간이 등장할 것으로 예상된다. 온라인 게임은 팀원들 간의 노력으로 경쟁에서 승부를 겨루고 승리를 이룬다.

마찬가지로 스냅챗에서 사라지는 메시지 기능으로 시각적 메시지를 교환하며 즉각 만족감을 얻는 경험은 직업 세계에 대한 새로운 비전을 불러올 것이다. 이와 극명히 대조되는 사례로 베이비부머 세대와 X세대가 있다. 이들은 이메일과 문자 메시지를 만들어 사용했다. 이메일과 문자 메시지 같은 비실시간 소통은 연결이 끊기는 의사 교환 방식이었다. 이전 세대가 회의실에서 서류를 검토하거나 승인하려고 연이은 회의를 하는 등 주로 현실 세계의 업무 공간에서 서류를 만지작거리던 업무 방식은 머지않아 과거의 유물이 될 것이다.

물리적 공간에서는 우리의 위치가 분명하고, 주변 세상의 영향을 받고 정보를 얻지만 게이머의 세계에서는 현실 세계와 가상 세계의 경계가 모호해진다. 그런데 지금의 디지털 세상은 현실을 증강하거나 대체하도록 설계되었다. 이미 헤드셋을 이용해 증강 현실에서 데이터를 오버레이(배경 대상 위에 이미지나 정보를 덧씌워 화면상에 표시하는 것–옮긴이)할 수 있으며, 실제로 현실 세계를 벗어나 가상 세계로 넘어갈 수도 있다.

이런 디지털 공간에서는 보고 싶은 공간을 복제하거나 새로운 인공 공간을 창조한다. 또한 화려한 몰입형 경험을 얻게 해서 가상의 현실이 마치 원래 실제로 존재하는 환경처럼 보이도록 해준다. 지금까지는 공간과 장소를 경험하려고 직접 이동해야 했지만 이제 (어느 정도는) 물질 세계가 디지털 방식으로 구현된다.

오늘날 직장에는 다섯 세대가 공존한다. 여기서 분명히 짚고 넘어가야 할 사실이 있다. 베이비부머 세대와 X세대는 인터넷 없이 성장했지만 지금 디지털 기술에 의존하는 세대는 베이비부머 세대와 X세대와는 다른 현실을 경험하고 있다는 점이다.

이 두 세대를 제외한 나머지 세대의 노동자들에게 디지털은 DNA의 일부라고 할 수 있다. 특히 태어날 때부터 디지털 플랫폼을 익숙하게 다뤘고, 최신 기술에 민감한 Z세대는 디지털 업무 공간의 수요를 증가시켜서 결국 현실화하는 역할을 할 것이다. Z세대가 노동 시장의 주류를 차지할수록 디지털 공간의 다양한 속성에 따라 업무가 진행되는 방식과 공간이 재정립될 수밖에 없다. 디지털 공간은 지금의 아날로그 업무 공간과는 완전히 다른 차원의 공간이 될 것이다.

디지털 업무 공간은 무선과 모바일 환경에 존재하는 유연한 공간이므로 업무의 유형에 맞춰 다양한 기술을 선택할 수 있다. 기업들은 신속한 의사 결정 프로세스를 도입하여 업무 처리 속도를 높이려고 하지만 한편으로 직원들이 사무실에서 진행하는 실제 업무를 고려하거나 건강에 좋은 저탄소 사무실에 대한 높은 기대에 발맞춰 업무 공간을 재구성해야 할 것이다. 이를 실현하려면 디지털 사고방식으로의 전환은 말할 것도 없고 디지털 업무 공간을 반드시 갖춰야 한다.

과거부터 회의록, 서류, 홍보물, 이사회 보고서 따위가 끊임없이 쌓이면서 서류함은 종이 뭉치로 가득했다. 하지만 지금은 이 모든 문서가 디지털 기술에 의해 생성되고 있는데, 굳이 서류를 인쇄하여 보관할 필요가 있을까? 검색하기 쉽고 사용하기 쉬운 디지털 문서는 서류가 보관함에 보관되거나 책상에 쌓이지 않아도 정보가 공유되며 중앙집중화되어야 한다는 사고방식에서 비롯되었다. 장소에 구애받지 않는 유연한 업무는 장벽이나 '페인 포인트pain point(불편함을 느끼는 지점–옮긴이)'가 없어야 가능한 일이다. 지식과 정보, 작업한 문서를 언제 어디서나 접속해서 살펴볼 수 있어야 하고, 이런 디지털 문서가 보편적 개념이 되어야 할 것이다.

그런 다음 디지털 문서가 저장되어 있는 클라우드에 접근하게 해주는 스마트 기기나 디스플레이가 필요하다. 이런 장치와 스크린은 책상에 고정되지 않는다. 가볍고 이동성이 좋아야 회의실에 쉽게 가져갈 수 있다. 회의실에서 디지털 기기가 무선으로 화면에 연결되면 콘텐츠가 공유되고 상호 작용과 협업이 실현된다. 줌Zoom이나 마이크로소프트 팀즈Microsoft Teams 같은 플랫폼에서 회의가 진행되는 동안 직원들은 스마트 기기를 사용한다.

여기에 더해 프로젝트 진행 과정의 일부로, 직원들은 채팅 중에 손들기 버튼을 누르기도 하고 디지털 화이트보드에 모든 콘텐츠를 캡처하여 공동 창작을 하기도 한다. 디지털 기기는 카페 같은 곳에 들고 가거나 다른 장소로 이동하는 사이 그러니까 '잠시 멈춤 상태'에서도 활용할 수 있어야 한다. 디지털 업무 공간의 특징 중 하나는 전선이 플러그에 접속되지 않아도 직원들이 연결된다는 점이다. '무선을 우선시하는 업무 공간'은 전선이 전혀 없는 공간이라기보다는 직원들이 편의성과 직접성을 느낄 수 있는 공간을 의미한다. 이런 공간에서 직원들은 장소에 속박되지 않고도 온라인상에서 업무를 대부분 수행할 수 있다.

이 모든 일은 우리가 '전선이 없는 사무실(Cordless Office)'이라는 제목의 보고서를 발표했던 1994년에만 해도 현실성이 없어 보였다.[2] 사람들은 무선 기술에 대해 들어본 적이 없었고, 설사 그런 이야기를 들었다 해도 속도와 안정성, 보안에 대해 우려를 표했다. 그때는 사무실이라는 분야가 구조화된 케이블링과 네트워크로 연결된 개인용 컴퓨터에 사로잡혀 있었다. 배선 정리가 가능한 가구, 이중 바닥 구조, 소위 '인텔리전트 빌딩'이 주요한 관심 대상이었다.

지금은 전선이 필요 없는 시대다. 사람들은 무선 기술에 익숙해졌다. 실제로 사람들은 무선 기술에 의존한다. 아이패드에는 이더넷 포트가 없으며, 스마트폰은 와이파이와 5G 무선 네트워크를 통해 클라우드와 동기화된다.

성능과 속도, 보안에 대한 우려는 이제 거의 사라졌다. 사람들은 무선 기술이 제공하는 유연성과 편의성, 선택권, 이동성을 받아들였다. 지금은 특정 장소나 책상 같은 공간보다는 날이 갈수록 발전하는 휴대용 장치와 '무의식적 동시성'을 활용해 사람들과 연결되는 것이 새로운 표준이 되고 있다.

'책상'은 무엇일까? 책상을 개인 가구라고 한다면 어떨까? 집처럼 오래 머무는 1.2미터 길이의 목재 또는 철재 상판에 개인용 컴퓨터와 전화기, 서류철과 서류함, 명함꽂이가 자리를 차지한다면? 그렇다, 우리는 그런 책상은 필요하지 않다고 생각한다. 여분의 스테이플러, 텀블러, 회사 전화번호부, 낡은 슬리퍼 한 켤레와 같은 사무용품이 한가득 공간을 차지하고 있다면 사무실 책상은 과거의 낡은 유물에 지나지 않을 것이다. 그런 가구는 아날로그 시대에 딱 맞는, 닭장 같은 작업 현장에나 필요한 것이지 21세기 디지털 시대에 자유롭게 일하는 지식 노동자들에게는 어울리지 않는다.

과거의 사무실에서는 흔히 탁상용 봉제 인형이 책상 한쪽에 놓여 있거나 다른 사람과 공간을 분리해주는 얇은 파티션에 강아지 사진이 붙어 있고는 했다. 이제 이런 사무실 풍경은 Z세대 직원들의 호응을 얻지 못할 것이다. Z세대 직원들은 선택권과 다양성을 원한다. 독일의 슈넬레 형제가 옳았다. 심지어 그들은 60년이나 빨랐다. 뷔로란트샤프트에 대한 그들의 비전은 미래의 업무 공간에 대한 초기 청사진으로 설정되었다. 다양한 활동과 업무, 개성, 선호에 맞춰 업무 공간의 경관을 자유로이 선택할 수 있었다. 앞으로는 작업이 이루어지는 디지털 화면이 '책상'의 개념을 대체할 것이다. 과거에 속박된 기술이 새로운 기술 기반의 플랫폼으로 대체됨에 따라 슈넬레 형제의 비전이 지금 구체화되고 있다.

책상에는 1920년대부터 전화기와 쿼티 키보드가 자리를 차지했다. 처음에 모스부호를 받아쓰던 기계였던 쿼티 키보드는 인접한 키가 엉키는 문제에 대한 대안으로 고안되었다는 속설이 있다.[3] 그 이후로도 쿼티 배열은 여전히 워드프로세서와 개인용 컴퓨터에서 사용되는 타이핑 방식이다.

또 책상 한쪽에 자리 잡은 전화기는 오늘날 Z세대 신입 사원에게는 우스꽝스러운 물건으로 보일 법하다. 왜 사람이 아닌 가구에 전화를 걸려고 할까? 도대체 왜 전화를 걸까? Z세대는 이런 황당한 물음을 던질지도 모른다. 지금은 융·복합 또는 통합 커뮤니케이션 및 협업unified communication and collaboration, UCC 플랫폼이 인터넷으로 클라우드에 연결되어 제공된다. 다양한 기기로 이 플랫폼에 접속이 가능하다. 책상 위에 놓인 전화기로 전화를 거는 대신 언제 어디서나 슬랙Slack과 워크플레이스Workplace 같은 플랫폼에서 사람들과 대화하고 이메일과 메시지를 보내는가 하면 화상 회의를 하며 아이디어를 나눌 수 있다.

한때 사람들을 책상에 붙어 있게 만들던 기술들이 사라진 덕분에 변화를 가로막는 장벽이 무너지는 중이다. 또한 다양한 기술 혁신이 잇따르면서 업무 방식, 업무 공간의 경험이 변화하고 있다. 인터넷은 사회를 변화시켰지만 물리적 공간은 그대로 남았다. 이제 사물인터넷이 현재 상태를 바꾸는 역할을 맡았다. 조명 기구, 센서, 스위치, 잠금 장치 등에 고유의 디지털 주소를 부여하여 네트워크상에서 서로 연결되도록 하는 것이 사물인터넷의 기본 개념이자 역할이다. 사물들이 서로 연결되어 데이터를 공유하고, 니즈 변화에 대응하며 사람들과 상호 작용하는 모습이 바로 미래 업무 공간의 풍경이다.

새롭게 부상하는 스마트 스페이스는 스마트 테크놀로지smart technology의 사용자인 스마트 유저smart user의 기대를 충족할 것이다. 이전에 연결되지 않았던 것들이 연결되면서 '멍청한 컨테이너 박스'의 자산이 실시간 자원으로 전환될 것이다. 우리는 이런 흐름을 두고 '실시간 부동산real-time real estate(또는 RETRE)'이라는 용어를 만들었다. 데이터와 분석한 정보로 효과 비용, 성과를 꿰뚫어 보게 되면서 기업 자산의 변혁이 이루어질 수 있다. 게다가 여기에는 공간을 점유하는 물리적 자산뿐 아니라 인적 자산도 포함된다.

스마트 빌딩은 고성능의 업무 공간을 만들어 새로운 방식으로 주변 환경 및 주위 사람들과 상호 작용하게 만든다는 개념에 기반한다. 엘리베이터, 조명부터 건물 관리 시스템에 이르기까지 인프라의 모든 측면이 지능형 방식으로 전환되고 융합될 것이다. 이는 새로운 플랫폼과 표준이 부상하여 시스템이 통합된다는 의미다. 위치 인식 경험이 창출되면 새로운 유형의 업무 공간 경험이 만들어진다. 사물인터넷은 무생물인 사물들이 서로 상호 작용하게 한다.

어떤 사람들에게는 이 모든 이야기가 디스토피아처럼 느껴질 수도 있다. 영국의 작가 필립 커Philip Kerr가 1995년에 발표한 공상과학 소설 『Gridiron』을 아는가? 이 소설에서는 '지능형 사무용 건물'이 자기 인식을 가지게 되어 내부에 있는 사람을 죽이려 들고 현실과 비디오 게임을 혼동한다. 끔찍한 내용이지만 이 멋진 신세계에서 주목할 만한 점이 있다. 건물이 자신의 내부에 얼마나 많은 사람이 있는지 파악해 그에 따라 난방이나 냉방, 조명이나 유지·보수를 조절하여 탄소 배출을 줄이고 에너지 비용을 절감한다는 점이다.

물론 지금은 현실에서도 서로 연결된 기기들이 데이터를 생성하고 이 데이터가 클라우드에 저장될 수 있다. 스마트 빌딩이 데이터 레이크data lake(가공되지 않거나 구조화되지 않은 대량의 데이터를 저장하는 장소–옮긴이)에 데이터를 모아서 분석하면 설비팀이 성능 관리라는 새로운 역할을 맡고, 통찰력 있는 분석에 따라 건물에 '부하 관리 능력'을 부여한다.

그런데 스마트 스페이스는 새로운 경험과 목적을 형성할 때 진정한 영향력을 발휘한다. 누구나 일상에서 여러 디지털 애플리케이션을 사용하지만 업무 공간에서는 경험과 유용성을 잘 누리지 못했다. 지금은 많은 것이 달라지고 있다. 사람들이 애플리케이션 중심의 업무 공간에서 근무하는 동안 스마트폰 애플리케이션이 제공하는 여러 기능을 업무에 활용할 수 있게 되었다. 건물 출입부터 모임 가는 길 찾기, 장소 예약이나 디지털 보관함 요청, 음식과 커피 주문, 회의실 예약 확인에 이르기까지 애플리케이션이 지배적인 사용자 인터페이스가 된다.[4] 예를 들면 스마트 빌딩에서 와이파이와 블루투스 저전력 에너지Bluetooth Low Energy, BLE 비콘beacon(근거리에 있는 사용자의 위치를 찾아 필요한 데이터를 전송하는 무선 통신 장치-옮긴이) 같은 기술을 통해 위치 플랫폼이 활성화되고 맥락화되어 개인에게 딱 맞춘 경험이 제공된다(플랫폼은 개인의 정보와 선호, 실시간 위치, 일정을 파악한다).

이런 기술은 과거 어느 때보다도 더욱 적극적으로 최신식 사무실의 설계에 적용되는 중이다. 2021년 런던오브시티에서 문을 연 최신식 사무실 건물 22 비숍스게이트22 Bishopsgate가 대표적 사례다. 립톤 로저스Lipton Rogers와 악사 인베스트먼트 매지니먼트AXA Investment Management가 5억 파운드의 비용을 들여 개발에 참여한 이 건물은 '유럽 최초의 수직 마을'로 묘사되었으며 디자인과 지속 가능성, 기술 통합과 관련된 새로운 기준 설정이 목표로 제시되었다.

악사의 제임스 골드스미스James Goldsmith는 "우리에게 있어 기술은 사람들의 행복을 위한 것입니다. 사람들이 환경을 통제할 수 있으면 건물을 더욱 지속 가능하게 만듭니다."라고 했다. 그의 동료 해리 배덤Harry Badham이 "애플리케이션은 건물이 우리의 일상생활의 어느 한 부분으로 느껴지게 하는 데에 존재 목적이 있습니다. 우리는 건물을 디지털화하려고 하지 않습니다. 특히 건물을 디지털화하려 하지 않지요. 그저 건물을 인간화하고 있습니다. 이를 수월하게 하려고 디지털을 이용합니다."라는 말을 덧붙였다.[5]

스마트폰은 일의 미래를 형성하는 중심 교점이자 클라우드에 상시 접속·연결하는 게이트웨이로 기능한다. 스마트폰에서 개인의 선호와 환경에 대한 이해가 바탕이 되어 우리의 경험이 조정된다. 예를 들어, 업무용 애플리케이션은 진행비 신청서나 휴가 요청서를 작성하는 수단이 된다. 우리가 사무실 건물에 들어갈 때 업무용 애플리케이션에서 업무와 관련된 실행 계획이 수립되기도 한다. 이를테면 어디에서 누구와 무슨 일을 해야 할지 구체적인 계획이 수립되는 것이다. 이 모든 과정에서 실시간 상황뿐 아니라 개인의 선호에 관한 과거 데이터 분석을 기반으로 인공지능이 우리가 해야 할 일을 '정보에 근거'해 추천한다. 근무일을 정할 때도 인공지능의 도움을 받을 수 있다. 인공지능이 목표를 효율적으로 달성하는 데 적합한 인력과 자원, 공간, 정보를 알려줄 것이다.

물론 사람들은 업무 외에도 다양한 용도로 스마트폰을 사용한다. 기업용 애플리케이션과 개인용 소셜 미디어 사이의 경계가 모호해진 현실에서는 특히 Z세대의 '워라인work-life integration(일과 삶의 통합)'에 대한 새로운 접근법이 필요하다. 미래지향적 기업들은 직장에 개인 기기를 가져오게 하고, 그 기기로 회사의 시스템에 접근하도록 보안과 규정 준수의 문제를 해결했다. BYODBring Your Own Device(개인 장치 가져오기)로 알려진 접근 방식은 회사에서 직원 개인에게 일방향으로 지시하던 과거의 독재적 접근 방식이 민주적으로 바뀌는 계기가 되었다.

이 트렌드를 일찍이 채택한 인텔은 획기적인 BYOD 환경을 도입해 3만 명의 직원들이 개인용 모바일 기기를 회사 업무에 활용하게 했다. 소프트웨어 기업인 에스에이피SAP는 모바일 기기를 통제하고 차단하는 기능을 유지하긴 했지만 직원들이 개인 기기를 사용할 수 있는 모바일 플랫폼을 개발했다. 세계 최대 규모의 자산 운용 회사 블랙스톤 그룹The Blackstone Group은 애플 기기에 한정해서 BYOD를 도입했다.

BYOD는 두 유형의 기술 사이에서 긴장을 드러내는 정책이다. 기업이 흔히 직원들에게 제공하는 기술은 안정적이고 단조롭고 형식적이지만 직원들이 집에서 사용하는 기술은 조금 더 간편하고 소비자 친화적이다. 보편적으로는 '소비자화된 업무 공간'을 구성하는 쪽으로 향하는 중이다. 즉, 다양한 환경에서 개인용 장치를 사용하고 기업색이 덜 드러나는 기술을 활용할 수 있다.

이런 흐름 속에서 전 세계적으로 기업들이 팬데믹 시기에 재택근무 실험을 하면서 깨달은 바가 있다. 하이브리드 워크 모델이 등장한 오늘날, 기술을 제공하는 데 있어서 많은 선택권과 유연성을 제공해야 한다는 점이다. 원격 재택근무에 적응하는 현상은 가상 조직의 출현을 예상하는 관점과 잘 맞아떨어지지만 사람들은 여전히 특정 활동을 위해 한자리에 모여야 한다. 하지만 분명한 지점도 있다. 디지털 업무 공간이 사무실을 둘러싼 벽 밖으로 확장되어 사람들이 어디에서나 일할 수 있다는 점 말이다.

한편으로는 데이터, 사회측정법과 관련해서 업무 현장에서 발생하는 성과나 참여 등의 지표가 다른 방식으로 측정될 것이다.

예를 들어, 마이크로소프트 365나 메타Meta의 기업용 협업 플랫폼인 워크플레이스에서 새로운 유형의 데이터 마이닝(자료 채굴)을 이용하면 활동 패턴을 분석하고 그 효과를 예측할 수 있다. 관리자들은 실시간으로 데이터가 반영되는 대시보드를 통해 자원 투입을 세밀히 조정하고 모든 것을 측정한다. 1920년대의 아날로그 세상에서는 프록코트를 입은 감독관들이 직원들을 등 뒤에서 감시했고 이는 프레젠티즘으로 이어졌다. 지금은 디지털 측정 기법이 점차 생산성에 초점이 맞춰지고 있다. 직원들이 책상에 앉아 있는 시간보다 직원들의 생산량에 집중한다는 의미다.

기술은 갈수록 인간 중심의 접근 방식에 맞춰 조정될 것으로 보인다. 지난 한 세기 동안 쿼티 키보드가 '인간과 기계' 사이의 접점이 된 이래, 오늘날 우리의 손기술이 새로운 기술로 대체될 상황이다. 음성 인식과 접촉 방식이 새로운 기술로 부상하고 있어 기기와 시스템에 접속하는 방식이 바뀐다. 우리는 이미 집에서, 그리고 이동하면서 '가상 비서virtual assistant'를 익숙하게 사용하고 있다. 시리Siri나 알렉사Alexa, 코타나Cortana의 감미로운 목소리는 삶의 일부가 되었다. 음성 사용자 인터페이스voice user interface, VUI는 자동차, 호텔 객실, 업무 공간 등으로 그 범위가 확장되었다.

그래서 우리는 음성 명령으로 장비를 켜고 화상 회의를 시작하거나 커피를 주문하는 등 앞서 이야기한 스마트 시스템에 접속한다. 음성 명령은 날이 갈수록 선택을 위한 인터페이스로 부각되고 있는데 기기 제어뿐 아니라 받아쓰기, 표기, 번역 등의 기능도

하고 있다. 물론 음성 인식 기술은 사무실 내부의 음향 성능에 따라 좌우된다. 시끄러운 환경에서는 장치가 제대로 작동하지 않는다. 따라서 소음 제거 기술도 발전하여 음성 인식률을 높일 것이다.

그 외에 우리가 스마트폰이나 태블릿의 화면을 익숙하게 터치하고 있듯이, 햅틱 기술도 계속 발전해 화면의 창을 이동시키고 정보에 질서를 부여하는 부분에서 데이터를 터치하고 조작하는 능력이 향상될 것이라고 예상한다.

얼굴 스캔으로 스마트폰에 접속하거나 출입국 심사를 받을 수 있다면 생체 인증으로 사무실에 들어가는 모습도 기대할 수 있다. 얼굴 인식을 비롯한 유사 기술을 이용해 새로운 경험을 불러일으키고 사람들이 직장에서 누리고 싶어 하는 자유나 공간에 대한 침투성을 제공할 수 있다. 업무 현장이 장벽 없는, 가능한 마찰이 없는 공간이 될 수 있다는 말이다. 코로나19가 확산하면서 비대면 업무 공간이 요구되었고, 오염된 표면에 접촉하지 않기 위해 안면 인식 시스템 도입에 관심을 가지는 기업이 늘어나는 현실이다.

이에 더해 스마트 스페이스와 데이터 덕분에 모든 요소를 측정 가능한 능력이 생겼다. 마치 우버Uber 기사의 친절도나 호텔 숙박의 만족도를 평가하는 것처럼 업무 공간에서 얻는 경험도 평가하기 시작할 것이다. 그 대상이 다른 사람을 만나고 인사하는 회사 로비든, 동료의 지원 그 자체든 우리는 직장의 게임화를 접하고 있다. 직장에 게임의 요소를 적용함으로써 업무 공간의 모든 요소가 평가 대상이 된다(직원과 고용주 모두가 평가의 주체가 된다).

이렇게 수집된 데이터는 직장 환경을 개선하는 데 활용할 수 있다. 불길하지만 데이터를 숨길 곳도 없다. 액센추어Accenture는 이러한 접근법을 모색하는 대표적인 글로벌 컨설팅 기업이다.

2019년 영국 왕립예술학회Royal Society for the Encouragement of Arts, Manufactures and Commerce, RSA의 사무총장 매튜 테일러Matthew Taylor는 '직업의 네 가지 미래: 급진적 기술의 시대에 불확실성에 대처하는 법(The Four Futures of Work: Coping with Uncertainty in an Age of Radical Technologies)'이라는 제목의 RSA 미래직업 센터RSA's Future Work Centre 보고서를 참고해 네 가지 기술 시나리오를 제시했다.[6] 이 시나리오들은 직업 세계에 광범위하게 미칠 잠재적 영향을 보여준다.

빅테크 경제The Big Tech Economy 시나리오에 따르면, 자율주행차부터 적층 제조additive manufacturing(3D 프린팅. 직접 깎아 만들지 않고 재료를 적층 방식으로 쌓아 올려 물건을 제조하는 방식—옮긴이)에 이르는 기술 대부분이 급속한 속도로 발전하지만 실업률과 경제 불안이 서서히 증가하고 성장의 성과들이 해외로 빠져나가 소수의 미국계·중국계 거대 기업들에 집중된다. 최후의 날 시나리오인 엑소더스 경제The Exodus Econcomy는 2008년 경기 침체와 금융 위기에 관한 내용이다. 노동자들이 저숙련, 저생산, 저임금 고용이라는 막다른 골목에 계속 내몰렸던 사실을 보여준다.

공감 경제Empathy Economy 시나리오는 앞선 두 가지 시나리오보다는 긍정적인 미래를 보여준다.

기술이 단번에 발전하는 것처럼 기술의 위험에 대한 대중의 인식도 그렇다. 기술 회사들은 스스로를 규제하여 우려를 없애고 외부의 이해관계자들과 손을 잡고 일해서 모든 사람의 니즈를 충족시키는 신제품을 만든다. 자동화는 보통의 규모로 진행되지만 노동자들과 노동조합의 협력으로 신중히 관리된다.

고용률이 높은 시기에 가처분 소득disposable income(생산 활동에서 벌어들인 개인 소득. 세금을 빼고 정부 보조금이 있으면 더해서 계산한다-옮긴이)은 교육, 돌봄, 오락 등의 '공감 부문empathy sector'으로 흘러 들어간다.

정밀 경제The Precision Economy 시나리오가 특히 관심을 끈다. '과잉 감시의 미래를 보여준다. (중략) 기술은 적당히 진보하지만 센서가 확산되어 사람과 사물, 환경에 대한 정보를 포착하고 분석함으로써 기업들이 가치를 창출할 수 있다. 긱 플랫폼gig platform이 더욱 두드러지고, 평가 시스템이 업무 현장에서 보편화된다'라는 내용이다. RSA 보고서에서는 다음과 같은 내용이 이어진다.

일각에서는 이런 추세가 급속히 확산하여 직업소개소가 사라지고 노동자들 사이에서 지나치게 경쟁적인 직장 문화가 형성된다고 한탄하지만 다른 한편에서는 노력에 대한 보상을 제대로 받는 능력 중시 사회가 구현된다고 생각한다. 초연결 사회는 또한 유휴자원이 감소해 낭비가 줄어들어, 보다 폭넓게 긍정적인 파급 효과를 낳는다.

우리가 생각하는 것처럼 이런 현상은 최적화된 데이터 기반의 업무 공간을 지향하는 흐름이다. 이 대목에서 업무 공간에서 겪는 경험(서비스, 지원, 연결)이 향상되는 반면 사무실 유지 비용(에너지, 음식물 쓰레기, 활용되지 않는 공간)이 실시간으로 절감되는 상황이 그려진다. 머신러닝과 인공지능, 예측 분석predictive analytics(데이터 마이닝, 머신러닝, 예측 모형화 등의 통계 기법을 활용하여 미래 사건을 예측하는 기법-옮긴이), 사회측정법 등으로 직업 세계는 한층 더 변혁을 꾀할 것이다.

이에 더해 '위치를 인식하는 직장 앱'이 사용자의 경험을 변화시키고, 개인의 선호와 활동에 맞춰 공간을 배치하여 생산성을 높이는 한편 사무 공간 내 사회적 네트워크가 뜻밖의 재미를 선사할 것이다. 우리는 그와 같은 정밀 경제를 맞이할 준비가 되어 있는가? 그에 대처할 수 있는가?

공간과 편의 시설을
다양하게 디자인한 사무실

잠시 일을 멈추고 업무 공간에 대해 생각해 보자. 누가 사무실을 디자인했을까? 사무실을 그렇게 디자인한 이유는 무엇일까? 누가 복도를 설계했을까? 사무실에 배치한 책상의 개수를 결정했거나 편의 시설의 위치를 선정한 사람은 누구일까? 런던의 광고대행 회사 세인트 루크스St. Luke's의 CEO를 역임했던 앤디 로Andy Law는 1999년에 출간한 자신의 책 『Open Minds』에서 위와 같은 질문들을 던졌다.

이 책에서는 급진적으로 디자인된 세인트 루크스의 사무실이 소개되었다. 세인트 루크스의 사무실에는 직원용으로 정해진 책상이 없었으며, 대신에 업무 공간을 의뢰인들에게 넘겨주었다. 각 의뢰인은 자체적으로 만든 크리에이티브 커뮤니케이션 센터를 가졌으며, 세인트 루크스의 소유주들(모든 직원이 주주)이 남은 공간(열린 공간, 식당 공간, 정신없는 공간)을 차지했다. 세인트 루크스는 개인 책상을 전부 없앴다.[1]

세인트 루크스의 사무실은 직원들의 생각과 감정, 사내 문화의 정신, 수행되는 업무, 업무 프로세스의 동력이 반영되어 만들어진 곳이어서 디자인에 나타난 변화를 이해하는 것이 중요하다. 요컨대 사업적으로 전문성 있는 표준 모델을 따르려고 하지 않은 것이다. 로는 "모든 사무실이 똑같다. 하나같이 벽돌과 유리로 된 건물이다. 특정 목적으로 만들어졌거나 재개발되었으며, 케이블 전선관으로 가득하고, 깔끔하게 사각형으로 정돈된 작업 구역들로 구성되었다. 사무실 대부분이 우아한 백조 같다. 품위 있고, 깔끔하고, 목적성이 있으며, 잘 단장되었다. 반면 우리는 거꾸로 뒤집힌 백조다. 뒤집힌 백조는 발을 퍼덕대는 모습이 완전히 드러난다. 우리 사무실의 어수선함은 그런 모습의 일부다."라는 생각을 밝혔다.[2]

세인트 루크스의 사무실은 시대를 앞선 창의적 작업 공간으로 대표된다. 이 사무실은 기업의 완벽한 프로젝트 관리를 위한 시그마 원칙Six Sigma보다는 '빨리 실패하라'처럼 신생 창업 기업의 핵심 가치가 기반이 되었다. 1990년대에 사무실 설계의 정형화된 제약에 좌절한 건축가들과 디자이너들에게 세인트 루크스의 사무실은 새로운 대안을 제시했다.

사무실 설계는 오늘날 기회가 풍부하고 전망 좋은 일로 통한다. 그렇게 될 수밖에 없는 이유 중 하나로 디자인 프로세스 자체에 전달되는 데이터의 풍부한 잠재력을 들 수 있다. 디자인 업종에서는 여전히 데이터 과학과 물리적 업무 환경 사이의 관계에 대한 이해도가 낮은 수준이다. 그런데도 최근 들어서 변화의 움직임이 빠르게 일어나기 시작했다. 따라서 미래에 적합한 업무 공간을 설계하는 측면에서 디자인과 데이터 과학의 관계성이 커질 것으로 예상한다.

디자이너들은 늘 새로운 사무 공간을 창안하고자 다양한 유형의 정보를 활용해 왔다. 테일러주의 사무실에 친숙한 계층형 조직도는 직원 수와 책상 수, 다양한 부서들의 자리 배치(직원들 간의 인접성까지 통제의 대상이었다), 조직 내 서열과 지위에 따른 가구와 마감재의 사양을 결정하는 기준이 되었다. 이후 관찰 조사, 인터뷰, 공간 활용 연구가 도입되어 폭넓은 시야가 형성되었고, 인적 자원 관리 원칙이 기업에서 더 많은 견인력을 얻었기에 문화 기술적인 연구도 더해졌다. 하지만 디자인 결정을 이끄는 데이터 대부분이 주관적이며 제한적인 규모였다. 사무실이라는 환경에서 일어나는 인간 활동이 제한된 방식으로 측정되었던 탓이다.

그래도 지금은 최첨단 센서 기술을 갖춘 새로운 데이터 측정 도구들이 있어서 업무 공간 내 상호 작용과 소통, 팀 역학에 관한 한층 더 깊은 패턴을 과학적으로 밝힐 수 있다. 이전에는 불분명한 개념이었던 협업 관련 매트릭스도 지금은 고용주들의 이해 범위 내에 들어왔다. 과거에는 사람들이 연결되고 소통하는 방식을 이해하는 데 관찰 데이터가 꼭 필요했다. 하지만 눈에 보이지 않는 소통도 있다. 이메일과 캘린더, 회의 예약 데이터가 분석되고, 직원들이 착용하는 배지 형태의 사회관계성 측정 장치가 이용되어 내장 근접 센서를 통해 익명으로 대면 상호 작용이 측정된다. 이와 같은 변화로 인해 그동안 눈에 보이지 않던 소통이 처음으로 표면에 드러났다.

업무 공간에서 실제로 발생하는 일을 객관적·정량적으로 측정하여 사무실 디자인에 적용하면 어떨까? 커피 마시는 장소를 옮기거나 가구와 조명, 파티션을 재배치하는 등 다양한 변수 간에

중국 선전에 위치한 오포OPPO 사옥의 10층 스카이 플라자. 2020년 자하 하디드 아키텍츠의 구상화.

존재하는 흥미로운 관련성을 찾아내고 실험으로 옮길 수 있다. 데이터 레이크에 대규모 데이터가 수집되기만 하면 기업들은 인공지능과 머신러닝을 이용해 직원들의 상호 작용과 소통의 패턴을 예측할 수도 있다.

자하 하디드 아키텍츠Zaha Hadid Architects는 이 새로운 길을 개척해 일류 디자인 기업으로 발돋움했다. 이 건축 사무소는 '자기 학습 업무 공간the self-learning workplace'이라는 용어로 디자인 방식을 설명한 것처럼, 센서로 수집된 환경 및 점유 데이터가 업무 공간 디자인을 재구성하는 데 중요한 기능을 할 것으로 생각한다. 자하 하디드 아키텍츠는 현재 알고리즘을 활용해 중국에서 엄청난 면적을 자랑하는 대규모 사무실의 복합 동적 네트워크 모델을 만들고 있다. 과거에만 해도 수천 시간을 들였어야 할 일인데 단 몇 초 만에 다양한 공간 구성이 도출되는 셈이다.

이와 관련하여 자하 하디드 아키텍츠의 시니어 어소시에이트senior associate인 울리히 블룸Ulrich Blum은 우리에게 다음과 같이 말했다.

> 디지털 도구는 우리가 어떻게, 어디서 일해야 하는지 꿰뚫어 보게 해줍니다. 우리는 디자인 프로세스를 향상시키는 알고리즘을 개발했습니다. 알고리즘은 거리와 시각적 관점에서 연결성을 살피고, 최적의 커뮤니케이션이 일어날 만한 책상들을 식별합니다. 그러면 회사는 이 정보를 활용하여 해당 공간에 적합한 사람들을 배치해 조직 내에서 혁신과 지식 공유를 최적화할 수 있습니다.[3]

과거에는 사무실이 건축상 완벽한 수준까지 설계되고, 그래서 공간 배치가 전문성 있어 보이도록 사진으로 촬영되고 나면 기업의 직원들이 입주했다. 여기서 대개 디자이너의 일은 끝났다고 여겨졌다.

지금은 사정이 달라졌다. 사무실은 디자인 전문가들이 '끊임없는 베타 상태'라고 지칭하는 공간이 되었다(세인트 루크스가 1990년대에 이루려고 했던 사무실과 약간 비슷하다). 사무실을 영원히 임시 공간으로 보는 접근법 덕분에 기업과 디자이너의 관계가 발전하고 지속될 수밖에 없다. 끊임없이 변화가 모색되고, 새로운 모델이 구성되며, 실시간으로 수집되는 데이터가 디자인에 적용되기 때문이다.

디자인과 관련해 최근에 생겨난 또 다른 트렌드를 확인해 보자. 요즘 업무 현장에서 참여 디자인participatory design 또는 공동 디자인co-design이 유행하고 있는데, 직원들이 이미 디자인된 사무실에서 일하는 것이 아니라 디자인 과정에 직접 참여하는 방식이다.

현대 사무실은 주로 고위 임원들이 건축가와 컨설턴트에게 제공하는 기획 설계design brief를 통해 시공되었다. 만약 그 과정에서 직원들의 의견이 있었다 해도 대개 자문위원회를 거쳤다. 이는 소위 말하는 보여주기식 행태에 불과했으며, 직원들의 의견은 으레 무시되고는 했다.

직원들이 사무실 이전이나 재단장하는 과정에 동등하게 참여하는 공동 디자인 프로세스가 업무 현장에서 유행하기까지는 비교적 긴 시간이 걸렸다. 제2차 세계 대전 전후로 북유럽에서 사회 평등적 사무실의 윤곽이 형성되었는데 직장 협의회와 노동조합이 두드러진 역할을 했는데도 불구하고 현실은 크게 달라지지 않았다. 동네 개발neighborhood development이나 공공 서비스 공급 등의 분야에서 공동 디자인이 꾸준히 채택되는 것과는 대조적이다.

한 연구에 따르면 업무 공간의 디자인 프로세스에 참여시키는 방법으로 직원들에게 더 많은 권한을 줄 때 직원들의 행복감에 긍정적 효과가 일어난다고 한다. 영국 왕립예술대학이 겐슬러 연구소와 진행한 연구에서는 업무 환경을 디자인하는 일에 참여시키자 직원들의 웰빙의 수준이 높아진다는 사실이 확인되었다.[4] 다만, 참여도가 낮은 수준에서 높은 수준으로 상승한다고 해서 꼭 행복감이 증가하지는 않았다. 직원들을 디자인 프로세스에 참여시키는 방법은 표준 디자인 콘셉트를 따르도록 하지 않고 공간을 사용자의 필요에 맞춰 변화시키는 전략의 일환이다.

참여 디자인은 사내 문화를 만드는 도구로 활용되기도 한다. 온라인 의류 소매업체인 재포스는 라스베이거스 시내에서 한때 시청사였던 건물로 사옥을 이전했을 때 빈 공간을 인테리어 디자이너에게 넘기지 않고 대신 직원들이 적절히 판단하여 건물을 디자인하고 꾸미도록 장려했다.

호주의 멜버른에 위치한 ANZ은행은 2015년, 플레이박스playbox라고 하는 선구적인 모듈형 이동식 요소를 도입했다. 은행 직원들은 원하는 대로 팀의 공간을 재구성하고 있다. 이 이동식 건물 구성 요소 개념은 직원 참여도를 높이면서 일반적으로 은행의 사무 공간을 구성하는 데 들이던 시간과 비용을 절감하는 효과를 냈다. 플레이박스를 통해 책상들이 데이지 체인daisy chain(본래 하드웨어 장치들이 연속해서 연결된 구성 – 옮긴이) 레이아웃으로 연결되었으며 사물함과 가구, 벽이 이동되었다. 모든 구성 요소들은 언제든 포장하여 업무용 엘리베이터에 실어서 다른 층으로 옮길 수 있었다.

ANZ은행의 업무 현장 책임자인 켄 린치Ken Lynch는 우리에게 "사업적 측면을 고려할 때 우리는 이전보다 더 나은 수익을 창출할 수 있었습니다. 건물 구성 요소를 두고 직원들이 공간을 직접 디자인하도록 요청하기만 했는데도 직원 참여도가 30%에서 90%까지 증가했습니다."라고 플레이박스를 사무실에 도입한 이후의 결과를 설명했다.[5]

대개는 팀 스스로 원하는 업무 방식이나 다양한 사무 환경 요소들의 배치 방식을 가장 잘 안다. 과거에는 팀이 업무 방식이나 사무 환경 요소 배치에 영향력을 발휘하지 못했다. 그래도 예외가 있었다. 아마존은 나름의 사연이 있는 '도어 데스크door desk' 일화로 유명하다.

창업 초기였던 1995년으로 거슬러 올라가서, 아마존의 다섯 번째 직원이었던 니코 러브조이Nico Lovejoy가 길 건너에 있던 홈디포Home Depot 매장을 방문하자고 했고, 아마존 직원들은 기성품으로 판매되던 책상보다 훨씬 더 싼 문짝과 각목을 사서 직접 책상을 만들기로 했다. 이후 비용이 절감될 수밖에 없는 도어 데스크는 아마존의 절약 정신을 보여주는 상징이 되었다.

또한 직접 자기 손으로 책상을 만드는 일은 아마존 특유의 기업 문화가 되었으며, 수습사원부터 회장까지 현대판 도어 데스크를 도입해 본인이 만든 책상을 사용한다. 회의실에도 집과 DIY 매장에서 흔히 볼 수 있는 접이식 책상이 비치되어 있다. 현재 아마존은 직원이 고객들에게 저렴한 가격의 상품과 서비스를 제공할 아이디어를 내놓을 때 '도어 데스크상Door Desk Award'을 수여한다.

앞으로 업무 공간에서 직원 주도의 디자인 아이디어를 더 자주 보게 될 것이라고 예상한다. 그에 따라 다소 질서정연하지 않으면서도 매우 직원 주도적인 디자인 환경이 형성될 것이다. 직원들이 조직에 이롭게 행동하도록 공간과 환경을 조성하는 일에서 디자이너의 역할은 계속 확대되고 있다.

일례로, 즉흥적이고 우연한 만남으로 직원들이 한자리에 모여 협업과 혁신을 촉진하도록 '마주치는 환경'의 설계를 들 수 있다. 이런 요소는 코로나19가 발병하기 전만 해도 사무실 디자인 설계도에 필수적으로 포함되고 있었다. 코로나19 팬데믹으로 인해 사회적 거리두기 조치가 시행되어 우연한 만남을 위한 설계가 잠시 억제되었지만 소위 '정수기 대화watercooler moment'가 사무실 문화의 일부로 남았다.

이 접근법은 MIT라고 불리는 매사추세츠공과대학교Massachusetts Institute of Technology의 전설적인 '빌딩 20building 20'에서 유래되었다. 1943년에 건설된 빌딩 20에서 자발적 협업이 고취되도록 공간이 유연하게 구획된 덕분에 제2차 세계 대전 이후 혁신 기술들(레이더 및 마이크로파 기술 등)이 발전하는 돌파구가 되었다.

임시로 뚝딱 지어진 것으로 유명한 이 허름한 공간에서 학생들은 환경에 적응하며 필요에 따라 공간을 재배치했다. 벽과 바닥이 제거되었고 설비가 기둥에 고정되었다. 이 급진적인 '합판 궁전'은 공간을 제거할 수 있다는 점이 중요하다는 사실을 보여주었다. '마법의 인큐베이터'로도 알려진 빌딩 20은 그 공간 배치 방식을 모방하려 한 디자이너와 개발자들 사이에서 거의 신화적 지위를 차지하고 있다.

1950년대 후반 뉴저지주 머레이힐에 있는 벨 연구소Bell Lab의 연구 시설에서도 유사한 방식이 채택되었다. 미국의 건축가 에로 사리넨Eero Saarinen이 설계한 건축물로, 6천 명이 넘는 과학자와 공학자들이 거주한 벨 연구소는 복도가 아주 길게 이어지는 구조여서 연구자들이 실험실을 옮겨 다니면서 우연히 서로 마주칠 수밖에 없었다. 최초의 태양전지와 트랜지스터의 발명이 이러한 '우연한 마주침'과 그로 인해 유발되는 협업에서 비롯되었다.

MIT의 빌딩 20 및 머레이힐의 벨 연구소를 한쪽에 두고, 반대쪽에 위치한 금지된 순환 경로나 일반적인 사무실의 구획에서 부서들이 내부의 이익만을 추구하는 사일로 현상을 떠올려 보면, 비즈니스 리더들이 우연한 만남을 제공하는 공간 구조에 관심을 가지는 이유를 예상할 수 있다. 소니가 아이팟을 만들 기회를 놓쳤던 사례는 분리가 재앙 같은 결과를 낳을 수 있다는 점을 시사한다.

실제로 근접성(조직도가 제시하는 대로 그룹이나 부서를 배치하는 방식)에 대한 공간 계획가들의 집착은 우연한 만남을 발생시키려고 하는 기업의 정책과 어긋난다. 여기서는 비근접성이 더 설득력이 있다. 우연성과 비효율성이 예상치 못한 만남을 만들어 두서없이, 허심탄회한 대화를 하도록 한다.

오늘날 기업들은 디자인과 기술을 결합하고 있다. 데이터 분석과 디지털 애플리케이션을 이용해 사람들을 한자리에 모이게 만들 수는 있지만 건축 공간의 개입은 여전히 기업이 달성해야 할 중요한 개념으로 남아 있다. 예를 들어, 여러 층으로 바닥에 슬래브를 뚫어 거대한 사회적 계단을 연결하거나 부서를 넘나들고 다양한 분야의 협업을 위한 조직을 개설하는 행동은 다양한 업무 공간 계획에서 계속 눈에 띄는 특징이 되었다.

다른 예로 로프메이커 플레이스Ropemaker Place에 입주한 맥쿼리은행Macquarie Bank, 화이트칼라 팩토리White Collar Factory에 입주한 어도비Adobe가 있다. 이 두 회사는 모두 우연한 마주침을 유발하려고 업무 공간에 매우 인상적인 요소들을 끼워 넣었다(층과 층 사이를 오르내리는 계단은 건축의 논리에 반하는 것처럼 보인다).

층과 층을 연결하는 계단은 또한 뉴욕 허드슨 야드에 위치

2017년 뉴욕 허드슨 야드에 있는 보스턴 컨설팅 그룹 사옥의 사회적 계단. 이 회사는 상호 작용을 측정하기 위해 충돌 계수를 시험했다.

한 보스턴 컨설팅 그룹의 사옥에서도 두드러지는 특징이다. 이 회사는 '충돌 계수'를 개발해서 우연한 만남의 횟수를 측정했으며 직원들이 사내에서 돌아다니며 동료들을 만나도록 독려한다. 이 과학적 측정 기준이 도출되고 나서 배지 형태의 사회관계성 측정 장치, 센서, 애플리케이션과 같은 기술이 접목되고 있다. 사무실 디자인으로는 처음으로 건축 및 기술적 수단에 의해 만남이 꾀해졌다.

매일 사무실에 출근할 필요가 없는 하이브리드 워크 모델에 있어 풀어야 할 숙제 중 하나는 협업이 적절하게 필요한 시기에 적합한 사람들이 모이게 하는 것이다. 업무 현장에 인력이 많지 않을수록 혁신을 일으키는 우연한 만남의 횟수도 줄어든다.

상호 작용은 업무와 관련이 있거나 공식적으로 일어나기도 하지만 창의적인 아이디어가 필요해 일어나는 경우도 있다. 혁신은 뱀과 사다리 게임에 비유되기도 한다. 이 게임에서 네모 칸을 한 칸씩 순서대로 이동하듯이 순차적인 노력의 결과로 새로운 아이디어가 창출된다. 사람들은 간혹 깨달음의 순간을 경험하고 사다리를 올라 몇 칸이나 앞으로 나아간다. 반면 전개 과정에서 너무 자주 뱀과 마주치며 뒤로 되돌아가기도 한다(실리콘 밸리의 '빨리 실패하기 문화'는 넘어지더라도 먼지를 털고 일어나 게임에 다시 임하도록 독려한다).

뱀과 사다리 게임은 본래 목샤 파탐Moksha Patam으로 알려진 고대 인도의 보드게임에서 유래했는데 카르마 또는 힌두교 철학의 운명과 밀접하게 관련되었다. 이를 불확실한 길이나 여정에 비유하면 혁신을 만드는 공간에 대한 접근 방식이 떠오른다. 불현듯 좋은 아이디어가 떠오르는 세상에서는 그 여정이 일직선상에 놓이지 않으며 예측 불가능하게 이어진다. 그래서 급진적 사상과 대안적 접근법이 필요한 업무 공간에서는 구불구불한 길, 예기치 않은 사건, 계획되지 않는 경로가 중요한 디자인적 요소를 이룬다.

사무실의 목적이 새로운 아이디어를 창안하고 한계를 넘어서는 것이라면, 업무 현장에는 일정한 수준의 예측 불가능성이 요구된다. 하지만 일본의 전통적인 직장 문화와 같은 일부 기업 문화는 지금 세계적으로 장려되고 있는 우연성과 상충한다.

이와 관련하여 네덜란드의 심리학자 헤이르트 호프스테더Geert Hofstede는 전 세계 40개국에서 근무하는 IBM 직원들을 대상으로 시행한 조사에서 뚜렷한 차이점을 발견했다. 그는 개인주의를 '앵글로색슨Anglo-Saxon 블록'이라고 규정했는데 조사 결과, 일본 문화권에 속한 직원들은 그보다 훨씬 더 집단주의적인 성향을 보였다.

호프스테더는 연구 결과를 정리해 2003년에 출간한 『Culture's Consequences』에서 어느 사회의 문화가 그 구성원의 가치관에 미치는 영향을 문화 차원의 이론으로 설명한다. 예컨대, 불확실성 회피uncertainty avoidance 지수를 측정한 호프스테더는 일본을 영국이나 네덜란드 같은 오래된 민주주의 국가와 비교했을 때 불확실성이 높은 사회로 평가했다. 불확실성이 높은 사회의 문화는 매우 독단적이고 권위적이며 전통이 중시된다. 그에 따라 통제권이 확대될 수 있는, 예측 가능한 업무 공간이 형성된다.

변동성과 랜덤워크random walks 가설은 관리하기가 어렵지만 실제 삶을 잘 반영한다. 시장의 움직임, 철새의 이동 또는 브라운 운동Brownian motion의 불규칙한 변동은 설명하기 어려운 개념처럼 보이지만 사실 수학 모델을 따른다. 불확실성은 경영 사상에 깊이 녹아들었다.

니콜라스 탈레브Nicholas Taleb가 2007년에 출간한 베스트셀러이자 연구·논문 주제로 자주 등장하는 『블랙 스완』은 예측 불가능하고 개연성이 희박한 사건이 미치는 영향을 다룬다. 이 책에서 탈레브는 예측 가능성이 매우 낮지만 엄청난 충격을 동반하는 사건을 이야기한다. '검은 백조의 원리에 따르면 우리가 아는 것보다 우리가 모르는 것이 훨씬 더 중요해진다'라는 내용으로 말이다.[6]

따라서 예상치 못한 사건이 미래 사무 공간 디자인과 관련해 중요한 기능을 할 것이다. 입주 예술인이 창작물을 전시하는 일, 놀라움과 즐거움을 유도하기 위해 하룻밤 사이에 물리적 공간을 변화시키는 행위, 사용자가 머무는 업무 공간에서 직원들이 스스로 주변 환경을 조성하고 조정하는 행동 등 다양한 아이디어가 펼쳐질 수 있다. 이 모든 디자인 전략이 암시하는 색다른 접근법은 다양한 행동을 촉발하고 검은 백조의 사고를 유발한다.

월트 디즈니는 아티스트들이 작업하는 작품들을 밤새 전시해두는 것으로 유명한데, 다음 날 아침 출근하면 아티스트들의 아이디어와 콘셉트를 누구나 접할 수 있었다. 이런 노출은 직원들이 작품들에 반응하고 의견을 내고 영감을 얻으며 창의력 개발을 돕는다.

세계 최고의 디자인 혁신 기업인 아이디오IDEO도 동일한 접근 방식을 도입한 결과, 실리콘 밸리의 디자인 스튜디오에 통근용 자전거가 매달리고 미완성 시제품들이 장식되었다. 아이디오의 공동 창업자이자 회장인 데이비드 켈리David Kelly는 "혼돈처럼 보일지 몰라도 그것은 집중된 혼돈입니다. 아이디오에서 작업 환경과 관련된 원칙은 먼저 허락을 구하기보다 시도한 다음 용서를 구하는 것입니다."라고 말했다.[7]

보스턴에 위치한 MIT 미디어랩MIT Media Lab에서는 칠판이 공간 여기저기를 채우고 있다. 공개된 공간에서 사람들이 앉아 브레인스토밍을 하고, 사색한 내용을 누구나 볼 수 있도록 자신의 연락처와 함께 칠판에 남긴다. 이런 식으로 사람들은 무언가 더 깨닫거나 지식의 배후에 있는 타인의 두뇌들과 연결된다. 이렇게 '지식을 표현하는 방식'에 따라 디자인이 조직 문화에 맞춰 조정된다.

이제 디자이너들은 직원 수를 기준으로 회의실과 책상의 비율을 정하기보다는 잠재된 기억latent memory이 깃든 공간을 만들어야 한다. 팀 구성원들이 서로의 아이디어를 기반으로 공동의 노력을 행동으로 옮기도록 도와야 한다는 뜻이다.

조직을 더욱 혁신적으로 변화시키는 측면에서 최근 들어 외부의 요소를 유치하는 방향으로 업무 공간 디자인이 발전했다. 바이오필리아Biophilia(식물 등 자연 요소를 도입한 환경 요소-옮긴이), 출입구와 맞닿은 카페, 푸드 코트, 전시 공간, 공공 관람 플랫폼 등의 요소들이 내부 공간에 더해져 사무실이 그보다 더 큰 존재의 일부로 느껴지게 만든다.

한편으로 내부를 외부로 옮기는 방향에도 초점이 맞춰지고 있다. 협력적 혁신의 생태계 안에서 업무 공간을 인근의 지역 커뮤니티와 연결하는 것이다. 사무실 내부에 우연한 만남을 위한 사회적 계단을 설치하고, 작업물을 벽에 전시해 지식을 표현하게끔 하는 디자인으로는 충분하지 않기 때문이다. 직원들이 외부의 공공문화 시설과 교통 시설, 대학교 연구소, 신생 창업 기업, 식당, 상점 등을 직접 접하는 것도 중요하다. 글로벌 팬데믹으로 인해 여러 제약이 따르지만 그렇다고 이런 흐름이 바뀌지는 않을 것이다.

업무 공간 디자인이 확장된 틀로 혁신 지구가 등장하기까지, 세대가 변화하고 밀레니얼 세대의 노동력이 증가해 업무 현장을 책상이 설치된 사무실 이상의 공간으로 바라보는 현상이 뒤따랐다. 밀레니얼 세대의 직장은 사무실 벽을 넘어 지역 커뮤니티와 광범위한 도시로 점점 더 확장되고 있다. 사무실 배치와 대조적으로 지역의 규모에 초점이 맞춰지는 현상은 혁신 자체에 변화가 일어난 결과다.[8]

혁신을 도모하는 거대 기업들은 이제 내부 자원에만 전적으로 의존하지 않는다. 흰 가운을 입은 남자들이 지키는 요새 같은 기업의 R&D 연구소는 지금 더욱 침투성 있고 네트워크화된 혁신 환경으로 대체되는 중이다. 이런 환경은 다양한 외부 협력자들과의 협업에 더욱 개방되어 있다. '협력적 혁신collaborative innovation'이라는 용어는 '열린 혁신open innovation'이라는 말로 대체되기도 한다. 이 용어가 적용된 프로세스에서는 조직의 내부와 외부에서 활동하는 다수의 사람이 새로운 제품과 서비스, 비즈니스 솔루션을 개발하고 개발한 것을 공개적으로 공유한다.

애플은 아이폰을 출시했을 때 새로운 기기용 애플리케이션을 제작하는 수천 명의 외부 소프트웨어 개발자들을 초대한 것은 물론이고, 앱 스토어를 통해 애플리케이션을 온라인에 공개했다. 애플의 결정은 협력적 혁신의 과정을 잘 보여주는 사례다. 이 발상은 순전히 거대 기업의 규모와 자원을 신생 창업 기업과 전문가들의 아이디어와 민첩성에 연결하자는 취지였다. 이러한 배경에서 혁신 지구에서 다양한 파트너들과 적절히 연결되고 사업을 시작하는 것이 타당성을 가진다.

물론 기업들은 다양한 규모로 협력적 혁신을 실천할 수 있다. 비자Visa, 마이크로소프트, 이케아 등의 많은 기업이 조직 내부에 이노베이션랩innovation lab을 자체적으로 운영하는 방식을 계속 선호한다. 이는 정보에 대한 접근, 아이디어 공유, 지적 소유권을 손쉽게 통제할 수 있기 때문이다.

그런데 이런 공간은 애자일 스크럼agile scrum, 콰이어트 존quiet zone, 프로젝트룸에 새로운 디자인 풍이 적용되면서 오래된 R&D 연구소의 틀에서 점차 벗어나고 있다. 게다가 동료들보다는 다양한 분야의 혁신 파트너들이 함께한다.

그보다는 더 침투적인 단계에서 협력적 혁신을 위해 설계되는 공유 허브에서는 신생 창업 기업들이 합작 투자를 통해 효과적

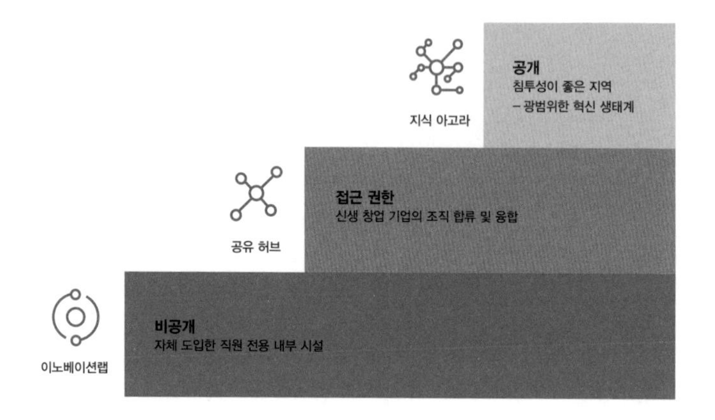

협력적 혁신을 위한 세 가지(비공개, 접근 권한, 공개) 모델. 워크테크 아카데미WORKTECH Academy/랜드리스Lendlease, 2018년.

으로 기업 조직에 합류한다. 이 방식은 금융 서비스 업종에서 유행하는데, 바클레이스은행과 내셔널 웨스트민스트은행NatWest이 이 모델을 활용해 기존 금융 서비스 체계를 와해할 만한 핀테크 기업들과 협업했다.

공유 허브에서는 또한 기업들이 고객들이나 대학교의 스핀아웃 기업들과 공동 창작을 할 수 있다. 이때 허브 디자인 요소에는 멤버스 라운지, 액티브 로비, 코워킹 존, 몰입형 전시회, 인큐베이터, 부트캠프가 포함된다.

침투성이 가장 높은 협력적 혁신 모델은 지역 규모district scale다. 바로 여기서 역동적이고 경쾌하고, 실제적인 비즈니스 환경 하에 강력한 환대 서비스를 누릴 수 있다. 이런 환경에서 기업은 연구 센터와 메이커 스페이스maker space, 회의 공간 외에도 기타 외주 혁신 서비스에 연결된다. 다수의 혁신 지역 사례들, 또는 21세기형 '지식 아고라'로 일컫는 공간은 현재 런던에 위치한 킹스 크로스King's Cross나 스트랫퍼드Stratford부터 싱가포르의 연구 클러스터 원 노스One North 내 바이오폴리스Biopolis에 걸쳐 광범위하게 존재한다.

이노베이션랩은 표면상 공개되지 않고, 공유 허브는 권한이 있어야 접근 가능하며, 혁신 지역은 공개된다. 이에 디자이너들은 기업의 조직 혁신을 촉진하기 위해 새로운 방식으로 사고해야 한다. 장차 공간과 편의 시설을 다양한 규모에 걸쳐 복합적인 형태로 모델링하는 능력은 앞서 설명한 바와 같이 디지털 도구와 데이터 세트dataset를 얼마나 잘 다루는가에 따라 달라지기 때문이다.

디자인 스튜디오가 앞으로 자료실을 데이터 라이브러리로data library로 교체하는 모습을 볼 수 있을까? 현대 사무실이 재구성되는 것처럼 디자인 프로세스도 마찬가지로 재구성될 것이다.

직원 성장을 위한 필수 조건, 공간의 다양성

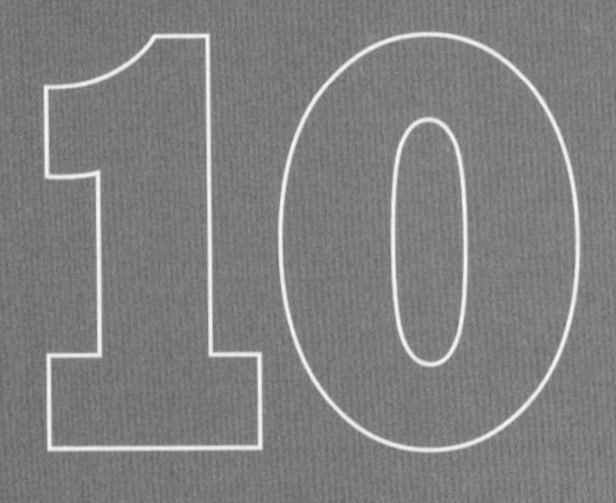

업무 현장의 다양성에 관한 논의는 본래 차별에 대한 문제의식에서 시작되었다. 기회 균등을 중시하는 법률에 따르면 고용주들은 인종, 나이, 성적 지향, 종교, 인종, 언어, 교육, 능력에 대한 편견을 가지고 직원을 채용해서는 안 된다. 오늘날 다양성은 매우 심오하면서도 설득력 있는 의미를 지닌다. 다름에 대한 완전히 새로운 관점을 조직에 불러오는 것이다. 그런데 기업들은 다양한 노동력을 보유하여 얻는 혜택을 실감할까?

시애틀에 위치한 아마존 본사의 바이오돔, 더 스피어스. NBBJ가 설계했다. 공 모양의 온실 세 곳을 4만 그루의 식물로 채워서 직원들이 자연 속에서 휴식을 취할 수 있다.

과거에 두각을 나타내지 않은 집단과 다시 조화를 이루는 것은 상징적인 일인데, 성공한 기업들은 다양성을 핵심 가치로 삼아 성장한다. 인적 자본이 혼합되어 결과가 창출된다. 한 연구는 다양한 팀과 이사진, 파트너십이 성과를 높이고 개선한다는 결과를 내놓기도 했다. 사람들이 다양한 관점과 배경, 경험, 의견을 드러내기에 가능한 일이다.

요즘 기업들은 직원을 채용할 때 흔히 그들 조직과의 유사점을 찾기보다는 다양한 배경을 가진 인재를 끌어들이는 방식을 사용한다. 하지만 개인들은 업무 현장에 들어갔을 때 대개 널리 제시되는 균일한 칸막이 즉, 규격화된 사무실 안으로 들어간다. 업무 공간에서는 균일성과 일관성이 다양성과 선택권보다 더 중요시되기 때문이다. 결국 직원들은 조직의 근간을 이루는 공통분모를 찾아 그에 적응해야 한다.

조직에 맞지 않는 사람을 공간 계획과 디자인에 대한 '게으른 접근법'으로 조직과 잘 어울리게 만들 수 있겠지만 다양성을 존중하는 기업들은 선택의 폭을 넓혀야 한다. 직원들은 스스로 공간과 조화를 이루고 싶어 하며, 그 공간에서 편안함을 느끼면 최적의 수준으로 업무를 수행할 수 있다. 직원들이 하는 일만큼 자신에게 적합한 경험도 중요하다.

스위스의 심리학자 칼 융Carl Jung은 1921년 발표한 저서 『심리 유형』에서 개인의 성격 토대가 되는 요소를 분석하여 사람은 태어날 때부터 타고나는 심리 특성의 차이가 있다고 주장했다.[1] 내향

성과 외향성에 대한 그의 견해로 사람을 성격으로 분류하는 개념이 확립되었으며 성격 유형 분류 연구가 본격화되었다.

1950년대에 캐서린 브릭스Katherine Biggs와 이사벨 마이어스Isabel Myers가 융의 이론을 바탕으로 인간의 성격을 16개 유형으로 분류하는 심리평가 도구를 개발했다. 두 사람은 인간이 독특한 성격 유형이나 기질을 가진다고 주장했다. 마이어스-브릭스 지표는 주관적이긴 하지만 이들이 개발한 MBTIMyers-Briggs Type Indicator는 현대에도 중요한 의미를 지닌다.

디오니소스 기질(또는 마이어스-브릭스 성격 유형 지표 중 SP 계열)의 사람은 자유를 사랑하고 활동 지향적이며 충동적이다. 현상 유지에 싫증을 느끼는 SP 계열의 사람에게는 자유로운 영혼이라는 별칭이 붙는다. 이 유형에 속한 사람들은 흔히 즉흥적이고 매일 업무 형태를 달리하며 새로운 일을 시도한다.

한편 프로메테우스 기질(또는 마이어스-브릭스 성격 유형 지표 중 NT 계열)의 사람은 미래에 관심의 초점을 맞추며 변화를 추구하는 욕구가 강한 유형이다. 이 유형은 일과 삶을 구분하지 않으며 완벽주의자와 비전형 리더가 많다. 이들은 활력이 넘치고 서로 협업하는 업무 공간을 선호하는데, 이런 업무 공간에서 아이디어를 공유하고 탐구하며 문제를 해결하고 관련 모형을 만든다.

이를 어딘가에 소속되길 바라는 에피메테우스 기질(또는 마이어스-브릭스 성격 유형 지표 중 SJ 계열)의 유형과 비교해 보자. 이 유형의 사람들은 대개 모임이나 종교 단체에 소속되어 있으며 가족을 중시한다. 이들은 또한 연속성을 유지하고 일상을 즐긴다. 과거부터 주로 교사, 관리자, 사무직으로 일해 왔던 유형으로, 조직을 안정시키는 역할을 한다. 이들은 위계질서와 전통이 중시되는 업무 공간을 선호한다. 그래서 어딘가에 소속되기를 원하고 질서와 친숙함을 좋아해 매일 같은 공간을 찾는다.

열여섯 가지 성격 유형은 개인의 차이를 비롯해 일하는 방식의 다양성을 시사한다. 다양한 공간에서 어떤 유형은 소통을 즐기고 발전하겠지만 또 다른 유형은 주눅들고 업무 생산성을 발휘하지 못할 수 있다.

이러한 가설은 여러 학술 연구로 뒷받침되었다. F.S 모겐스턴F.S. Morgenstern과 R.J. 호지슨R.J. Hodgson 그리고 L.로우L. Law가 1974년 발표한 연구 결과에 따르면 '외향적인 피실험자들은 다른 사람들과 함께 있는 것을 선호했을 뿐 아니라, 집중을 방해하는 상황에서도 업무 효율을 개선한 것처럼 보였다. 반면 혼자 있길 좋아하는 내향적인 피실험자들은 주의가 산만해졌을 때 업무 효율이 낮아진다'라는 결과가 나왔다.[2]

조지타운대학교 컴퓨터공학과 부교수인 칼 뉴포트Cal Newport는 2016년에 출간한 저서 『딥 워크: 강렬한 몰입, 최고의 성과』에서 최고 수준의 성과를 올리기 위해서는 산만함에서 벗어나 단일 작업에 장시간 몰입해야 한다고 설명한다.[3] 이는 디지털 세상의 산만함, 현대 업무 현장의 시각적·청각적 방해 요소에 시달리는 '피상적 작업'과는 뚜렷한 대조를 보인다.

뉴포트는 심리학자 미하이 칙센트미하이Mihaly Csikszentmihalyi의 연구를 입증했다. 칙센트미하이는 2002년에 출간한 저서인 『몰입flow: 미치도록 행복한 나를 만난다』에서 창조적 작업을 완성하려면 방해받지 않는 시간이 필요하다고 말했다.[4] 그는 경험 추출법이라는 기법을 활용해, 예상치 못하게 몰입 상태를 방해하는 요소들의 영향을 측정했다. 그가 말하는 플로우 상태(특정 유형의 작업에 대한 창조적 즐거움과 완전한 참여라는 '최적 경험')에 빠지려면, 18분에서 20분간 방해받지 않고 몰입의 경지에 도달해야 한다. 칙센트미하이가 발견한 바에 따르면 플로우 상태를 경험하는 사람들은 한가할 때보다 일할 때 더 행복감을 느낀다.

수전 케인Susan Cain은 2012년 전 세계에 반향을 일으킨 저서 『콰이어트: 시끄러운 세상에서 조용히 세상을 움직이는 힘』에서 '새로운 집단 사고New Groupthink'라고 이름 붙인 현상을 비롯해, 현대 업무 현장에서 팀워크를 중시하는 현상을 다음과 같이 설명했다. "오늘날 직원들은 개방형 사무실에서 생활한다. 아무도 자기만의 방을 가지고 있지 않으며, 유일한 벽이라곤 건물을 지탱하는 것들뿐이다. 고위 임원들은 경계 없는 공간 한가운에서 다른 사람들과 함께 업무를 본다."

케인은 개방형 사무실 추천하지 않는다. 개방형 사무실은 생산성을 줄이고 기억력을 감퇴시킨다고 밝혀졌다. 게다가 높은 이직률과도 관계가 있으며, 직원들이 병에 걸릴 위험이 증가하고, 사내 갈등이 심해질 뿐 아니라, 의욕이 떨어지고 개인 공간이 부족

해서 불안정한 느낌을 받게 하기 때문이다.[5]

케인은 창조 행위에는 개인 공간이 꼭 필요하다고 주장한다. 그녀에 따르면 작가, 사상가, 디자이너, 예술가는 서재나 스튜디오처럼 한적한 공간에서 능률을 끌어올린다.

또 한편으로 그녀는 "대면 소통이 온라인 소통에서 볼 수 없는 방식으로 신뢰를 형성한다는 점을 인정한다. 한 연구에 따르면 인구 밀도는 혁신과 상관관계가 있다. 숲속을 조용히 걸을 때 이로운 점이 있음에도 불구하고, 사람이 붐비는 도시에서 생활할 때 상호 작용의 그물망에서 혜택을 얻는다."라고 말했다. 그녀는 자택 서재에서 홀로 책을 쓸 수 없었다고 밝히면서 "내가 즐겨 찾는 복잡한 동네 카페에서 노트북으로 이 책을 썼다. 이렇게 한 것은 새로운 집단 사고의 옹호자들이 제안할 만한 바로 그 이유 때문이다. 다른 사람의 존재만으로도 내 마음이 도약하는 데 힘이 되었다."라고 덧붙였다.[6]

각도에 따라 변화하는 만화경처럼 자유롭게 소통하며, 또 집중하고 혼자 있고 싶을 때는 자신의 개인 사무 공간으로 사라질 수 있는 환경을 만들 필요가 있다고 케인은 판단했다.[7] 이 대목에서 우리가 탐구해 왔던 내용이 설득력을 얻는다. 직원들은 다양성이 존재하는 사무 공간에서 성장한다는 것이다. 그리고 동질성을 중시하는 현대적 사무실의 전통을 깰 때가 되었다. 그 목표를 이루는 데 모든 유형의 다양성이 중요하다.

그 외 다른 사람들도 장소가 창조성에 미치는 영향을 살펴봤다. 영국의 작가 J.K. 롤링J.K Rowling은 에든버러의 상징으로 불리는 발모랄 호텔The Balmoral Hotel에서 책을 집필한 것으로 잘 알려져 있다. 이 호텔의 스위트룸(자택이나 사무실의 산만함이 없는 장소)에서 롤링은 해리포터 시리즈의 최종편인 『해리포터와 죽음의 성물』을 완성했다. 빌 게이츠Bill Gates는 1년에 두 번 일주일 동안 사색하는 시간을 갖는다고 한다. 그는 매번 책을 한 보따리 들고 숲속 오두막에 들어가 시간을 보내며 영감을 얻는다.

환경의 변화, 영감을 주는 풍경, 평온과 고요함, 잔잔함과 고독은 모두 창의력을 발휘하게 해준다. 하지만 여기에 모순이 있다. 일각에서는 창의성이 집단의 노력과 상호 작용, 협업에서 비롯된다고 보는 까닭이다.

다시 말해, 방해받지 않고 몰입하는 '플로우 상태'에서 아이디어가 번뜩이기도 하지만 수많은 혁신 기업이 분주한 환경에서 팀워크를 발휘하기도 한다. 두 방식의 차이에서 철학적 긴장감이 생긴다. 실리콘 밸리의 테크 기업을 보면 흔히 넓게 탁 트인 개방형 공간에 기술자들이 모여 일하고 있다. 목적의식을 가지고, 손쉽게 아이디어를 공유하고, 접촉을 통해 엿듣고 배울 수 있으며, 협업과 공동 창작을 할 수 있기 때문이다.

진정으로 다양성을 존중하는 기업은 두 유형의 활동에 적합한 사무실을 설계할 것이다. 보스턴에 있는 MIT의 빌딩 20은 전쟁이 끝나면 철거된다는 조건으로 지어졌지만 이 건물에 거주하던 전자 업종 종사자들과 과학자들이 레이더 기술을 개발하여 전쟁을 승리로 이끄는 데 결정적 역할을 한 덕분에 여전히 빌딩 20은 남아 있다.

빌딩 20의 사례는 분명한 메시지를 보여준다. 개방된 공간에서 다양한 배경과 재능을 가진 사람들이 자신들의 업무 환경을 조정하고 개인화한 덕에 혁신이 일어났다는 메시지 말이다. 이런 공간은 시설 관리 규제의 압박에서 자유롭다.

BLM Black Lives Matter('흑인의 생명도 소중하다' 운동), 성별 임금 격차, 직장 내 신경다양성neurodiverse을 가진 사람들에 대한 인식 확대 등 다양한 문제에 관심이 집중되는 와중에 한 학술 연구 단체가 흥미로운 조사 결과를 내놓았다. 다문화 조직이 획일적 조직 또는 다원적 조직보다 좋은 성과를 올린다는 것이다. 이 조사에 따르면 다양성은 부정적인 측면도 있지만 창의성과 성과를 높인다. 다양성이 증가할 때 여러 시각과 관점으로 인해 의견이 갈라지는 것은 말할 것도 없고, 사람들을 통합하고 공동의 목표를 끌어내기가 어려울 수 있다.

앨리슨 레이놀즈Alison Reynolds와 데이비드 루이스David Lewis가 「하버드 비즈니스 리뷰」에 기고한 연구 결과는 연령대, 인종, 성별의 측면에서 집단 다양성이 성과 향상과 상관관계가 없다는 것을 보여주었다.[8] 대신 이 연구 결과는 연령대나 인종, 성별보다는 인지적 다양성(개개인의 생각하는 방식)이 창조적 해법을 낳는다는 점을 널리 알렸다.

인지적 다양성이 혁신을 부른다는 긍정적 측면에서 신경다양성을 가진 직원들을 음지에서 구할 수 있다. 불과 얼마 전까지만 해도 자폐증, 통합운동장애, 난독증, ADHD 같은 증상을 가진 사람들은 직장에서 어려움을 겪었다. 고용주들은 대개 신경다양성 환자들의 사고방식을 받아들이길 꺼리고 주저한다. 혹은 처음부터 그들을 고용하는 데 망설인다.

그래도 상황이 달라지고 있다. 신경전형적neurotypical(자폐장애를 가진 사람이 신경질환이 없는 사람을 부르는 말-옮긴이) 사고의 경계 밖에 있는 사람들과 그들이 내놓는 아이디어가 기업의 혁신에 크게 기여한다는 인식이 확대되고 있는 덕분이다.

「하버드 비즈니스 리뷰」에 소개된 한 연구에 따르면 자폐증과 난독증 같은 증상이 패턴 인식, 기억, 수학과 관련한 특별한 기술을 발전시킬 수 있다고 한다. 난독증을 가진 사람들은 강력한 시각 능력 및 문제 해결 역량을 보여준다. ADHD 증상이 있는 노동자들은 틀을 깨는 발상으로 창의력을 한껏 발휘하고 조직에 헌신하며 매우 활동적인 성향을 보이기도 한다. 신경다양성 기질을 가진 사람들이 과학과 공학 직종에서 탁월한 성과를 낸 사례가 얼마나 많은지 비평가들이 언급한 적도 많다.

1998년 호주의 사회학자 주디 싱어Judy Singer가 만든 '신경다양성'이라는 용어는 아직까지도 업무 공간에서 그대로 사용된다. 늦은 감이 있고 누군가 부연 설명이나 달라진 연구 결과를 덧붙일 법도 한데, 일부 분석 결과를 보면 여전히 정규직 직원 10명 중 1명이 신경다양성을 겪는다고 추측할 수 있다.

신경다양성 환자들은 업무 환경에서 어떤 어려움을 겪을까? 대표적으로 밝은 불빛과 잡음이 있다. 누구나 이 예시를 들으면 충분히 이해될 것이다. 주의를 산만하게 만드는 요소들은 이런 유형의 직원들에게는 심각한 문제로 꼽힌다. 그래서 현재 기업들은 끊임없이 발생하는 신호음에서 벗어나도록 집중과 휴식을 위한 공간 디자인을 모색하는 중이다.

기업들은 흔히 그들의 조직 문화에 익숙한 방식으로 직원들을 고용한다. 하지만 이런 고용 방식 때문에 기능적 편향functional bias이 일어나고 인지적 다양성이 줄어든다. 기업들은 다양한 사고를 장려하고, 직원들이 다양한 방식으로 시도하며 문제를 해결해 나가도록 편안한 환경을 조성해야 한다.

이와 관련하여 소개하고 싶은 책이 있다. 에드워드 드 보노Edward de Bono의 『생각이 솔솔 여섯 색깔 모자』인데 이 책에 등장하는 '수평적 사고의 아버지'는 행동의 다양성으로 발생하는 사고의 다양성을 설명한다.[9] 드 보노는 병렬 사고parallel thinking(서로 다른 생각과 관점이 충돌하지 않고 공전하는 사고-옮긴이)의 개념을 기반으로 여섯 색깔 모자가 서로 다른 사고 유형을 대표한다고 했다.

드 보노가 말한 여섯 가지 사고의 다양성은 융이나 마이어스-브릭스의 심리 유형과는 뚜렷이 구분된다. 그는 성격이 아니라 행동을 중시했다. 각각의 색깔은 사고방식을 전환하는 단계를 의미한다.

하얀 모자는 사실과 수치와 관련된 객관적 정보를 공유하는 단계다. 빨간 모자는 느낌을 가지고 의견을 제시하는 단계며, 검은 모자는 잠재적 위험 같은 부정적 요소를 이야기하고 신중한 검토를 하는 단계다. 노란 모자는 낙관적이고 긍정적인 사고를 하는 단계, 초록 모자는 새로운 시각을 가지고 창의적인 아이디어를 내놓는 단계다. 파란 모자는 다른 모자에게 지시하고 통제하며 사고를 정리하는 단계를 의미한다.

이 여섯 가지 사고 과정은 다음과 같은 질문을 하게 만든다. 지금의 업무 현장에서 인지적 다양성이 증가할까? 그렇지 않을 것으로 보인다. 가장 진보적인 사무실을 제외하고 책상과 회의실이 계속 단조롭고 반복적으로 배치되는 이유는 사무 공간의 예측 가능성을 의미하며, 이런 공간에서는 우연한 만남이 유도되지 않기 때문이다.

서로 다른 개인이 모여 있는 조직은 다양성의 극단적 형태라고 볼 수 있다. 그렇다면 조직 구성원들이 최고의 성과를 내도록 개개인을 이해할 방법을 찾아야 하지 않을까? 변화 관리change management 사상가인 피터 솔Peter Sole은 "조직은 변화하지 않는다. 사람이 변화한다. 조직은 하나의 단위로 변화한다."라고 했다.[10]

맥킨지 앤드 컴퍼니의 연구 결과는 임원진의 다양성 정도가 높을수록 좋은 성과로 이어진다는 점을 시사했다.[11] 프랑스, 독일, 영국, 미국에서 180개 상장 기업들을 대상으로 진행한 연구에 따르면 임원진의 다양성 수준이 상위 25%에 속하는 기업들은 대체로 자기 자본수익률이 53%, 이자 및 세전 이익이 14%나 높았다. 이렇게 영향력이 큰 다양성은 고위직에 있는 여성과 외국 국적자의 비율, 특히 회사에서 중요한 역할을 담당하거나 위험 감수 등 중요한 결정을 내리는 사람들의 비율을 기준으로 측정되었다.

다양성 그리고 위험을 감수하려는 조직의 의지, 양자 사이의 관련성은 최근 보편적으로 논의되고 있는 주제다. 하지만 업무 현장에는 권력 구조, 복종과 통제의 문화에 기반한 '위험 감수에 대한 뿌리 깊은 장벽들'이 존재한다. 디자인 사학자인 제니퍼 카우프만-불러는 자신의 저서 『Open Plan: A Design History of the American Office』에서 개방형 사무실 공간과 관련한 본래의 이상(평등 사회 구현)이 어떻게 지난 수십 년에 걸쳐 사라졌는지 신랄하게 설명한다.

업무 공간이 개방되어 있는 오픈 플랜 사무실은 기업의 '큐브 팜cube farm'으로 변형되었으며 여성들, 피부색이 다른 직원들, 장애를 가진 직원들의 편의보다는 늘 몸이 온전한 백인 남성들의 편의가 우선시되었다. 그녀는 이 책에 "오픈 플랜 사무실은 모든 직원, 모든 지위가 대우받거나 평등한 공간이라고 생각되는 장소가 전혀 아니었다."라고 썼다.[12]

1960년대 초 미국에서 흑인 인권 운동이 벌어졌던 시기와 맞물려 오픈 플랜 사무실이 설계되었지만 짐 크로Jim Crow(백인이 흑인 분장을 한 쇼에서 유래한 말로 흑인을 경멸하는 대명사–옮긴이)가 역사의 뒤안길로 사라진 이후에도 오랫동안 인종 분리와 차별의 잔재가 미국의 업무 현장에 여전히 남았다. 카우프만-불러가 언급한 바와 같이, 미국 흑인들은 라틴계과 히스패닉계, 그 외 소수 인종과 함께 배척당했다.

또한 오픈 플랜 사무실에서도 여성들에 대한 성희롱이 사라지지 않았다. 휠체어를 탄 장애인들은 칸막이 너머를 볼 수 없었다. LGBTQ+(성 소수자 전반-옮긴이) 직원들은 발가벗겨진 느낌을 받은 건 물론이고, 이성애적 규범을 긍정하고 이성애적 행동과 소통을 보여주는 식으로 정체성을 숨겨야 하는 압박을 받았다.[13]

기업들이 다양성을 확보하는 방법 중 하나는 우연한 만남을 더욱 장려하는 것이다. '끼리끼리 모인다'라는 말에 반대되는 개념이 작동하도록 말이다. 다양성이 작동했을 때 예상치 못한 상호 작용으로 이어지도록 만들어야 한다. 계획되지 않은 만남은 다양한 사고와 결과를 불러일으킨다. 물론 긍정적인 방향의 사고와 결과다. 각본 없는 사무실에서 '정수기 대화'가 벌어지면 새로운 아이디어가 창출된다. 단, 원칙은 아이디어가 인접 가능성adjacent possible이라는 예상치 못한 순간에서 발생한다는 데 기초해야 한다.

그렇다면 어떻게 업무 공간에서 다양한 직원들이 상호 작용하며 뜻밖의 기쁨을 발견하고 계획되지 않은 기회를 만들도록 공간을 디자인할 수 있을까?

앞서 설명한 것처럼 업무 공간에서 다양한 아이디어를 무작위로 충돌시켜야 한다. 과학 저술가 스티븐 존슨Steven Johnson의 저서 『탁월한 아이디어는 어디서 오는가: 700년 역사에서 찾은 7가지 혁신 키워드』를 보자. 복잡계 이론 생물학자인 스튜어트 카우프만Stuart Kauffman은 진화 이론을 설명하면서 분자들의 1차적 결합(분자들이 결합해 생명의 씨앗이 발아하는 현상)을 인접 가능성이라고 불렀다.

존슨은 네트워크, 조금 더 구체적으로 말해서 아이디어의 흐름을 가능하게 만드는 유동적 네트워크에 관해 이야기한다. "우리가 사무실에서 혼자 일할 때, 고개를 숙이고 현미경을 한참 동안 들여다볼 때, 우리 자신의 초기 편향에 갇히면 아이디어가 제자리에서 꼼짝하지 못한다. 집단 대화의 사회적 흐름은 개인의 고정적 상태를 유동적인 네트워크로 전환시킨다."라고 말이다.[14]

그의 관점에서 보면 대다수의 사무실은 고정된 구조로 인해 본래의 유동적인 네트워크를 와해시키는 특징이 있다. 존슨은 사람들로 북적이며 아이디어가 공유되는 공간에서 창의성이 넘쳐난다고 말했다("유동적 네트워크를 한층 더 영구적인 구조로 활성화하는 업무 환경을 구축해야 하며, 그 방법을 건축가들과 디자이너들이 학습하고 있다.").[15]

『딥 워크: 강렬한 몰입, 최고의 성과』의 저자 칼 뉴포트는 건축학과 교수 데이비드 드웨인David Dewane의 에우다이모니아 머신Eudaimonia Machine이라는 건물을 소개했다. 이 건물은 몰입 상태로 들어가 최대의 성과를 내는 궁극의 공간이다. 이 건물은 단층 구조로 방 5개가 나란히 늘어서 있으며, 복도가 없어서 방을 지나야만 다른 방으로 들어갈 수 있다. 이는 머신 안으로 깊이 들어갈수록 어떤 공간도 우회할 수 없다는 사실과도 같다.

첫 번째 방은 갤러리로, 전시물들을 통해 영감을 얻는다. 두 번째 방은 살롱인데 커피를 즐기는 바에 와이파이가 비치되어 호기심 가득한 분위기가 창출된다.

> 살롱을 지나면 도서관이다. 이 방에는 머신에서 창출된 작업들과 관련된 자료들이 보관되어 있다. (중략) 도서관 다음에 위치한 방은 사무실로 (중략) '저강도 활동'을 위한 곳이다. 마지막 방은 '심층적 작업실'이 모여 있는 공간이다. 온전히 몰입하여 방해받지 않고 일의 흐름을 이어가도록 해준다.[16]

스탠퍼드대학교 경영학과 교수인 마틴 로프Martin Ruef는 스탠퍼드대학교에서 MBA를 졸업한 창업가들을 대상으로 조사를 진행해 혁신과 다양성의 관계를 분석했다. 이 조사에서 로프가 발견한 사실이 앞서 우리가 늘어놓은 주장들을 뒷받침해준다.

로프는 가장 창의적인 사람들은 그들의 조직 외부로 사회적 네트워크를 계속 확장하였고, 다양한 배경을 가진 사람들을 만났다는 조사 결과를 얻었다. 이렇게 다양하면서 수평적인 사회적 네트워크가 획일화되고 수직적인 네트워크보다 더욱 많은 혁신을 가져온다. 다양한 배경과 직업을 가진 사람들이 섞여 있던 베니스의 스쿠올레를 떠올리면 이해하기 쉽다.

에이브러햄 매슬로우Abraham Maslow가 1943년, '인간 동기 이론

(A Theory of Human Motivator)'이라는 논문에서 소개한 그 유명한 욕구 단계설hierarchy of needs부터 프레더릭 허즈버그Frederick Herzberg의 직무 만족과 위생-동기 이론에 이르기까지 수많은 이론에 인간의 욕구가 소재로 등장했다. 매슬로우가 소속과 인정의 욕구로 '자기실현self-actualization'이 결정된다고 했던 사실과 대조적으로 허즈버그는 낮은 수준의 위생 요인이 직무 불만족을 발생시킨다고 보았다(업무 환경은 우리의 감정에 영향을 미친다).

느낄 수 있는 업무 공간이라고 하면 이 주제에 흥미롭게 다가갈 수 있다. 허즈버그는 직원들의 만족이라는 관점에서 업무 공간을 바라보았다. 사무실에서 제공되는 편의 시설에 못지않게 주변 환경도 직무 만족에 영향을 미친다. 신선한 공기, 채광, 청결함 같은 기본적인 환경 조건은 공간의 특징과 개성이라는 매우 흥미로운 결정 요인으로 보완된다. 디자인의 다양성은 심미적 다양성으로 이어져 개개인의 취향을 만족시킨다. 예를 들어, 현대주의부터 고전주의에 이르기까지 사무 공간에 가지각색의 가구를 배치하면 직원들이 한정되고 균일한 가구를 사용할 때보다 훨씬 더 만족하는 경향을 보인다.

색깔, 소리, 조명, 시각적 프라이버시, 가구, 직물, 자재 등에서 다양성이 나타나면 사무실은 수전 케인이 말한 '만화경'처럼 될 수 있다. 다양한 경관과 서식지로 이루어진 자연 생태계가 공존하고, 개인의 신체 리듬에 따라 조명이 달라질 수도 있다. 이런 변화와 리듬이 확대되어 1개월 또는 1년 동안 겪는 경험이 달라지기도 한다. 사업의 시즌 및 수명 주기(사업 계획 및 검토, 행사)에 따라 각각의 단계에서 요구되는 사항들이 구분된다. 다양성은 조직에서 끊임없이 순환하는 특징이 있다.

그리고 다양성은 포용성으로 이어진다. 인간은 소속감의 욕구를 가진다. 그래서 이동장애나 시각장애 등의 문제와 관련해 특별한 조치가 필요하다는 목소리가 커지면 평등주의적으로 접근해야 할지도 모른다.

포용적 디자인이 중요한 것도 전부 이런 이유 때문이다. 서로 다른 니즈(가령 계단이 없는 경사로, 휠체어 사용자를 위한 화장실, 대형 표지판 등)를 특별한 요구로 바라보기보다는 그런 것들이 우리 모두의 업무 공간에 매끄럽게 녹아들도록 디자인되어야 한다. 포용적 디자인은 궁극적으로 우리 모두에게 혜택이 되어준다. 그저 디자이너들이 차별금지법의 최소 요건을 충족하고자 선택하는 사항이 되어서는 안 된다. 조직 안에서 다양성이 존중되어야 하기 때문이다.

동일한 맥락에서 건축설계 회사인 HOK에서 사무 공간 설계 책임자로 있는 케이 서전트Kay Sargent는 우리에게 "다양성은 사람을 받아들이는 것이고, 포용은 사람을 중요하게 만드는 것입니다."라고 말했다.[17]

우리는 이미 직장에 수유실, 다종교 기도실, 성 중립 화장실, 명상실이 설치되는 모습을 실시간으로 지켜봤다. 이런 공간들은 특정 사람들에 대한 조치이기만 한 게 아니라 변화하는 사회 환경에 대응하는 차원에서 마련되는 것이기도 하다. 기업이라고 모두 이런 공간을 제공하지는 않지만 수면 캡슐, 칠아웃 존chill-out zone, 메이커 스페이스, 음악실, 운동 및 마사지 시설 등을 제공하는 건 근무 시간 동안 다양성을 존중하는 정책의 일환이다. 다양성을 고려한 덕분에 수유부터 운동, 시차로 인한 피로 회복, 정신적 스트레스 해소까지 모든 직원이 차별받지 않고 편의를 제공받을 수 있는 것이다.

이런 환경이 매슬로우와 허즈버그의 기준을 충족한다면 공간이 제대로 배치되었다고 할 수 있을까? 사람들이 선택에 따라 성격과 행동을 달리할 수 있다는 건 분명한 사실이다. 마이어스-브릭스의 성격 유형 분류가 개인에게 저마다 적합한 환경이 있다는 것을 암시한다는 사실만으로도 공간의 다양성이 유일한 해법이라는 점을 의미하지는 않는다. 때로는 안락한 공간에서 나와 편안하지 않은 공간과 환경에 노출되어 사고의 전환을 꾀할 필요도 있다.

젤리빈 워킹Jelly Bean Working은 직장이라는 현장의 다양성을 존중하는 우리의 철학이라고 할 수 있다. 젤리빈은 각각 '존재의 아이콘'으로, 우리가 세계 어디에서 무슨 일을 하든 기술을 활용해 동료에게 우리의 존재를 알리는 방식을 말한다. 젤리빈이 다양한 색깔과 독특한 향을 내듯이 선택과 다양성의 원칙이 데이비드 드웨인의 에우다이모니아 모델과 일치한다. 즉, 다양한 공간이 다양한 반응을 불러일으키고 다양한 활동이나 직무와 아주 잘 맞아떨어지는 것이다. 젤리빈은 말하자면 사무 공간에 대한 패러다임을 새로운 방향으로 전환하는 힘이라고 할 수 있다(개인의 선호와 '즐겨 찾는 항' 뿐 아니라 다양성과 선택이 기준이 된다).

젤리빈은 Z세대에 초점을 맞춘다. 앞으로의 업무 현장에 주요 노동력으로 진입할 세대인 Z세대는 인터넷 문화에 익숙하고, 소셜 미디어를 자유롭게 사용한다. 그리고 기술을 자신들의 몸과 마음이 연장된 대상으로 바라본다. 이들은 개인화된 디지털 세계를 경험하길 기대한다. 그래서 개인의 취향에 맞는 채널에서 콘텐츠를 소비하고 소셜 미디어를 통해 친구, 트라이브와 교류하는 것은 물론 열정을 불러일으키는 공간으로 몰려든다. 다시 말해, Z세대는 현실 세계뿐 아니라 디지털 세계에서도 생각이 비슷한 사람들과 그들만의 조건에 따라 관계를 형성하고 또 소속감을 느끼는 곳으로 이끌린다.

이와 관련하여 스티븐 존슨은 그의 책에서 "나는 자연에서 끌어낸 메타포를 즐겨 사용한다. 바로 산호초다. 산호초를 그렇게 창의적으로 만드는 것은 생물들 간의 투쟁이 아니라 그들이 공동으로 작업하는 방식이다. 산호와 황록공생조류 그리고 비늘돔은 각기 다른 개체지만 서로가 없으면 살아갈 수 없다. 이들은 상호작용하고, 협업하며, 공생한다"라는 말을 했다.[18]

이처럼 우리가 바라보는 최적의 사무 공간이 바로 생물의 다양성 안에 있다(케인의 만화경, 드웨인의 에우다이모니아 머신, 우리의 젤리빈 접근법이 제공하는 것으로 우리가 서로 다르다는 점, 선택과 다양성이 핵심 원칙이 되어야 한다는 사실이 존중된다는 의미다).

일과 삶의 균형을 유지시켜라

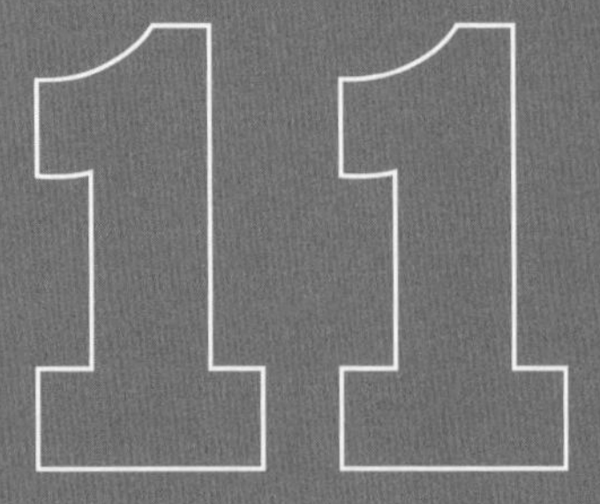

"DNA 샘플을 고용주에게 전달해 업무 환경을 과학적 방법으로 디자인하고 우리의 건강과 웰빙을 증진시킨다면 어떨까?" 2017년 워크테크 콘퍼런스에서 미래 연구소Future Laboratory의 톰 새비거Tom Savigar가 제기한 이 물음은 수사학적인 말이 아니었다. 공상과학 소설에 나올 법한 대사도 아니었다. 직원들이 HR 부서에 DNA를 넘기는 방식으로 '차세대 프라이버시 범프(스마트폰끼리 맞부딪히

캘리포니아 팔로알토에 위치한 페이스북 사옥 멘로 파크 캠퍼스의 옥상정원. 2018년 캐나다 출신의 건축가인 프랭크 게리가 설계했다. 열대 식물과 함께 좌석 간 시야를 확보한 배열에 건강과 웰빙을 증진한다는 목표가 반영되었다.

기만 해도 개인 정보가 교환되는 애플리케이션 – 옮긴이)'가 탄생할 것이라고 새비거는 말했다. 성과 경제 체제에서 운동선수들이 운동 성과를 최적화하기 위해 관리받는 모습을 상상하면 쉽게 이해가 될 것이다.[1] 새비거는 지금 존재하는 기술이 개인의 선호와 상관없이, 그리고 실제 사무실에 있든 가상의 사무실에 있든 상관없이 직원들을 최적화 경쟁으로 끌어들인다는 점도 인정했다.

기업들이 스마트 빌딩 안에서 내부 센서와 원격 측정을 통해 매일 근무 시간에 개개인의 데이터를 수집할수록 점점 더 세세히 무엇을 먹고 얼마나 자주 돌아다니며 누구와 얼마나 오랫동안 대화하는지 감시당할 가능성이 커진다. 여기에 더해 낮은 웰빙 지수가 생산성을 저해하는 장벽으로 인식되어, 체중 감량 등의 생활 습관 목표도 성과 평가에 포함될 것이다. 책상에 너무 오래 앉아 있는가? 항상 슬그머니 자판기를 찾아가 당을 섭취하지는 않는가? 샐러드바를 찾은 적이 한 번도 없는가? 미래의 상사들은 부하 직원들에게 이런 질문들을 던질 법도 하다(그리고 우리에게 통계 자료를 보여줄 것이다). 상사가 업무 평가 회의를 시작하며 "요즘 어때요? 걱정 안 해도 됩니다. 이미 그래프가 나와 있지만 신경 쓰지 마세요."라고 말하는 모습이 상상된다.

오늘날 기업들은 직원들이 생활습관을 개선하도록 지원을 아끼지 않는다. 자동차 운전을 그만하도록 만들기 위한 자전거 구입 대출, 지하철 정기승차권 예매, 걷기를 장려하는 공간 계획이 그렇다. 우리는 이미 기업이 유도하는 방향으로 나아가는 중이다. 고용계약 모델이 확연히 재편되어 기업이 전례 없는 수준으로 직원 개개인의 생활습관에 관여하고 사적인 행복을 침해할 수 있다. 직원의 건강을 둘러싼 사생활의 경계가 흔들리고 있으며 곧 그 경계가 무너질 것 같다는 느낌을 지울 수 없다.

기업의 관리 대상이 되는 것은 신체에 그치지 않는다. 직원의 신체 건강을 챙기는 직장은 직원의 정신까지도 최적화하려고 들 것이다. 실제로 웰빙well-being을 대상으로 하는 마인드 마켓이 신체 건강 시장보다 더 빠르게 성장하고 있다. 24시간, 7일 내내 작동하는 디지털 경제에서 일과 삶의 균형을 유지하는 정신 건강의 중요성을 기업 운영자들이 누구보다 더 잘 알기 때문이다. 글로벌 웰니스 연구소Global Wellness Institute에 따르면 직장에서의 웰빙은 500억 달러의 가치가 있는 신흥 산업 아이템이 되었다고 한다.

웰빙 산업을 성장시킨 원동력은 2008년 글로벌 금융 위기였다. 고용 불안과 번아웃으로 불안감과 우울감에 장기간 노출된 탓에 기업들이 건강과 웰빙에 중점을 둔 시설과 서비스에 투자를 확대했다. 이 흐름은 매우 빨랐다. 대기업들은 녹색 벽, 사회적 계단, 체육관, 옥상정원, 크라이룸, 세이프 스페이스safe space를 설치했고, 워킹 미팅walking meeting과 사내 마라톤 대회를 진행했으며, 샐러드와 과일 스무디를 제공했다. 이런 기업에서 일한다는 건 신체와 정신의 건강을 증진하는 시대에 접어들었다는 사실을 의미한다.

그런데 이 모든 것이 오히려 진을 빠지게 만들었다. 새비거는 "웰빙은 사람들에게 스트레스의 쓰나미가 되고 있습니다."라고 씁쓸하게 지적했다. 영국의 가구 제조 회사인 오렌지박스Orangebox의 디자인과 웰빙 부문 책임자인 짐 테일러Jim Taylour는 "웰빙은 작동하지 않는 프로세스를 위한 윤활제입니다."라고 말할 정도였다.[2]

그래도 모든 복지가 스트레스인 건 아니다. 실제로 지난 100년 동안 스트레스만 준 건 전혀 아니었다. 일과 삶의 공동체를 꾀한 퀘이커교도들은 가부장적 질서에서 직원들의 복지를 생각했다. 주로 직원들에게 술을 마시지 못하도록 하는 식으로 말이다.

기계의 끊임없는 움직임을 중시했던 20세기 초 현대적 사무실에서는 직원들의 웰빙보다 그들의 생산성이 훨씬 중요했다. 직원의 심리와 정신 건강보다는 터빈이 회전할 때 불꽃이 튀는 것에나 관심을 가질 정도로, 사무실 업무는 인정 없고 융통성 없는 체계였다. 사무실 업무는 공장이나 광산에서 하는 노동에 비해 육체적 노력이 덜 요구되고 위험하지 않은 일처럼 보였기 때문에 신체 안전에 대한 관심도가 낮았다. 직원의 건강과 관련된 문제가 잠시 제기되었더라도 그에 대한 대응은 기계의 톱니바퀴처럼 직원을 제 위치에 유지시키는 방편에 불과했다.

1970년대에 직장 협의회와 노동조합이 적극적으로 나서서 사용자 즉, 직원 친화적인 사회 평등적 사무실의 윤곽이 형성되었으며 인사 담당부서가 사내에서 영향력을 확대하는 취지에 따라 HR(human resources)로 이름을 바꿨다. 그렇지만 경영진 대부분은 웰빙이라는 개념이 존재한다는 사실을 무시했다. 현대적 사무실 디자인의 혁신은 대개 직원들에게 혜택을 제공하기보다는 의뢰인과 투자자들에게 깊은 인상을 남기려는 취지에서 시행되었다.

특히 영국과 미국의 비즈니스 리더들은 찰스 핸디의 말대로 '조직은 공학의 거대한 조각'이어서 너트 다시 말해, 직원들을 끊임없이 조여야 한다고 보았다. 조직을 기계로 바라본 효율성 이론은 비즈니스 프로세스 리엔지니어링부터 벤치마킹과 다운사이징까지 경영 혁신이 이어진 과정에서 지배적인 경향이었다.

직장 내 웰빙의 의미를 두고 경영계에는 혼란과 불확실성이 여전하다. 기업들은 직원들의 웰빙 수준이 낮을 때 특히 정신 건강이 위협받을 때 발생하는 손실을 잘 안다. 딜로이트가 발표한 보고서에 따르면 직원들의 정신 건강 문제로 발생한 손실이 2017년에서 2020년까지 16% 증가했으며, 영국 전역에서 기업들이 손실을 메우기 위해 들인 비용이 450억 파운드에 육박했다.

그러나 기업들은 조직 전반에 적용할 효과적인 웰빙 전략을 마련하지 않고 있다. 웰빙을 개인의 문제로 바라보는 인식이 남아 있고, 특히 개인의 수행보다 집단의 수행과 관련될 때 웰빙의 개념이 조직의 맥락에서 잘못 정립되는 탓이다.

글로벌 팬데믹으로 상황은 한층 더 복잡해졌다. 사회적 거리두기와 안전에 관련된 공중 보건이 업무 현장에서 주요 사항으로 다뤄졌다. 그에 더해 원격 재택근무와 사회적 격리가 직원들의 정신 건강에 영향을 미쳤다. 우리는 모두 록다운이 업무 생산성에 미친 파괴적인 영향을 실감했다. 연이은 화상 회의로 피로감을 느끼고, 부엌 식탁을 사무실로 삼다 보니 끊임없이 주의력이 분산되었고, 어떤 경우에는 고용주에게 디지털 감시를 당하기도 했다.[3]

워크테크 아카데미는 록다운 기간 동안 전문가 집단을 구성해서 직장 내 웰빙의 미래를 전망했다. 전문가들이 내린 웰빙은 두 범주로 나뉘었다. 첫 번째 범주는 개인의 기쁨, 목적, 만족, 번영과 관련된 감정이었고 두 번째 범주는 문제가 생겼을 때 지원받을 수 있다는 사실을 알고 어려움에 대처하는 태도를 의미했다.

이런 분류는 기존에도 학술 연구에서 명확히 정의되었다. 주관적이고 역동적인 개인 웰빙 모델과 일치하는 경향이 있으며 행복, 직무 만족, 불안으로부터의 자유, 보람 등의 감정을 포괄한다. 해당 분야의 전문가로 정신 건강의 문제를 파헤친 기자 마크 라이스-옥슬리Mark Rice-Oxley는 "코로나19는 경제 안정, 신체 건강, 사회와의 연결이라는 세 가지 웰빙 요소와 관련된 건축의 견고성에 영향을 미쳤습니다."라는 말을 했다.[4]

특히 코로나19 팬데믹 이후 사회적 고독에 대한 우려가 커졌다. 우리는 사회적 동물이며, 업무 공간은 소속감을 가지고 목표를 달성하며, 네트워크와 다양한 인간관계를 형성하는 장소였다. 하지만 록다운으로 사회적 상호 작용이 제한되었다. 게다가 이런 추세는 하이브리드 워크 모델 및 '일의 뉴 노멀'로 인해 가속화되었다. 직장에서의 웰빙과 사회적 고독은 연관되어 있기 때문이다.

웰빙에 대해서는 영국의 신경제재단New Economic Foundation이 연구를 통해 정립한 정의가 널리 받아들여지고 있다. 이 단체는 개인의 심리적·신체적·사회적 자원 그리고 외부 환경과 도전, 양자 사이의 '균형'을 웰빙으로 설명한다. 직장에서 웰빙에 영향을 미치는 요소로 개인의 자원('우리는 누구인가' 즉 건강, 활동, 일과 삶의 균형)과 조직 체계('우리는 어디에서 일하는가' 즉 환경적 요소, 업무의 사회적 가치, 기술, 인프라, 사회적 상호 작용, 대인관계, 통제감)를 들 수 있다.[5]

우리가 한 개인으로서 해내는 일, 직장이나 조직이 도전 또는 지원의 형태로 제공하는 것, 이 둘 사이의 균형을 추구하는 방식은 여러모로 유용한 모델이다. 이 모델은 웰빙을 정확히 역동적 상태, 즉 두 지점 사이를 끊임없이 오가며 언제든 변화하는 상태로 보여준다. 이 모델을 토대로 하면 단순한 선택지로는 해결할 수 없는 복잡한 사안에 대비할 수 있다. 기업이 사무 공간 배치 계획과 디자인의 측면에서 다양한 요소들을 고려할 때 이 모델이 하나의 기준이 된다. 또한 디자이너들은 실질적인 정보를 얻어 개인의 특성과 니즈에 맞춰 물리적 사무 공간을 설계하려고 한다. 이 모델을 바탕으로 직원들이 통제감을 느끼도록 해주는 것이 매우 중요하다. 통제감은 학술 연구에서 비중 있게 다루는 내용으로 직장에서 정립된 웰빙의 동인으로 널리 응용된다.

업무 현장에서 통제감은 일과 삶의 균형, 주변 환경, 출퇴근, 출장 등 다양한 선택에 적용된다. 또한 통제감은 도구와 자원, 공간에 대한 접근, 사생활 영역에 대한 통제, 사무실 커뮤니티에서 대인관계와 상호 작용에 대한 통제와 관련이 있다. 이런 관련성은 업무 공간의 개인화, 디자인 프로세스에 대한 직원 참여 등 웰빙을 어느 정도 뒷받침한다고 생각된다.

2010년 영국의 심리학자 크레이그 나이트Craig Knight가 다양한 환경 조건에서 직원의 웰빙 수준을 측정했던 실험 연구 결과가 흥미롭다. 식물과 그림으로 각자의 취향에 맞춰 사무 공간을 꾸미게 했더니 인지 테스트에서 직원들의 성과가 향상되었다. 통제감이 사라졌을 때는 곧바로 생산성이 감소했으며 실수가 늘었다.[6] 또한 통제감은 직원 개인의 웰빙뿐 아니라 직원과 고용주와의 관계에도 긍정적인 효과를 불러일으켰다. 2020년 영국 브루넬대학교에서 모하메드 포로우디Mohammad Foroudi가 주도했던 연구 결과가 이를 입증했다. 연구에 따르면 직장에서 개인의 통제력이 늘수록 직원이 자신을 회사와 동일시하는 인식이 강해졌다고 한다.[7]

업무 방식에 상당한 변화가 일어나면 업무 현장에서 개인의 통제력에 대한 인식에도 극적 효과가 일어난다. 지식 노동이 부상한 이후 사람들은 자신에게 적합한 기술을 활용해 시간과 공간을 초월하여 독자적으로 일을 할 수 있게 되었다. 이렇게 자유와 선택의 폭이 넓어진 덕에 사람들은 업무 효율을 극대화하는 법을 깨닫게 되었다. 그렇지만 사람들이 할당된 책상을 벗어나 활동 기반의 유연한 작업 환경에 놓이면서 사생활과 정체성, 소속감과 관련된 문제가 제기되었다. 일부 집단의 웰빙 수준이 감소했거나 침해된 것이다. 많은 직장에서 자율성과 선택의 폭이 넓어졌다고 해도 새로운 업무 방식은 개인 통제감의 상실을 암시했다.

2018년 영국 랭커스터대학교의 노동재단The Work Foundation이 발표한 보고서는 유연한 업무 관행이 급속히 확대되고 그에 상응해 스트레스가 상승하기 때문에 생산성이 개선되기보다 약화될 것이라고 예측했다.[8] 팬데믹이 2년간 이어지면서 원격 재택근무가 갑자기 확대·시행된 와중에 그 경고가 현실이 되었다. 맥킨지 연구 보고서에는 재택근무자의 80%가 경험했다는 내용이 자세히 기록되어 있다. 재택근무자들은 록다운이 실시되고 처음 몇 달 동안 '웰빙 바운스'를 겪었다. 하지만 이내 균열이 생기기 시작했다고 한다.

IBM은 재택근무와 관련된 3개의 설문 조사를 진행했다. 2020년 20개국 3천5백여 명의 임원을 대상으로 첫 번째 설문 조사를 진행했고, 7~8월에는 미국의 임원 400명을 대상으로 조사를 진행했으며, 마지막으로는 8개국 직원 5만 명을 대상으로 조사를 진행했다. 조사 결과에 따르면 직원들은 재택근무를 하면서 더욱 피로감을 느끼고, 혹사당하는 것은 물론 단절되었다는 생각이 들고, 지원을 받지 못하는 것 같다며 불만을 드러냈다.[9] 직원들의 관점은 상사들의 생각과 극명히 대조되었다. 임원들은 일이 잘 돌아가고 있다고 생각했으며, 재택근무로 서둘러 업무 방식을 전환한 것이 매우 잘한 일이라고 생각했다.

마케팅 여론조사 회사 말텍 그룹Martec Group이 1천2백 명을 대상으로 실시한 조사에서도 비슷한 결과를 얻었다. 재택근무자들의 정신 건강과 직무 동기, 직무 만족도에서 상당한 감소세가 나타났다.[10] 3분의 1인 4백여 명은 재택근무를 선호하지 않았을 뿐 아니라 재택근무 조치를 두고 회사가 팬데믹에 제대로 대처하지 못했다고 생각했다. 조사 결과, 겨우 16%만 직무에 만족하고 정신 건강을 잘 유지했다고 볼 수 있었다.

위의 설문 조사 결과는 신경과학적으로 설명할 수 있다. 팬데믹 시기에 직장인들이 경험한 웰빙 저하는 뇌의 변화가 원인이었다. 집에서 하루 종일 화상 회의로 시간을 보낸 사람들은 신경망의 결핍에 시달렸다. 직접 눈을 마주치지 않고 화면을 통해 동료들을 봐서 정서와 행동의 단서를 얻지 못했다. 더군다나 출퇴근을 안 하니 사무실을 돌아다니며 동료를 우연히 만날 일이 없고 외부 자극도 얻지 못했다. 뇌가 갈망하는 '전기화학적 자극'이 없으니 '스위치가 꺼지고' 활력과 창의력이 떨어지는 현상을 경험한 것이다.

뉴로텍 연구소Neurotech Institute의 설립자이자 호주 애들레이드 대학교의 겸임교수, 신경과학자인 피오나 커Fiona Kerr 박사는 "조직은 신뢰를 형성하는 소통 유형이 디지털 화면으로는 잘 수행되지 않는다는 점을 도전 과제로 맞딱드렸습니다. 우리의 신경세포들neurons이 제대로 발화(전기적 신호를 발생시키는 현상-옮긴이)하지 않았기 때문입니다."라고 설명했다.[11]

정해진 시간 동안 사무실 책상에 앉아만 있으면 건강에 좋지 않듯이, 빈 방이나 부엌 식탁에 앉아 끝날 줄 모르는 화상 회의에 참여하는 일도 건강을 악화시킨다. 하지만 고용 불안이 커지는 시기였기 때문에 사람들은 집에서 오랜 시간을 쏟아부으며 자신들의 웰빙 수준을 떨어뜨렸다. 이는 자신이 회사에 없어서는 안 될 존재라는 것을 보여주려는 의도에서 비롯된 일이기도 했다. 사람들은 휴식도 제대로 취하지 못한 채 번아웃의 위험을 무릅썼다.

이와 관련하여 모 대학교의 선임 연구원이 우리에게 이런 이야기를 해주었다. "저희는 집에서 일하고는 했습니다. 지금은 항상 집에서 일하면서 살고 있습니다." 다행히 기업들이 점차 분산되는 인력에 웰빙 수준을 유지할 방법이 있다. 혼합 워크 다이어트mix work diet, 즉 대면 회의와 사회적 행사에 유연성을 더해 직원 스스로 자신의 상황에 맞춰 재택근무를 하도록 하는 방법이다. 요즘 유행하는 이 방식이 바로 재택근무와 출근이 혼합된 형태의 '하이브리드 워크 모델'이다.

지금까지 살펴본 바와 같이, 다양한 근무 방식이 개인의 웰빙에 미치는 영향은 이론으로 입증되었다. 그렇지만 직원 건강과 기업 성과의 관련성을 증명하는 것은 여간 어려운 일이 아니다. 한 연구 결과에 따르면 질병, 결근, 장시간 근무처럼 단순한 측정 기준은 의미가 없는 지표여서 고용주가 조직 운영의 방향을 설정하기 위한 핵심 정보로 사용하기엔 충분하지 않다. 길잡이가 될 기준이 없는 상황에서 기업들은 직원들의 업무 만족도를 높이고 직원들이 협업하며 회사의 성과를 높이도록 퀴즈 이벤트, 칵테일 파티, 요가 및 명상 수업 등의 다양한 웰빙 프로그램을 활발히 진행하고 있다.

글로벌 금융 위기 이후 코로나19가 발발한 시기까지 기업들이 웰빙과 같은 조직 내 복지에 투자한 흐름은 두 가지 특징을 보였다. 첫째, 건강을 증진시키는 사무 공간을 적극적으로 홍보하지 않는 대신 질병, 번아웃, 스트레스, 우울감 등 웰빙에 부정적인 영향을 끼치는 요인을 해소하는 쪽에 초점을 맞춰 대응하는 전략을 펼쳤다. 둘째, 기업들은 대개 사람보다 공간을 중요시했다. 조금 더 구체적으로 말하자면 의사소통과 지원을 목표로 한 프로그램보다는 24시간 체육관, 건강식 전문점, 스파 같은 '트로피 에셋trophy asset(시장에서 상징성 있는 독보적 투자 자산-옮긴이)'에 관심을 가졌다.

글로벌 팬데믹 이래 많은 고용주가 사내 복지에 적극적으로 투자해야 한발 앞서간다고 생각하게 되었다. 직원 치료를 지원하는 일처럼 이미 망가졌을 때 고쳐봐야 힘겨운 고통이 따르고, 조직 내 열악한 복지 수준은 쉽게 회복되지 않는다. 게다가 고급 체육관 같은 사무실 자산에 대규모 투자를 했을 때는 면밀한 조사를 받았다. 고위 임원들은 저마다 같은 질문을 던졌다. '그런 게 직원들에게 정말로 필요한가?'라는 질문 말이다.

반복해서 말하지만 감각적인 업무 공간은 직원의 주관적인 만족도를 반영한다. 지금까지 설명했던 것처럼 이는 웰빙을 뒷받침하는 가장 중요한 요소라고 할 수 있다. 인간의 행동을 본성과 양육이라는 측면에서 바라보듯이 업무 방식과 환경이 심리에 영향을 미치는 방식도 중요하다. 그런데 팬데믹 시기에 극명히 드러난 것처럼 업무 공간도 우리의 신체 건강을 결정한다. 사무실 바닥이 병을 확산시키고, 공기 질과 환기창이 바이러스 전염과 상관관계가 있으며, 밀도와 인접성이 감염에 영향을 미친다. 코로나19로 인해 업무 환경에 대한 인식이 높아졌다.

그래서 장기간의 록다운 이후 사무실로 돌아온 직원들이 환경의 질을 따지고 평가하기 시작한 것이다. 사무실에서 흔히 볼 수 없었던 환경적 요소에 직원들이 관심을 가지면서 음성 제어 같은 새로운 기술이 주목을 받고 있다. 예를 들어, 사무실에서 습도와 오염 물질, 휘발성 유기 화합물, 이산화탄소 농도가 측정되고 그 측정치가 디지털 대시보드에 표시된다.

앞으로 '직원의 존재감'으로 대표되는 개인 자원과 '업무 공간에 대한 만족도'로 대표되는 조직 체계 사이의 균형이 직장 내 웰빙에 대한 개념이 될 가능성이 크다. 이런 직업 세계는 테일러주의 사무실에 매일 출근해서 기계 부품처럼 일하던 사무원의 삶이나 한가로이 중앙 통로를 산책할 권한을 가진 고위 임원들의 모습과는 거리가 멀다.

사무실은 노동만 하는 컨테이너 박스가 되지 않을 것이며, 마찬가지로 웰빙만 추구하는 공간도 되지 않을 것이다. 그보다는 한층 더 유연한 복합 공간으로 직장 문화와 팀워크, 동기를 형성하는 측면에서 사무실이 계속 핵심 기능을 구현할 것이다. 사무실 벽 안에서는 한때 관리 계층이 그토록 소중히 여겼던 통제감이 결국 노동자들의 몫으로 옮겨갈 것이다. 직원들이 가구를 이리저리 옮기고, 자기만의 공간을 꾸미고, 주변 환경 조건들을 관리하고, 공동 창작 작업에 참여하며 결국 사무실 디자인 과정에서도 목소리를 낸다. 이 모든 활동이 일과 삶의 균형을 유지시킬 것이다.

인간과 기계가 공존하는 하이브리드 워크

글로벌 팬데믹 시기에 하이브리드 워크의 개념이 대중의 상상력을 사로잡기 오래전부터 이미 직업 세계에서는 혼재성에 대한 논의가 활발히 진행 중이었다. 혼재성은 다양한 형태를 띤다. 가장 기본적인 수준에서 '혼합'은 서로 다른 것들이 섞여 있다는 의미다. 지금은 서로 다른 요소들이 섞이면서 작업과 작업 현장이 새로운 조합으로 재구성되고 있다. 사회과학과 예술, 인문학 분야에서 연구자들이 혼재성이라는 용어를 사용해 서로 분리된 사회 관행들이나 구조들이 조합되어 새로운 형태를 띠는 현상을 설명하고는 했다. 혼재성은 다양한 형태를 띠며 유연하게 확장되거나 축소된다.

그렇다면 하이브리드 오피스를 둘러싼 주요 쟁점은 무엇일까? 어떤 것들이 서로 섞이고 있을까? 왜 그런 현상이 벌어질까?

역사적으로 현대 사무실은 개념상 다른 요소와 섞이지 않고 독립적으로 구성되었다. 도시의 나머지 지역과도 동떨어졌으며, 지역에 속한 동네나 특정 지구와도 거리가 있었다. 삼엄한 건물 외관은 내부에서 진행되는 일이 거의 드러나지 않는다는 의미였으며, 외부 세계와의 연결성도 약했다. 사무실의 문은 닫혀 있었고 출입은 통제되었다. 권한이 있어야 사무실에 들어갈 수 있었으며, 노동자들이 개인 삶을 포기하고 시스템에 복종해야 했다. 이는 일정한 시간 동안 조직의 목적에 완전히 헌신해야 한다는 의미였다.

현대적인 사무실이 100년이 넘도록 유지된 이유는 많은 부분에서 하나의 목표에만 집착하는 특성 때문이었다. 오늘날 사무실의 재창조와 관련된 핵심적인 논의는 사무실이 복합적이며 침투적인 환경으로 변화하고 있다는 점에 기반한다.

사무용 건물들은 과거 중심 업무 지구나 사이언스 파크science park에 몰려 있었다. 지금은 사무 공간이 도시조직urban fabric으로 얽혀서 상점가, 주거, 교통, 교육, 문화 등의 기능들이 결합한 '복합 공간'의 일부로 자리잡았다. 한때 우리의 일상과 삶을 감독했던 물리적 건축물은 이제 유동적 네트워크상의 접점이 되었다. 다시 말해 비트와 바이트로 처리되는 가상의 작업은 물론 사람들과 관심사를 공유하는 일도 네트워크에서 진행되고 있다.

우리는 업무 공간에서도 같은 현상을 경험하는 중이다. 카페, 서점, 메이커 스페이스, 코워킹 라운지 등의 편의 시설이 출현해서 업무 환경이 다양해지고 폭넓은 용도의 사무실로 되살아나고 있다. 그에 더해, 업무 공간의 영구적인 인프라가 극장, 전시, 접객 분야의 디자인 등 인접한 세계에서 도입된 임시적이거나 일시적인 인프라로 보완되는 중이다. 사무실은 가장 급진적인 복합 공간으로 나아갈 준비를 하고 있다. 이 복합 공간에서는 로봇 외에도 다양한 유형의 머신 인텔리전스machine intelligence가 증강 분석을 하여 사람들에게 통찰을 제공한다.

직업 세계에서 혼재성이 광범위하게 적용된 사례로, 도시 계획에 등장한 '스마트 도시 구역'을 들 수 있다. 디지털 지구라고

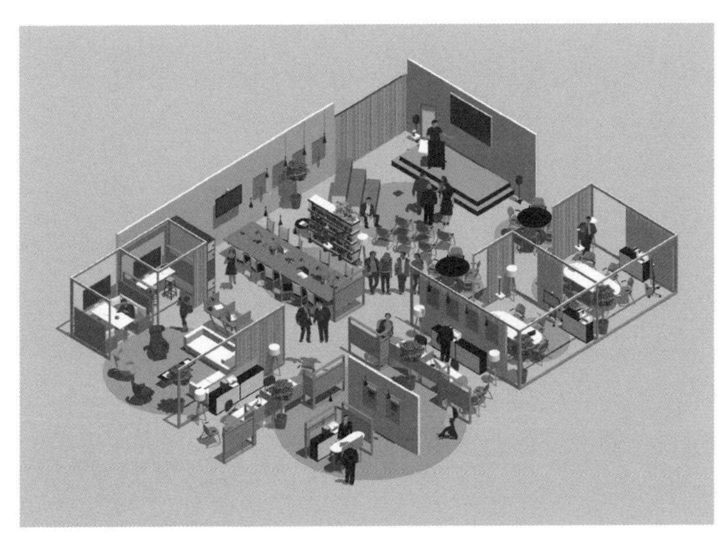

— 2016년 유니크래딧은행의 하이브리드 콘셉트 사무실. 공간의 절반을 공동 작업과 기업인 클럽 활동을 위한 장소로 활용했다. 영국 왕립예술대학의 앤드류 톰슨Andrew Thompson이 설계했다.

도 부르는 이 구역은 인터넷으로 구축된다. 이 구역의 업무 공간들은 물리적 공간과 디지털 공간으로 구성되어 있으며, 다양한 도시 기능과 분리되지 않고 그와 함께 자리잡았다. 혁신 지구인 이 공간은 창의적 클러스터와 복합 용도 개발에 대한 사전 경험이 밑바탕이 되었다. 이렇게 물리적 경험이 데이터 기반의 서비스 및 스마트 기술과 통합되는 방식으로 한 단계 더 발전했다.

우리는 이 스마트 도시 구역의 본질적 성격을 설명하기 위해 혼합이라는 용어를 사용했다.[1] 관련된 사례는 런던의 킹스크로스, 시드니의 오스트레일리아 테크놀로지 파크ATP, 서울 인근에 위치한 송도에서 확인할 수 있다. 일부 스마트 도시 구역은 오스트레일리아 테크놀로지 파크의 사례처럼 유연한 작업 공간이 주를 이루며, 런던의 킹스크로스 도시 재생 프로젝트 사례처럼 대규모 상점가 클러스터나 주거 공간, 교통 허브로 구성된 구역도 있다.

이렇게 다양한 환경을 설명하는 용어들도 새롭게 만들어졌다. 번화한 쇼핑 센터가 중심부를 차지한 엠포리움Emporium, 스마트 홈 구역이 핵심인 해븐Haven, 교통 허브가 주목받는 인터체인지Interchange, 업무 공간 중심의 구역인 엔터프라이즈Enterprise가 대표적이다. 우리는 또한 앵커 테넌트anchor tenant(우량 임차인이라는 의미로 백화점이나 쇼핑몰에서 고객과 상권을 활성화하는 능력이 뛰어난 핵심 점포를 말한다–옮긴이)를 중심으로 구성된 지구를 발견했다. 대형 스포츠 용품 브랜드 언더아머Under Armour를 수용하도록 설계된 미국 볼티모어의 포트 코빙턴Port Covington과 2,800헥타아르 규모의 복합 용도로 개발된 올란도의 레이크 노나Lake Nona처럼 의료와 교육 테마로 분위기를 살린 복합 단지에 자리잡은 사업체들이 인기를 끄는 중이다.

하이브리드 구역은 평일 저녁과 주말에 쥐 죽은 듯 조용한 비즈니스 지구가 되지 않는다. 세심하게 기획된 하이브리드 구역은 항상 사람들의 최종 목적지가 되는 것을 목표로 한다. 이런 구역은 건물이 복합 용도로 사용되는 것이나 물리적 공간과 디지털 공간이 혼합된 장소를 넘어선다는 의미가 있다. 즉, 공공-민간 파트너십을 장려하고, 대기업 옆에 새로 창업한 기업들을 함께 배치하거나 대규모의 체인점 옆에 소규모의 전문점들을 배치한다. 수십 년 동안 사무실 구역의 출입이 통제되어 하이브리드 구역 형성이 실패로 돌아가기도 했지만 현재는 대부분 도시를 특정 지역으로 설정하는 방식을 도입해 일과 삶을 혼합하고 있다. 과거에 도시 계획가들이 고속도로와 지하도를 설계하여 도시를 파괴한 사례가 있기도 했다(1930년대 도시 계획가 로버트 모세Robert Moses가 설계한 맨해튼의 도시 계획). 그래서 어떤 측면에서는 과거 대도시의 특징이었던 활기찬 복합 용도의 커뮤니티가 21세기에 재창조되고 있다고도 볼 수 있다.

2017년 토론토시가 구글의 모기업인 알파벳Alphabet 산하의

런던 킹스크로스역 근처의 구글 신사옥. 2018년 헤더윅 스튜디오Heatehrwick Studio와 비야케 잉겔스 그룹Bjarke Ingels Group이 설계했다. 이 사무용 건물은 복합 용도의 킹스크로스 지역의 중심 요소다.

도시 재생 기업 사이드워크랩스Sidewalk Labs와 파트너십을 맺고, 토론토 온타리오 호수 근처에 5헥타아르 규모의 부둣가를 개발하겠다고 발표했다. 이 스마트 시티는 새로운 아이디어를 시험할 무대가 되어 기술 주도 경제를 촉진할 것으로 보였다. 개발 계획의 일환으로 캐나다의 혹독한 겨울에 대비하고자 융설 기능을 겸비한 보도와 자동 차양 장치도 설치할 예정이었다. 걷기 좋은 거리, 자율주행차, 조립식 목조 건물, 친환경 건물 자재, 쓰레기 수거로봇도 지속 가능한 환경을 위해 제안된 사항들이었다. 하지만 소비자들이 빅테크 기업들의 데이터 수집에 불신을 품으면서 일이 급격히 틀어졌다. 이후 사이드워크랩스가 사업 철수를 결정하면서 도시 개발 계획은 3년도 안 되어 무산되었다.

이 프로젝트의 실패가 세간의 이목을 집중시켰음에도 불구하고 디지털 지구가 직업 세계의 경관을 바꿔놓을 성장 분야가 될 것이라고 예상한다. 킹스크로스에 위치한 구글, 허드슨 야드에 위치한 보스턴 컨설팅 그룹, 워너 미디어Warner Media, 웰스 파고은행Wells Fargo Bank은 그 견인력이 어느 정도인지 존재 자체로 증명하고 있다. 그런데 기업들은 지금 생동감 넘치는 복합 용도 지역으로 이전하는 그림만 그리지는 않는다. 기존의 부동산 포트폴리오에서 불필요하다고 평가받은 공간을 활용할 방법을 모색하는데, 간접 비용을 쓰고 수익을 창출하고 사람들을 유인할 방안을 찾는다.

이런 흐름은 방대한 지점망을 갖춘 대형 은행들에게 특히 까다로운 문제다. 인터넷 뱅킹이 유행하면서 지점을 찾는 고객이 갈수록 줄어들고 있다. 경제적 논리로 따져도 단일 용도의 대형 은행 지점들을 계속 열어두는 건 고객 수가 줄어든 상황에서 이치에 맞지 않는다. 그렇지만 은행들은 지역 공동체로 진입할 발판을 유지하려고 한다. 2016년 우리는 이탈리아 최대 은행이자 금융 서비스 기업인 유니크레딧은행과 함께 소리가 쩌렁쩌렁 울릴 정도로 넓은 홀을 활용할 목적의 연구 사업에 참여한 바 있다. 유니크레딧은행은 영업 대상인 지역 사회에 가까이 다가가고, 부동산 임대료를 절감하면서 직원들을 위해 더 나은 환경을 조성하고자 했다.

'복합 공간 구축(Hybrid Space Making)'이라는 제목의 공동 연구에서 우리의 가설에 따라 서점, 카페, 식당, 협업 공간처럼 고객을 대면하는 시설에 은행의 업무를 결합하여 은행 지점망의 유지 비용을 분산할 수 있었다.[2] 여기에 더해 우리는 상점과 금융이 합쳐진 하이브리드 공간을 만들어 디지털 서비스를 물리적 장소에 혼합하려고 했다. 돌이켜보니 이 연구 사업은 시대를 앞섰던 것 같다. 연구팀은 영국과 밀라노에서 하이브리드 공간의 선례를 찾아 그 특징들을 도출했으며, 유니크레딧은행의 직원들과 함께 공동 창작 워크숍을 개최해 사용자의 요구 사항을 정리했다.

프로젝트가 진행되는 과정에서 건축의 구성 요소들이 개선되어 은행 지점들이 한층 더 복합적인 용도로 유연하게 변경되었다. 서비스 바service bar(소매, 접객, 업무, 금융 서비스 등 각각의 공간에 설치된다–옮긴이)는 모듈러 디자인(개별 모듈로 기능을 분할하는 디자인–옮긴이)이 적용된 방식으로 각 공간을 활성화하는 핵심 장치로 사용되었다. 사람과 공간의 상호 작용을 증진하는 디지털 서비스가 우리의 청사진에 더해졌다. 하이브리드 공간은 은행 업무에 할당된 규모에 따라 세 가지 모델로 나뉘었는데, 미래의 하이브리드 은행 지점은 미니 하이브리드(은행 업무에 할당된 공간 비율 90%), 미디 하이브리드(50%), 맥시 하이브리드(10%)로 구분되었다. 거기다 다양한 영리 사업자들과의 파트너십, 합작 투자가 구상되었다.

2017년 7월, 유니크레딧은행은 밀라노 비아베르디에 위치한 지점을 미니 하이브리드 비즈니스 센터로 전환하여 협업, 회의, 행사 관련 공간들을 결합했다. 유니크레딧은행에서 글로벌 부동산 부문을 담당하는 클라우스 샌드빌러는 「기업 부동산 저널」에서 다음과 같이 밝혔다.

> 디지털 세상에서 상호 작용과 협업을 위한 물리적 플랫폼을 제공하는 식으로 지역 공동체에 공간을 개방함으로써 사회적 가치를 확대할 수 있다. 효율적인 공간 사용 원칙을 바탕으로, 그리고 증가하는 사용자 경험에 여러 서비스를 결합해 공간을 공유할 때 부동산 관리와 중개를 위한 새로운 모델이 도출된다.[3]

상호 작용을 촉진시키는 플랫폼을 설치하여 사회적 가치를 제공한다는 개념은 혼재성과 관련된 또 다른 쟁점이라고 할 수 있다. 영구적이고 경직된 융통성 없는 사무실 인프라에 임의적이고 침투적인 구조와 방식을 적용한 효과를 불러온다. 소매, 접객, 전시 분야의 디자인이 접목된 기술들은 업무 공간을 '사교적인 공간'으로 전환시켰다. 재택근무라는 선택권을 가진 노동자들에게 사무 공간을 매력적인 최종 목적지로 만들어주는 노력이 이어지고 있어 이런 흐름은 앞으로 가속화될 것이라고 예상한다.

그런데 극장 디자인 분야도 하이브리드 업무 공간에 상당한 영향을 미치고 있다. 왜 그럴까?

기업이 고도로 맞춤화된 인테리어를 시공하는 데 상당한 비용을 들이려 하지 않는 한 현재 사무실이 건축되는 방식으로는 업무 공간의 분위기를 제대로 연출하기 어렵다. 이모겐 프리벳이 런던 왕립예술대학의 헬렌 햄린 디자인 센터Helen Hamlyn Centre for Design에서 주도한 연구에 따르면 조명, 그림자, 투영, 계단 높이, 색상, 전망 등을 조작하는 부분에서 간단하고 저렴한 최소한의 무대 기술로 사무실에서 얻은 경험을 변화시킬 수 있었다.[4]

프리벳은 디자이너들이 사용할 무대 요소들을 용어로 정리했고, 해당 연구에서 새로운 사무실 시설을 고안하고 설치하는 식으로 그 요소들을 시연해 보였다. 예를 들어, 천장에 매달리는 조명 스크린 시스템은 오픈 플랜 사무실에서 개인의 업무 집중과 비공식적 협업에 도움이 되었다. 이 획기적인 조명 스크린 시스템은 극장 세트와 동일한 원리로 위에서 '내려오도록 설정'되었다. 프리벳은 극장 디자이너들이 폭과 깊이, 구조를 이용해 공간과 환경을 시각적으로 돋보이게 만드는 방식을 모방했다. 이 시스템을 사무실에 도입해서 '정서적 풍부함을 실현'하는 것을 목표로 삼았다.

또한 그는 시장과 축제, 팝업스토어 같은 일시적인 이벤트를 분석하여 연구의 깊이를 더했으며, 사무실을 더욱 역동적이고 즉흥적이며 예측 불가능한 공간으로 만들 방법을 찾았다. 시대를 앞서간 유니크레딧은행의 하이브리드 공간 프로젝트와 마찬가지로 프리벳의 연구는 매우 복합적이고 사회적인 방향으로 업무 공간의 경관이 변화하고 있다는 점을 시사했다.[5]

미래의 복합 업무 공간과 관련된 가장 설득력 있는 시나리오는 인간과 로봇이 사무실 공간을 공동으로 사용한다는 시나리오다. 최근 들어 인공지능이 인간의 일을 빼앗을 것이라는 우려가 확산 중이다. 이를 다룬 미디어 보도가 쏟아지고 엄청난 양의 인터넷 트래픽이 발생하여 히스테리적 논쟁에 불을 붙이고 있다.

2017년 만화가 R. 키쿠오 존슨R. Kikuo Johnson이 그린 「뉴요커New Yorker」의 표지가 화제를 모았다. 존슨이 그린 디스토피아적 거리에서 노숙자가 그 옆을 지나가는 로봇들에게 구걸을 하고, 한 로봇이 마지못해 시선을 낮춘 채 노숙자의 컵에 동전 몇 개를 던졌다. 디자이너이자 미래주의자인 케빈 맥컬러Kevin McCullagh는 다음과 같이 설명했다. "가장 널리 퍼진 두려움 그리고 산업화 초기 단계에서 두려움을 불러일으킨 건 로봇이 대부분의 일자리를 차지하면서 초래될 대량실업 사태였다."[6]

그런데 한편으로 맥컬러가 인정했듯이, 자동화와 인공지능이 확산한다는 전망은 지금 매우 미묘한 의미를 지닌다. 맥컬러의 관점에서 보면 기술 혁명으로 일자리가 파괴되기보다는 더 늘어나

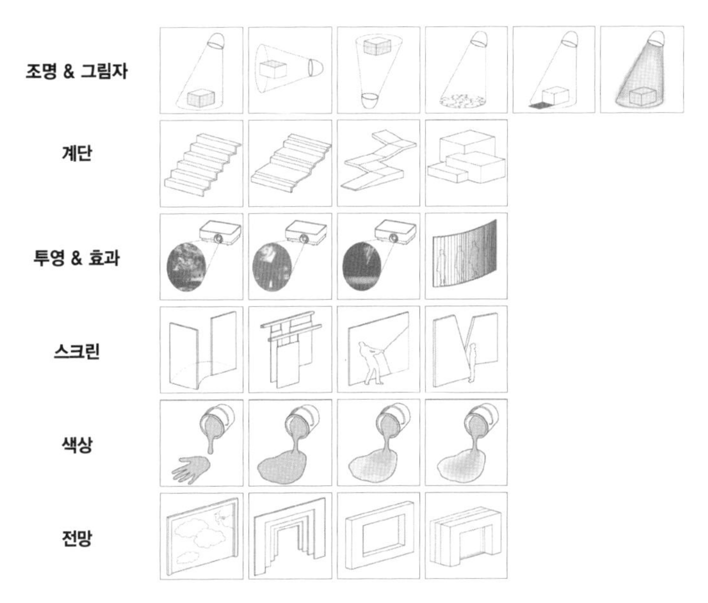

— 극장 요소의 용어. 2012년 영국 왕립예술대학의 연구원 이모겐 프리벳이 사무실을 흥미롭고 다양한 공간으로 변화시킬 건축 요소로 디자인했다.

고, 로봇으로 인해 인간이 숙련된 일을 할 수 있다는 의미다. 어쨌든 우리는 과거부터 기계의 능력을 과대평가해 왔다. 이런 인식은 계속 확대되는 중이다. 하지만 인간이 로봇에게 일자리를 빼앗긴다는 공포와 혼란이 만연하다기보다는 모든 직업이 위태롭지는 않으며, 직업에 속한 개별 요소들이 자동화될 가능성이 크다는 자각도 커지고 있다. 인간과 기계가 분리되지 않고 함께 일하며 효율성을 높인다는 긍정적인 시나리오가 힘을 얻고 있다는 뜻이다.

이는 하이브리드 세상에서 '증강 작업'이 일어난다는 의미와도 같다. 이런 관점에서 새로운 가능성으로 가득 찬 세상이 펼쳐지겠지만 한편으로 업무 공간에 대한 새로운 물음들도 제기된다. 로봇은 어떤 다른 방식으로 사무실에서 일하는 직원들의 업무를 증가시킬까? 인공지능의 도입을 수용하기 위해 업무 공간의 디자인을 조정해야 될까?

워크테크 아카데미에서 이 분야를 연구하여 증강 작업에 관한 보고서를 발표했던 당시, 우리는 시대를 앞섰던 케빈 맥컬러의 연구 결과를 기반으로 로봇의 자율성이 상승하는 범위에 따른 다섯 가지 인간-기계 관계 모델을 정립했다.[7] '할당'하고 '감독'하는 모델은 상당한 인력이 필요한 작업을 기계가 완수한다. '공존'하고 '보조'하는 모델은 기계의 독립 쪽으로 균형을 이동시킨다. '공생'하는 모델은 여전히 미래로 나아가는 방법으로, 최소한의 인력만 투입만 해도 기계가 고도의 작업을 완수한다.

증강 작업과 관련된 기계의 자율성을 고려할수록 업무 공간 디자인의 함의가 커진다. 이런 측면에서 흔히 유틸리티 터널utility tunnel이 뚫려 있는 건물처럼 기계식 자동 서비스 터널을 갖춘 사무용 건물을 머릿속에 그려볼 수 있다. 그러면 로봇은 자신의 공간을 가져서 덕을 보고, 인간들 또한 혜택을 볼 것이다. 로봇이 접근 가능한 터널은 기존의 터널보다 훨씬 작은 규모로 설치될 수도 있다. 이 유틸리티 터널은 사람에게 필요한 난방과 냉방, 조명 시설 없이도 설계된다. 충전 시설과 정비 구역까지 설치되어 로봇이 모습을 드러낼 일이 거의 없다.

로봇 중심의 디자인은 이미 구현되고 있다. 팬데믹 시기에 로봇경비원과 청소로봇이 광범위하게 사용되었다. 건물 꼭대기에 설치된 자동화 드론 공항처럼 최신 기술은 인간이 절대 접근하지 못하는 공간에 로봇을 투입할 수 있다는 가능성을 보여준다. 시카고대학교의 조 앤 리카 만수에토 도서관Joe and Rika Mansueto Library에는 15미터 높이의 선반에 도서 350만 권이 빽빽하게 보관되어 있다. 743제곱미터에 이르는 도서관 지하 공간에서는 로봇이 돌아다니며 책을 회수하고 배달한다. 이 구역은 인간의 손이 거치지 않도록 자동 로봇 시스템만 작업에 참여하도록 설계되었다.

생명과학 분야에서는 사무 공간 전략가들이 이미 하나의 시나리오를 구상하고 있다. 그들에 따르면 기계와 과학자가 공간을 공유하며 실험실에서 전에 볼 수 없었던 수준으로 효율성과 창의성을 발휘할 수 있다. 실험실이라는 공간이 그렇게 다시 설계되면, 실험실 바닥 한가운데와 지하에서 육중한 기계가 작동하는 사이에 연구원들이 일상적으로 행하는 실험을 감독할 필요가 없을 것이라고 한다. 그저 연구원들은 실험실 주변에서 자연광과 전망을 즐기며 상상력을 발휘할 수 있다.

사실 우리는 디지털 천장, 곳곳에 설치된 와이파이, 알고리즘 기반의 생성형 사무실 디자인, 예측 분석 기능을 갖춘 스마트 빌딩 시스템처럼 이미 수많은 인공지능과 업무 공간을 공유하고 있다. 이에 더 나아가 미래의 하이브리드 사무실은 인간들이 협업하는 공간이자 인간과 기계가 공존하는 공간이 될 것이다.

사무실에 섞여 있는 다섯 세대의 인구

현대 사무실의 재창조는 노동력의 인구 변화를 반영한다. 지금까지 분석한 것처럼 장소와 공간, 시스템과 구조, 이념과 정체성은 오랜 시간에 걸쳐 변화했다. 이와 같은 배경에 힘입어, 곧 미래의 업무 공간을 새로운 세대가 점유할 것이다.

20세기 중반의 사무실 인구는 경제학자들의 표현대로 보자면 가족을 이끄는 21~45세까지의 인력인데, 대부분 신체에 장애가 없는 백인 남성으로 구성되었다. 지금은 어떨까? 대기업의 사무실에 들어가 보면 네 가지 유형의 세대와 마주친다. 게다가 성별, 나이, 장애 등의 영역에서 차별을 금지하는 직장 내 차별금지법에 따라 장애인에 대한 장벽이 사라졌다. 여성들은 과거 남성 지배적 문화가 만연했던 기업에서 고위직 승진을 가로막던 유리천장을 깼다. 지금은 유색 인종이 직면했던 논의와 장애에 대한 인식 및 논의도 활발해지고 있다.

그래서 앞서 이야기한 바와 같이, 이제 직장은 다양성을 추구하는 분위기이며 점차 동질성이 낮은 인력들로 구성되는 중이다. 인구통계 그룹을 살펴보면 알 수 있듯이 고용주들이 노동 인구에 새로 진입하는 밀레니얼 세대(1980년부터 1994년까지의 출생자)와 Z세대(1995년부터 2012년까지의 출생자)에게 관심을 집중할 수밖에 없는 상황이다.

2013년 파나소닉Panasonic이 영국 왕립예술대학의 헬렌 햄린 디자인 센터와 함께 연구개발 과제의 일환으로 진행한 세대 간 상호 작용. 디지털 기술을 활용해 노인의 생활을 지원하는 사례를 연구했다.

새로운 노동 인구는 미래를 대표하는데, '디지털 네이티브digital native'나 '디지털 디펜던트digital dependent'라는 별칭에서 이들의 선호와 취향이 드러난다. 몇몇 예측치에 따르면 2025년이 되면 업무 현장에서 4명 중 3명이 밀레니얼 세대로 구성된다고 한다.

이 세대 코호트cohort(동일한 시기에 태어난 집단–옮긴이)는 '인재 전쟁'이라는 별로 와닿지 않는 말로 묘사되는 현상의 중심지에 우뚝 서 있다. 기업들은 유능한 직원을 고용하고 보유하기 위해 치열하게 경쟁한다. 지난 10여 년 동안 사무실에서 변화를 주도했으며 자율적이고 유연한 업무 방식으로 변화를 꾀했다는 점에서 밀레니얼 세대의 영향력을 과소평가할 수 없다.

전 세계에서 노동력의 25%를 차지하는 Z세대는 태어날 때부터 IT 기술에 친숙한 집단으로 주목을 받는다. 이렇게 완전히 새로운 유형의 노동자들이 노동 시장에 진입하기 시작했다. 이들은 팬데믹 시기에 기업에 고용되어 조직 구성원이 되었다. 팬데믹 당시 그들은 회사를 직접 방문하지 않았거나 고용주를 직접 대면하지 않고 회사에 고용되었다. 현재 그들은 원격으로 재택근무를 하며 한 번도 만난 적이 없는 동료들과 함께 프로젝트를 진행하는가 하면 화상 회의로 업무 전반을 처리하고 있다.

다수의 관찰자들에 따르면 이전 세대보다는 Z세대의 태도와 취향에 따라 업무 공간의 미래가 결정될 것으로 보인다. 직장 인력 관리 싱크탱크인 워크포스 연구소Workforce Institute의 연구는 Z세대가 모순되는 집단이라는 점을 시사한다. 예를 들어, Z세대는 하기 싫은 일을 강요받는 것을 참지 못한다. 그러면서도 대규모 금융 위기 사태 이후 부모와 친구들이 직장과 집을 잃는 모습을 보고 자란 탓에 자신들이 가장 열심히 일하는 세대라고 생각한다는 것이다.[1]

Z세대는 종종 밀레니얼 세대의 연장선에 있는 세대로 보이기도 하지만 두 세대는 가치관과 행동의 측면에서 서로 다른 집단이다. Z세대 직원들은 인터넷과 소셜 미디어가 없는 세상을 전혀 겪어보지 못했다. 이들은 디지털 디펜던트다.

또한 Z세대는 OTT 스트리밍 서비스와 온라인 게임을 즐기고, 소셜 미디어에 접속해 실시간으로 콘텐츠를 확인하는 경향을 보인다. Z세대가 사용하는 기술은 그들이 살아가는 삶의 측면을 여실히 보여준다. 그들은 비디오 기술과 같은 시각 매체에 매우 익숙하고, 그런 매체가 매우 중요하다고 생각한다. 반면 조사에 따르면 밀레니얼 세대는 스마트폰보다는 책상에 앉아 키보드를 두드리며 시간을 보낸다.[2] 그래서 밀레니얼 세대의 직원들은 대개 다른 동료와 화상 통화나 회의를 하기 전에 먼저 이메일이나 채팅 메시지를 작성하고 보내는 것이다.

기업들은 밀레니얼 세대의 기대를 충족시키고자 팬데믹 이전부터 애자일 업무 방식을 도입해 업무 공간을 변형시켜 왔다. 코로나19로 인한 록다운 시기 동안 비디오 중심의 콘텐츠 트랜드에 관심이 급증했으며, 이런 흐름은 Z세대의 가치관과 맞아떨어졌다. 그리고 Z세대 신입 사원이 팬데믹 시기에 집에서 겪었던 것보다 더 나은 양질의 디지털 경험을 회사에서 제공해야 한다는 숙제가 고용주에게 주어졌다. 전제 조건도 있었는데, 무엇보다 업무 공간에서 연결성이 매우 중요하며 그에 맞는 환경을 조성해야 한다는 점이었다.

디지털 네이티브로 구성된 밀레니얼 세대와 Z세대의 차이점은 기술에 대한 취향에서 그치지 않는다. 업무 환경과 지속 가능성에 관련된 문제를 두고, 여러 연구 결과는 Z세대 직원들이 밀레니얼 세대보다 더 적극적인 태도를 취한다는 사실을 보여주었다. Z세대 직원들은 기후 변화에 실현 가능한 조치를 취해야 한다고 생각하는데, 참여 의향서만 작성하는 데 그치거나 고용주가 고상한 태도로 정책만 선언하는 걸 두고 보지 못한다는 것이다. 책임 있는 세계 시민으로서 탄소 발자국을 줄이려고 진심으로 노력해야 Z세대의 기대에 부응할 수 있을 것이다.

이런 측면을 보면 앞으로 사무용 건물의 위치, 건물의 건축과 운영 방식에 연쇄적인 변화가 일어날 수밖에 없다고 생각한다. 현재 자원을 재사용·재활용·재디자인하여 최대한 오랜 시간 순환시키는 경제 모델이 인기를 끌고 있는데, 이 순환 경제circular economy에 대기업들이 관심을 가지는 이유도 Z세대 직원들의 취향에 대응하는 차원에 놓여 있다.

한편 인구통계 스펙트럼의 또 다른 끝에 베이비부머 세대(1946년에서 1964년까지의 출생자)가 아직도 건재하다는 사실도 확인된다. 4천만 명이 넘는 베이비부머 세대의 사람들이 여전히 미국 경제에서 활발히 활동 중이다. 미국 노동통계국은 2024년까지 미국 노동 인구의 25%가 55세 이상일 것이라고 추정한다. 영국도 비슷한 상황이다. 현재 영국에서는 정규직 또는 시간제 아르바이트직으로 일하는 70세 이상 인구의 비율이 2009년 이래 2배 이상 늘어 대략 50만 명에 달했다. 미국 근로자의 3분의 2가 직장에서 나이와 관련하여 차별을 목격했거나 경험했다고 밝혔지만 미국은 실제로 영국이나 독일과 비교했을 때 65세에서 69세 인구의 고용률이 높게 나타났다.

나이가 들면 생산성이 떨어진다는 고정관념과 반대되는 상당한 근거가 존재하고, 고령의 노동자를 대하는 태도가 달라지고 있지만 편견은 여전히 사라지지 않았다. 밀켄 연구소Milken Institute의 고령사회 대응 센터Center for the Future of Aging 및 스탠퍼드대학교 장수 연구 센터Stanford Center on Longevity가 2016년에 진행한 연구를 보면 직원의 나이가 많을수록 병가를 낸 횟수가 적었고, 문제 해결 능력이 뛰어났으며, 자신보다 나이가 적은 동료들보다 직장에 대한 만족도가 높았다고 한다.[3]

새로운 기술과 관련해서도 나이든 직원들은 유연하게 받아들이는 모습을 보였다. 나이든 직원이라고 해서 전부 러다이트 운동가(19세기 초 산업 혁명 당시 기계에 일자리를 빼앗긴다고 생각하여 기계 파괴 운동을 벌이던 사람들-옮긴이)가 아니었다. MIT의 대런 애쓰모글루Daron Acemoglu와 보스턴대학교의 파스쿠알 레스트레포Pascual Restrepo라는 두 경제학자가 진행한 연구에서 드러난 사실도 이를 뒷받침한다. 고령화가 빠르게 진행된 미국 대도시에서 오히려 자동화 수준이 높은 기술이 도입되었던 것이다.[4]

런던경영대학원의 교수 린다 그래튼Lynda Gratton과 앤드루 J. 스콧Andrew J. Scott은 2016년 『100세 인생: 전혀 다른 시대를 준비하는 새로운 인생 설계 전략』을 출간했을 때 장수하는 인생에서 경력을 쌓고 오랫동안 일하기 위한 구체적 방안을 제시했다. 그래튼과 스콧은 교육-일-퇴직으로 이어지는 전통적·선형적 삶의 단계를 평생 학습, 건강 관리, 경력 관리 같은 다단계의 경로로 대체해야 한다고 주장했다.[5] 직원을 고용할 때도 한정된 기준, 이를테면 막 대학교를 졸업한 구직자의 학위보다는 연령 중립적인 기준에 근거해야 한다는 것이다.

2020년에 글로벌 팬데믹이 발발했을 때 그래튼과 스콧은 후속작인 『뉴 롱 라이프: 장수와 신기술의 시대에 어떻게 적응할 것인가』를 출간했다. 이 책에는 사람들이 과거의 방식처럼 일정 나이가 되었다고 퇴직하는 관행을 따르지 않으면서 장수 시대에 행복과 번영을 누리려면 사회 전반을 움직이는 제도의 변화를 꾀해야 한다는 내용이 담겼다. 그래튼과 스콧은 사회 변화를 일으키는 '사회적 선구자'가 되어야 한다며 모두에게 호소한다.[6]

이어서 그래튼과 스콧은 유연한 문화에 찬성하는 주장을 펼친다(이미 유행한 원격 재택근무뿐 아니라 다양한 아이디어가 적용되어야 한다고 말한다). 주 4일 근무부터 선택적 퇴직 경로로 정년을 대체하는 제안까지, 회사 생활의 선형적이고 획일적인 구조를 다양하게 세분화해야 한다는 주장이다. 두 사람은 기술이 급속히 발달하면 디지털 학습이 대규모로 제공되어 고령의 근로자들에 대한 교육이 오히려 확대될 것이라고 예상한다. 린다 그래튼은 "코로나19는 노동의 역사에서 일어난 엄청난 단절을 의미하며 새로운 실험의 시대를 열고 있습니다. 기업들은 공간은 물론 시간에 유연해져야 합니다."라고 설명을 더했다.[7]

보잉Boeing 같은 기업들은 이미 퇴직 연령 제도를 폐지했다.

따라서 보잉의 직원들은 노년임에도 계속 급여를 받으며 고용될 수 있다. 보잉의 최장수 직원으로 유명한 다이아나 레아Diana Rhea는 1942년에 20살의 나이로 입사해, 2017년에 95세의 나이로 퇴직했다. 분명 인구통계학적 압력이 일과 직장을 재구성하는 과정에 보이지 않는 영향을 미치는 중이다.

기업에는 나이든 직원들과 신입 사원들 사이에 끼어 있는 X세대(1965년에서 1979년까지의 출생자) 직원들도 있다. 이들은 점차 고위직에 오르고 있는데, 다른 세대에 비해 별로 주목을 받지 못한다. X세대는 일과 삶의 균형을 찾고 일자리를 쉽게 이동하며 시간제 근무를 선호하는 집단으로, 잊힌 세대가 될 위험에 처했다(로버트 모리슨Robert Morrison, 타마라 에릭슨Tamara Erickson, 켄 디히트발트Ken Dychtwald가 「하버드 비즈니스 리뷰」에서 '제2의 사춘기'라고 지칭하며 X세대가 맞닥뜨린 직장에서의 고통을 설명했다. 이 연구자들은 X세대가 번아웃과 병목현상, 지루함을 겪을 처지가 되었다고 보았다).[8]

현재 X세대가 처한 상황은 미국의 논픽션 작가 리치 코헨Rich Cohen의 말로도 설명된다. "베이비부머와 밀레니얼, 이 거대하며 자기 본위적인 두 세대 사이에 낀 X세대는 모순과 무심함, 두려움에 물들어 있다."[9]

X세대는 대기업들이 주력하는 '인재 전쟁에 그저 명목상 포함되는 대상'에 불과하다는 평가를 받지만 밀레니얼 세대를 비롯해 그 뒤를 잇는 Z세대는 대개 '끌어들이고 보유해야 하는 대상'으

로 통한다. 대기업들이 핵심 인재를 끌어들이는 다양한 방법을 들여다보면 이해에 도움이 될 것이다.

「포춘Fortune」이 선정한 500대 기업이자 식품 및 시설 관리 서비스업체인 아라마크Aramark가 현장에서 실태 조사를 진행한 바에 따르면 가장 성공한 기업들은 업무 현장에서 직원들이 얻는 경험에 투자를 아끼지 않았다.[10] 조사 결과에서 '2019년 가장 일하기 좋은 10대 기업'에 들어간 업체들(기술, 컨설팅, 전문 서비스, 소매, 접객 등의 업종)을 분석한 부분에 주목해야 한다.

링크드인LinkedIn, 글래스도어Glassdoor, 포춘이 대표적인데 이 기업들은 여러 공통된 주제를 하나로 엮는 전략을 펼쳤다. 이들은 편안함과 휴식, 건강과 웰빙(다이어트와 운동, 정신 건강 관리에 최우선으로 지원하기), 소속감을 느끼는 사회적 커뮤니티 육성, 목적과 정체성에 맞는 맞춤형 음식과 음료, 야외 환경 설계, 조직에 대한 자부심의 원천으로써 다양성을 수용해 업무 현장에서 직원들이 다양한 경험을 얻는 것을 중요시했다.

이러한 요소들은 밀레니얼 세대의 위시리스트에만 올라가 있는 게 아니다. 세대를 불문하고 사무실에서 일하는 대다수의 직원들이 환영하는 요소들이다. 사실 세대 간에는 차이점보다 공통점이 훨씬 많다고 주장할 수도 있다. 그런데 팬데믹 시기에 세대 간 차이가 드러났다. 젊은 직원들은 사무실로 돌아가 동료들과 어울리고 싶어 했고, 반면 나이든 직원들은 재택근무에 만족했다. 이 현상은 어쩌면 각 세대가 거주하는 집의 크기와 관련이 깊었다. 오랫동안 근무한 나이든 직원들은 젊은 직원들에 비해 큰 집에서 거주했기 때문이다.

2009년 영국 왕립예술대학의 헬렌 햄린 디자인 센터는 '마음을 끄는 업무 공간(Welcoming Workplace)'이라는 주제로 연구를 진행했다. 이 연구에서는 환경을 재설계하여 '두뇌 유출brain drain'을 막고 숙련된 지식 노동자를 보유하는 과정을 들여다보았는데, 이때 명상과 휴식을 위한 친환경 공간이 차이를 가른다는 결과를 얻었다.[11] 그런데 조사 과정에서 연구팀은 나이든 직원들만이 책상에서 탈출해야 했던 사람들이 아니었다는 사실도 발견했다. 모든 세대의 직원들이 근무 시간 내내 피로감과 무기력함을 느끼고 있었고 휴식을 필요로 했던 것이다.

10년이 넘었지만 이 연구 결과는 업무 공간에서 포용적 디자인이나 모두를 위한 디자인에 대한 가치 있는 교훈을 제공한다는 점에서 여전히 의미가 크다. 공간의 질이든 공간의 연결성이든, 모두를 위한 질적 향상이 중요하다.

코로나19의 영향으로 업무 현장에 다양한 변화가 일어났을 때 근로자들은 1990년대 후반 이래로 사용되어 온 고밀도의 오픈 플랜 사무실에서 탈출했다. 그런데 이 탈출을 환영한 사람들은 고령의 근로자들만이 아니었다는 점을 기억해야 한다. 오픈 플랜 사무실에서 일하던 모든 세대의 직원들이 소음과 주의 산만, 사생활 침해에 불만을 가지고 있던 것이다.

지난 20년 동안 사무용 부동산은 대개 협업과 의사소통의 효과를 높이기 위해 사람들을 밀집시키는 형태 즉, 좁은 공간에 사람들을 잔뜩 집어넣는 방식을 유지했다. 하지만 다수의 과학적 연구는 그런 방식에 문제가 있다는 점을 보여준다.

예를 들어, 하버드대학교에서 에단 번스타인Ethan Bernstein과 스티븐 투란Stephen Turan이 사무실에서 칸막이를 없애고 개방형 오픈플랜 사무실로 꾸민 대기업을 대상으로 사내 직원들의 의사소통 형태를 분석한 연구를 보자. 연구 결과를 보면 두 조직에서 이메일과 인스턴트 메시지의 사용 빈도가 증가하고, 대면 소통이 70%가량 감소했다.[12]

기업들은 이제 팬데믹으로 인해 촉발된 사회적 거리두기와 관련해서, 혹은 광범위한 문화적 변화와 관련해서 개방형 사무실이라는 공간을 조금 더 신중하게 들여다보고 도입해야 할 것이다. 또한 앞으로 고용주들은 변화하는 세대 구성의 다양성에 맞춰 모든 연령대의 니즈를 맞춘 사내 문화를 구축해야 한다.

직장에서의 놀이는 포용력을 추구하는 활동에 흥미로운 효과를 불러일으킨다. 저널리스트 댄 라이언스가 2018년에 출간한 저서 『실험실의 쥐: 왜 일할수록 우리는 힘들어지는가』[13]에서 풍자했던 레고 시리어스 플레이(강력한 문제 해결 및 의사 결정 도구로 레고 블록을 사용해 메타포를 만들고, 스토리텔링 기법을 활용해 의사소통을 하며 최선의 결정을 내리는 방식-옮긴이) 같은 문제 해결 방법론은 미끄럼틀, 탁구대, 인공 해변 막사, 수족관, 프로펠러가 달린 플라잉팟 등 밝은 색상의 장난감들로 사무실을 채우는 유행으로 나아갔다. 하지만 이런 현상을 보면 몇 가지 물음이 떠오른다. 사무실이 어른들의 놀이터가 되어야 하는 걸까? 댄 라이언스가 던진 것처럼 '왜 업무 공간이 유치원과 사이비 종교의 인재평가 센터가 뒤섞인 곳이 되었을까? (중략) 왜 업무가 유아화와 관련될까?'와 같은 질문 말이다.[14]

유독 이런 트렌드를 쫓은 구글은 사무실을 마치 아이들의 방처럼 원색으로 칠하고 직원들의 창의력을 끌어올리려고 애썼다. 건축가 노먼 포스터가 설계한 애플 파크가 캘리포니아에서 모습을 드러냈을 때 「파이낸셜 타임스」의 영향력 있는 경영 칼럼니스트 루시 캘러웨이Lucy Kellaway는 이 새로운 랜드마크 계획을 두고 "재미에 등을 돌리는 대신 아름다움을 선택했다."라며 애플을 칭찬했다. 구체적으로 "애플 파크는 어른들을 위해 만들어졌다. 지난 20년 동안 사무실이라는 공간은 마치 초등학생의 방과 같았다. (중략) 이런 유해하고 추하고 어리석고 연령 차별적인 트렌드는 실리콘 밸리에서 시작되어 확산되었다."라는 말을 덧붙이면서 사무실을 놀이터처럼 꾸미는 유행을 우회적으로 비난했다.[15]

캘러웨이가 한때 구글을 비난했던 것처럼 구글은 이제 더 이상 직원을 아이처럼 취급하는 분야에서 세계적인 리더가 아니다. 구글은 현재 문화 자본을 구축하는 광범위한 전략의 일환으로, 사무실에서 가볍고 재밌는 요소들과 조화를 이루도록 요리 수업 같은 다양한 학습 기회를 제공하는 등의 접근법을 채택했다. 구글을 모방한 많은 기업들도 마찬가지다. 하지만 직원들은 나이를 먹어간다. 세대 간 격차를 넘어서는 업무 공간을 구성할 과제가 구글뿐 아니라 수많은 기업에게 주어졌다. 노동 시장에 진입한 새로운 세대의 직원들이 디지털 환경을 요구하고, 나이든 직원들이 조용한 환경을 거부하는 상황이 펼쳐지고 있다. 어려운 숙제를 푸는 일은 고스란히 기업의 몫이 되었다.

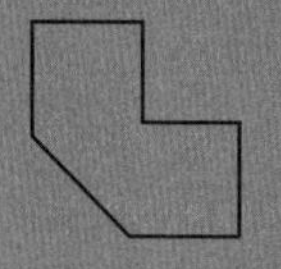

UNWORKING

PART 3

재창조되는 사무실

사무실에서 일하는 시대는
정말 끝난 것일까?

사무실로 돌아오는 사람들을 위한 공간의 재구성

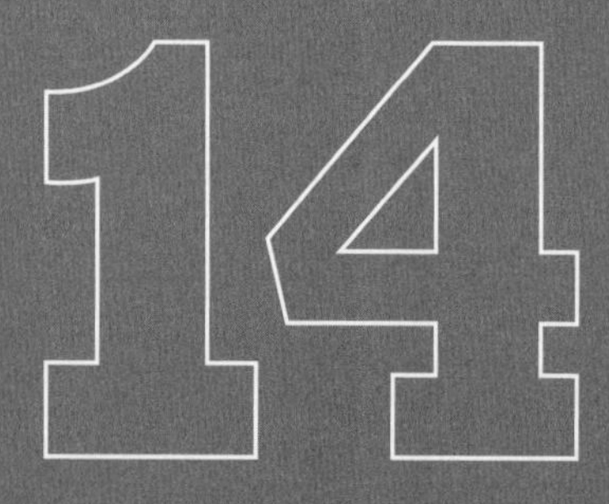

2020년 봄, 코로나19 팬데믹이 닥치기 전부터 현대 사무실의 재구상 계획이 화려하지 않게, 눈에 띄지 않고 조용히 실현되고 있었다. 재창조의 과정은 주로 사무 공간 전문가들의 손에서 진행되었다. 건축가와 전략 컨설턴트, 부동산 중개인과 개발 업자가 새로운 애자일 공간 구성법과 모바일 기술을 이용해 차분하고도 주도면밀하게 사무실 공간의 재구성 실험을 진행했다. 그렇지만 대기업들은 전통적인 형태의 사무실 모델에 여전히 집착했으며, 이 사회에서 유연근무 또는 원격근무를 공식적으로 승인한 경우도 흔치 않았다.

그러다 코로나19의 영향으로 그동안 수면 아래에서 진행되던 모든 실험이 공개되었다. 하룻밤 사이에 원격 재택근무가 가속화되었으며, 일의 미래에 대한 물음들이 전문가들만의 심오한 영역에서 대중적 논쟁의 중심으로 옮겨가면서 모두를 놀라게 했다. 사람들은 사무실로 다시 돌아갈까? 텅 빈 업무 지구는 어떻게 될까? 장기간에 걸친 재택근무가 정말로 생산성을 발휘할 수 있을까? 사무실의 운명이나 종말을 논평한 신문 기사들이 쏟아져 나왔고, TV와 라디오 프로그램에서 관련 문제가 논의되었으며, 각종 소셜 미디어에 다양한 의견이 넘쳐났다.

기업의 회의실 내부에서도 마찬가지였다. 과거 직원들에게

맥킨지 앤드 컴퍼니의 런던 사무소. 의뢰인과의 소통을 위한 드넓은 공간이다. 인테리어 디자인&건축 사무소 모리스미스MoreySmith가 설계했다. 지루하고 답답하게 느껴지던 공간을 기교 있게 다시 구성했다.

업무 공간 계획과 디자인 업무를 위임했던 임원들이 사무실 부동산 포트폴리오를 재구성하는 문제에 유례없이 관심을 집중했다. 유럽의 한 대형 은행의 부동산 프로젝트 책임자는 우리에게 이런 이야기를 해주었다. "팬데믹 이전에는 저희 CEO와 연례 회의를 가지고는 했지요. 저는 양복을 입고 임원실을 찾아가 논의를 하다가 자리로 돌아왔습니다. 지금은 매주 CEO와 화상 통화를 하고 있어요. 그렇게 미래를 내다보려 애쓰는 중입니다."

기업 경영자들은 코로나19의 여파로 인해 사업 운영에 사무실이라는 공간이 얼마나 필요한지, 직장으로 돌아오는 직원들이 사무실 디자인과 편의 시설에서 무엇을 필요로 할지 알고 싶어 했다. 하지만 이런 물음들은 답을 구하기가 쉽지 않다.

앞으로의 가능성을 두고 기업이나 정부 기구 또는 노동조합이나 전문직 단체가 저마다 새로운 정책을 내놓으면서 사무실의 미래에 변화의 소용돌이가 휘몰아쳤다. 전반적인 상황을 파악하기가 쉽지 않았지만 점차 명확한 패턴 같은 것이 드러나기 시작했다. 코로나19 팬데믹 이후 직업 세계에서는 두 진영이 형성되어 서로 대립한 것이다.

한쪽에는 우리가 '완고한 복귀자들resolute returners'이라고 이름을 붙인 집단이 있다. 이 집단에 속한 기업들은 마치 팬데믹이 전혀 일어나지 않은 것처럼 모든 직원이 사무실로 돌아오길 기대한다. 완고한 복귀자들은 원격 재택근무의 가치를 회의적으로 바라본다. 이들은 혁신, 훈련, 멘토링과 같은 대인 간의 활동이 얼굴을 마주봤을 때만 가능하다고 믿는다. 또 이 집단은 물리적인 업무 공간을 두고, 사업을 성장시키는 핵심 요소로 홍보하는데 그러면서도 직원들을 복귀시키기 위해 어느 정도는 공간의 재구성과 재설계가 필요하다고 인식하고 있다.

다른 한쪽에는 '선택의 옹호자들choice champions'이 있다. 이 집단에 포함된 기업들은 원격근무를 채택하고 유연성과 선택권을 업무 공간 계획의 시금석으로 삼아 변화의 가능성을 수용한다. 이들은 팬데믹 이후의 업무 공간을 두고, 자택과 사무실 중 하나를 선택해야 하는 문제로 바라보지 않는다. 요컨대 유연한 선택이 가능한 매우 복합적인 환경을 구성해야 다수의 업무 채널을 형성할 수 있다는 것이다.

이런 양극단 사이에서 우리는 여러 기업들이 선택하는 매우 다양한 접근법을 발견했다.

완고한 복귀자들은 기술의 발전을 무작정 거부하는 러다이트 운동가로 묘사되고는 했다. 하지만 직원들이 같은 장소에 모여 학습 문화를 형성하는 과정을 정확히 평가했다는 것이 그들의 주장이다. 팬데믹 기간 동안 '어깨너머로 배우는 학습 방법'과 멘토링의 긍정적인 면이 사라진 현상에 특히 금융과 법률 분야 기업들이 관심을 집중했다.

골드만삭스의 CEO 데이비드 솔로몬David Solomon은 앞장서서 사무실 복귀를 독려했다. 그는 원격근무 모델을 '탈선'이라고까지 표현하며 가능한 빨리 바로잡아야 하는 근무 형태라고 말했다.[1] 씨티그룹Citigroup의 CEO 제인 프레이저Jane Fraser는 「파이낸셜 타임스」에서 다음과 같이 말했다. "모두가 결국 사무실로 복귀할 겁니다. 견습 문화나 소속감 같은 문화적 관점에서 보면 함께하는 게 더 낫다고 생각합니다."[2] JP모건 체이스JPMorgand Chase의 CEO 제이미 다이먼Jamie Dimon도 재택근무에 의문을 제기했다. "어떻게 문화와 특성을 만드는가? 어떻게 제대로 배우겠는가?"라며 다이먼은 되물었다. 그의 말대로라면 회의가 아니라 회의 전후, 사람들이 아이디어를 공유할 때 많은 일이 생기기 때문이다.[3]

완고한 복귀자들은 직원들을 대상으로 진행한 다수의 설문 조사를 근거로 제시할지도 모른다. 설문 조사 결과에 따르면 재택근무가 시작되고 초기의 허니문 기간이 지나자 직원들이 재택근무에 어려움을 겪으며 사무실로 하루 빨리 복귀하고 싶어 했다.

이런 현상은 마이크로소프트의 동향 조사에서 '디지털 소진digital exhaustion'이라는 말로도 설명되었다. 디지털 소진은 하루의 경계를 만들어주는 규칙적인 출퇴근 없이, 집에서 오래 일하면서 겪는 증상이다.[4] 그런데 설문 조사 결과가 암시하듯이, 사무실로 복귀한다는 것이 코로나19 이전의 일상, 즉 시끄럽고 산만한 고밀도의 오픈 플랜 사무실로 돌아간다는 의미가 되어서는 안 된다. 개방형 공간인 오픈 플랜 사무실은 지금도 일의 능률을 떨어뜨리고 직원들을 불행하게 만드는 공간으로 인식된다.

사무실로 복귀하는 직원들을 위해서 사무실이 가림막 등으로 사생활이 제대로 보호되게끔 재설계되어야 한다는 점은 누구도 부인하지 못할 것이다. 글로벌 팬데믹이 시작된 이래 그동안의 천편일률적이던 일방향 통행을 고작 책상 배치를 떨어뜨리는 정도로 꾀하는 사회적 거리두기 대책으로 대신하려는 움직임이 나타났다. 하지만 이런 대책들은 직원들의 신체·정신 건강을 증진시키는 사무실 디자인으로 대체되어야 한다(상사가 강제로 직원들을 사무실로 복귀시킬 때는 신뢰가 무너질 수 있기에 더욱 그렇다). 그래서 기업들은 직원들이 안정감과 존중감을 느끼도록 저마다 사무실 공간과 시스템을 개선하는 중이다.

원격근무를 주장하는 '선택의 옹호자들'은 조직에서 다양한 문제에 직면한다. 그래서 근무 방식과 장소에 대한 직원의 선택을 존중하면서 관리 방식을 조정하고 변화된 흐름을 따라야 한다고 본다. 직원의 경험과 참여와 관련해서는 고객 중심의 접근법을 적용해야 된다. 선택을 주도하는 기업들은 그들의 조직에서 소위 '옴니 채널 노동자들omni-channel workers(라틴어로 모든 것을 뜻하는 옴니와 경로를 뜻하는 채널이 합쳐진 말. 모든 채널을 통합하고 연결해 일관된 커뮤니케이션을 제공하는 전략을 가리킨다-옮긴이)'이 등장하는 모습을 지켜보게 될 것이다. 직원들이 모바일 기기와 클라우드 기반 기술을 복합적으로 활용해 어떤 위치나 장소에서도 업무 생산성을 발휘한다는 의미다.

어떤 기업들이 선택의 옹호자들에 속할까? 긍정적인 예를 들어보겠다. 스웨덴의 음악 스트리밍 서비스업체 스포티파이Spotify에서는 6천5백여 명의 직원이 온종일 사무실이나 자택 등 원하는 장소에서 일하고, 다양한 채널에서 업무를 진행하기도 한다. 또한 스포티파이는 조용한 공간, 공유 책상 공간, 협업 공간을 마련해 직원들의 취향을 충족시키도록 사무실을 새롭게 디자인하고 있다.

미국의 소프트웨어 기업 세일즈포스는 직원들이 세 가지 근무 형태 즉 탄력근무, 전일 원격근무, 사무실 출근 중 하나를 선택하도록 했다. 탄력근무를 선택한 직원은 일주일에 3일 사무실에 출근해 가상 공간에서 진행하지 못했던 업무를 처리한다. 세일즈포스의 최고 인사 책임자 브렌트 하이더Brent Hyder는 "몰입형 업무 공간은 이제 건물 내 책상에 국한되지 않는다. 9시부터 6시까지의 근무 시간은 사라졌다. 직원이 얻는 경험은 탁구대와 간식 그 이상에 관한 것이다."라고 설명했다.[5]

글로벌 비즈니스 커뮤니케이션 플랫폼인 슬랙은 직원들이 근무 시간을 더 자유롭게 선택하도록 했으며, 1천6백 명 이상의 직원들을 위해 영구적인 탄력근무 정책을 도입했다. 소셜 미디어 기업 트위터는 직원들이 원한다면 '영원히' 재택근무를 허용하겠다고 밝혔다. 이미 트위터는 영구적인 재택근무제로 전환하고 있었는데, 팬데믹을 맞아 정책 전환을 가속화했다. 2018년 트위터의 CEO 잭 도시Jack Dorsey는 직접 생산성 증대를 체험한 이후 직원들에게 이메일을 보내 재택근무를 독려한 바 있다.

일각에서는 옴니 채널 워킹과 옴니 채널 상점, 옴니 채널 상업을 두고 유사점을 찾았다. 상점을 방문하든 온라인에서 상품을 주문하고 가격을 지불하든, 모든 채널에 걸쳐 일관되고 원활한 경험이 고객에게 제공된다. 우리가 자체적으로 진행한 연구에서도 장차 펼쳐질 옴니 채널 워킹의 시대에 사무용 건물이 다양하게 활용될 것으로 예상하고 있다.[6] 앞으로도 사무실이 핵심 업무 채널로 유지되겠지만 일부 업무 채널들로 구성된 광범위한 생태계가 점차 진화할 것이라고 생각한다. 다음의 다이어그램은 중요도에 따라 원의 크기가 달라지는 주요한 업무 채널들을 보여준다.

'최종 목적지'는 문화를 구축하고 사회적 자본을 형성하며 조직의 사명과 가치에 연결되는 장소다. '교육훈련 사무실'은 학습과 멘토링에 집중하는 환경을 제공한다. '전문가 사무실'에서는 이를테면 생명과학 연구 시설이나 24시간 미디어 뉴스룸에서 하는 것처럼 정기적인 참여가 필요한 생산과 R&D 활동을 할 수 있다. '자택 사무실' 채널은 팬데믹 이후 직업 세계에서 한층 더 부각되어 영구적인 기능을 하고 있는데, 옴니 채널 노동자는 이 외에도 다양한 선택을 내릴 수 있다.

옴니 채널 노동자의 클라우드 경관

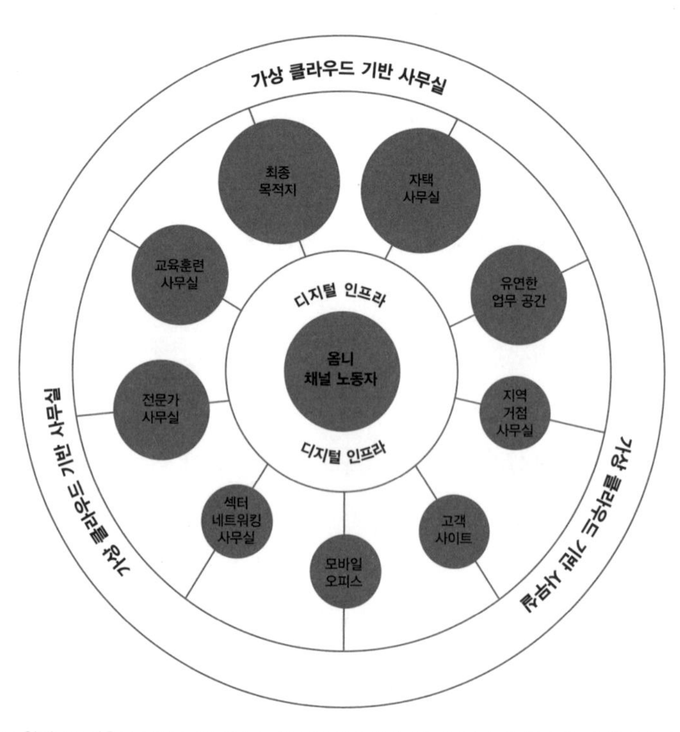

— 원격근무: '옴니 채널 노동자'의 최신 클라우드 경관. 워크테크 아카데미/미르박(2020년).

'유연한 업무 공간'은 도시 전역에서 회원제로 협업 공간 외 여러 서비스형 공간을 이용할 수 있는 곳이다. '지역 거점 사무실'은 출퇴근 시간이 절감되는 허브 앤드 스포크 모델hub-and-spoke model(바퀴의 중심축을 중심으로 바퀴살이 분산된 구조-옮긴이)로, 직원의 자택 인근에 위치한다. 기업들은 모바일 오피스를 시험 운영하여 지리적 편의성을 제공할 수 있다. 고객 사이트에서 업무를 진행하는 것도 유행하는 중이다. 마찬가지로 분야가 특화된 모임과 단체에서 활동하는 사람들도 점차 늘어나고 있다(21세기형 길드로 옴니 채널 노동자가 동종 업종이나 직종의 사람들과 교류할 수 있다).

글로벌 팬데믹이 계속되는 가운데 '완고한 복귀자들'과 '선택의 옹호자들'이 관심을 끄는 한편, 다른 집단들도 부상하기 시작했다. 우리가 '스페이스 셰이버space shaver'라고 밝혀낸 집단 유형은 좋은 위기를 낭비하지 않는 사람들이다. 이들은 코로나 팬데믹으로 인한 '리셋'을 절호의 기회로 삼아, 자신들의 부동산 포트폴리오를 합리적으로 재구성하며 개선하고 있다. 기업의 오래된 관심사이기도 한데, 이들은 대부분 공간을 줄이고 부동산 비용을 낮추는 부분에 관심을 가진다. 물론 일부 스페이스 셰이버들은 직원들에게 유연하고 역동적인 팀 기반의 환경을 조성하려고 애썼다.

다른 예로, 영국의 최대 지역 신문사 중 하나인 리치Reach를 들어보겠다. 리치는 영국에서 15개 지역 신문사 사무실을 제외한 모든 사무실을 폐쇄하겠다고 발표했다. 이어서 장차 기자들 대부분이 집에서 상시 근무할 것이라며 전국의 지역 신문사 사무실들을 계속 폐쇄할 것이라고 밝혔다. 그러면서도 벨파스트, 버밍엄, 리즈, 맨체스터를 포함한 주요 도시에서는 다수의 회의실을 갖춘 거점 사무실들을 계속 운영할 계획이라고 했다.

로이즈 뱅킹 그룹Lloyds Banking Group도 사정이 비슷하다. 직원 6만 8천 명 중 77%가 일주일에 3~4일 정도는 집에서 근무하고 싶다고 밝혔고, 이후 로이즈 뱅킹 그룹은 사무실 공간의 20%를 축소할 계획을 세웠다. 회사의 최고 재무 책임자인 윌리엄 찰머스William Chalmers가 말한 바와 같이, 로이즈 뱅킹 그룹은 직원들이 각자의 책상에 앉아서 일하는 공간보다 팀워크를 위한 공간을 더 많이 제공했다.[7]

영국의 금융 그룹 HSBC도 업무 공간을 대폭 축소할 계획을 세웠다. 런던을 비롯한 전 세계 여러 도시에서 사무실을 포함한 부동산을 40% 줄이되, 카나리 워프(런던에 소재한 신흥 금융 중심지－옮긴이)에 있는 본사는 그대로 두겠다고 발표했다. 글로벌 에너지 기업 BP는 BP워크라이프BP Work-Life라는 새로운 하이브리드 워크 모델을 공개했는데, 직원들이 집에서 근무 시간의 40%를 보내도록 해서 '유연하고 역동적이며 원활한 의사소통이 가능한 업무 환경'을 조성했다. 이렇듯 대기업들은 업무 환경 전반에 걸쳐, 책상 수를 줄이고 회의 시설을 늘리는 식으로 공간을 재구성하고 있다.

그런데 사무실의 재구성이라는 흐름에서 날이 갈수록 새로운 기술에 막대한 투자를 하는 기업들이 늘어난다는 사실도 눈에 띈다. 사무실을 재구성·재계획하고 있는 기업들은 하이브리드 워크 모델을 도입하는 데에도 집중하고 있다. 따라서 이런 기술을 포괄하는 용어인 증강 현실AR, 가상 현실VR, 확장 현실XR이 다양한 분야에 적용될 것으로 보인다.

예를 들어, 뱅크오브아메리카Bank of America는 스타트업 기술 업체 스트리브이알Strivr과 제휴해 직원교육 프로그램에 VR 기술을 도입했다. 세계적인 회계 컨설팅 기업인 프라이스워터하우스쿠퍼스PricewaterhouseCoopers, PwC는 거의 1억 달러를 들여 회의 공간을 카페 형태로 꾸미는 식으로 다수의 업무 공간을 재설계하고, 직원들이 가상의 공간에서 회의를 진행할 수 있도록 수천 대의 VR 헤드셋을 구매하겠다고 발표했다. 피델리티 인터내셔널Fidelity International의 경영진은 VR 강당을 시범 운영했으며, 가상의 공간에서 동료들의 질문을 받고 복도를 오르내리기도 했다. 스위스의 UBS은행은 런던에서 근무하는 트레이더들에게 스마트 안경을 나눠주었다. 이에 스마트 안경을 쓴 트레이더들은 집에서도 거래소에 온 것 같은 경험을 했다.

이렇게 기업들이 기술에 막대한 투자를 하는 이유는 무엇일까? 물리적 공간과 디지털 공간이 혼합된 환경에서 직원의 경험과 참여를 개선할 뿐 아니라 데이터를 수집하여 사업 전반에 대한 의사 결정을 내릴 수 있기 때문이다. 우리가 지켜본 바로는 기업들은 데이터 분석 역량을 강화해 팬데믹을 잘 극복하였으며, 실시간 정보에 기반한 업무 공간에도 유연하게 적응했다. 스코샤은행이 진행하는 W4 프로젝트는 데이터를 기반으로 업무 환경을 조절하는 좋은 사례다. 마찬가지로 글로벌 비즈니스 소셜 네트워크인 링크드인은 글린트Glint라는 디지털 설문 조사 플랫폼을 활용해 직원들의 업무 과정에 대한 데이터를 수집한다.

대기업들이 보유한 자원과 전문 인력의 역량을 고려하면 그들이 순조롭게 하이브리드 워크 모델을 구상하고, 직원들을 무리 없이 사무실로 복귀시킬 것이라고 예상할 법도 했다. 하지만 현실은 달랐다.

2021년 여름, 애플의 CEO 팀 쿡Tim Cook이 사무실 복귀 계획을 발표했다. 그런데 불과 수개월만에 초가을이 되면 월요일, 화요일, 목요일에 모든 직원을 사무실로 복귀시키겠다던 계획이 보류되었다. 구글과 우버, 마이크로소프트도 사무실 복귀 계획을 보류할 수밖에 없었다.

이와 대조적으로 2021년 여름, 부동산 서비스 기업 CBRE가 130개 기업을 대상으로 한 조사 결과가 흥미롭다. 직원 수 100명 미만의 중소기업의 직원들이 대기업의 직원들보다 훨씬 더 빨리 사무실로 돌아왔다. 대기업 중 불과 3분의 1이 다시 사무실 문을 연 것에 비해 중소기업의 직원 80%가 사무실로 완전히 복귀한 것이다.[8] 중소기업들은 대기업들과 마찬가지로 직원들의 기대감을 충족시키고 사무실 복귀가 이롭다는 점을 인식시키기 위해 사무실 공간을 다시 꾸몄다. 대기업들보다 예산 편성이 훨씬 제한적이었음에도 말이다.

글로벌 팬데믹 이후 거의 대부분의 기업이 사무실 공간을 재설계하는 흐름을 이어 왔는데, 그러한 공간 계획에서 새로운 형태의 디자인과 경험적 가치가 발견되었다. 건강에 좋은 업무 환경을 조성하는 일이 특히 '안전한 사무실로의 복귀'를 모색하는 기업들에게 핵심 우선순위가 되었다.

2020년에 출간된 『건강한 건물』의 공동 저자이자 하버드대학교 교수인 조지프 G. 앨런Joseph G. Allen과 존 D. 매컴버John D. Macomber는 건강한 건물을 이루는 아홉 가지 기본 토대(환기, 공기 질, 온열 건강성, 수질, 습기, 먼지와 해충, 음향과 소음, 조명과 전망, 안전과 보안)를 소개했다.[9] 코로나19가 공기 감염으로 전파된다는 사실을 고려하면 환기와 공기 질을 최우선 요소로 삼아야 한다는 점을 알 수 있을 것이다.

이에 2021년 5월, 세계 유수의 전문가들이 코로나19와 여러 질병의 확산을 방지하는 방법으로 건물의 공기 질 관리 규제를 강화해야 한다고 촉구했다. 그들은 기존 관리 기준의 폐단을 비판하면서 오늘날 사무용 건물의 환기 장치 실태가 1800년대의 수질 위생 수준과 같다고 지적했다.[10] 사무실의 공기 정화 및 여과와 관련된 기술 구상은 이제 사무 공간 디자인 혁신의 핵심 요소가 되었다.

그러나 건강에 도움이 되는 사무실을 구성하는 일은 단순히 기술적 시스템과 육체 건강에만 관련된 문제가 아니다. 사내 문화와 직원들의 정신 건강에 관한 문제이기도 하다. 기업이 심리적 위안, 팀 정체성, 리더십 유형 등 직장 내 행동과 관련되어 있는 광범위한 고려 사항을 무시한 채 사무실의 인프라에만 초점을 맞춘다면 생산성을 높이는 효과를 보기는 어려울 것이다.

건강한 사무실은 지속 가능성과 관련이 있다. 사람과 지구의 건강은 복잡하게 얽혀 있기 때문이다. 미국의 스타트업 기업 넥스트 에너지 테크놀로지The Next Energy Technology의 캘리포니아 보고서에 따르면 직원들은 건강하고 지속 가능한 업무 환경에 대한 자신들의 요구를 진지하게 수용하라고 주장할 뿐 아니라 어느 때보다 더욱 두 요소 간의 강력한 연결성을 끌어내는 중이다.[11] 친환경 사무실green office을 구성해야 하는 기업의 책무는 팬데믹 시기에 위기관리가 우선 사항이 되면서 뒤로 미뤄졌다. 하지만 지금 부동산 개발 업자들과 거주자들은 모두 탄소 제로 목표를 바라보고 있으며, 지속 가능한 변화의 기회를 포착하고 있다(건물의 신축과 개조 모두에 해당된다).

업무 공간에 친환경 요소를 적용하는 과정은 '재사용·재수리·재생'이 가능한 순환 경제 모델의 요소다. 예를 들어, 런던의 블랙프라이어스 크라운 코트Blackfriars Crown Court는 친환경 상업 및 커뮤니티 공간으로 재구성되고 있다. 공간 계획에 따라 0.5헥타아르에 걸쳐 유럽에서 가장 넓은 도시 옥상공원이 펼쳐질 예정이다. 누구나 손쉽게 접근 가능한 공간은 녹지화와 생물 다양성, 지속 가능성을 향한 런던의 야심찬 목표에 큰 영향을 미칠 것이다.[12]

한편 밀라노에 있는 리졸리Rizzoli 산업 지구도 '웰컴Welcome'이라는 명칭의 지속 가능 개발 프로젝트에 의해 다시 살아나고 있으며, '미래의 바이오필릭 업무 공간'이라고 명명되었다. 일본의 건축

루츠 인 더 스카이Roots in the Sky. 스튜디오 RHE Arquitectos가 런던 블랙프라이어스 크라운 코트를 재구성했다. 일과 웰빙, 지역 커뮤니티를 위한 복합 공간 안에 유럽 최대 도시 옥상정원이 형성될 예정이다. 사무실이 나아갈 방향을 다시 상상한 결과다.

회사 켄고 쿠마 앤드 어소시에이츠Kengo Kuma and Associates가 디자인한 이 랜드마크 사업 계획에 따르면 경계 없는 공원open park에 테라스가 층층이 설치되고, 새롭게 건설된 광장 주변에 사무실과 사회적 시설이 뿌리를 내릴 예정이다.

이처럼 건강하고 지속 가능한 업무 공간을 구축하려는 노력에 더해 하이브리드 방식의 애자일 워킹에 적합한 사무실을 구성하고 연령과 능력, 신앙, 출신 배경에 따른 차별을 금지하는 포용적인 환경이 구성될 것으로 보인다.

코로나19 팬데믹 이전에 통용되었던 일반적인 형태의 사무실 디자인은 이제 그 존재 의미가 사라졌다. 더 솔직하게 말하자면 완전히 한물간 디자인이 되었다. 글로벌 팬데믹의 영향으로 경제·

건강 불평등이 심해졌기에 업무 현장의 리더들이 진정으로 다양성을 받아들여야 할 책임을 건네받았다. 코로나19 위기로 인해 수많은 기업 혁신이 중단되었다. 연이은 록다운 기간에 기업들은 나름의 경영 노하우를 바탕으로 조직을 운영했으나 현실에서는 진정한 창의성의 발현이 억제되었다. 지금 비즈니스 리더들은 사무실 복귀가 혁신을 촉진하는 창의적 환경으로의 복귀가 되어야 한다고 인식하고 있다. 그간 매우 필요했던 새로운 아이디어의 흐름을 만들어야 하는 것이다.

사무 공간이 사려 깊게 디자인될수록 창의적 사고를 발현시킨다. 한 신경과학 연구는 조명이나 색상, 예술품, 천장 높이, 공기의 흐름, 편안함과 상호 작용의 수준이 모두 혁신을 촉진하는 요소라는 점을 시사했다.[13] 곡선도 중요하다. 둥근 형태의 환경은 분명히 모퉁이가 꺾어지는 각진 형태의 물리적 환경에 비해 창의성의 발현을 강화시킨다. 뱅크오브아메리카에서 수석 이코노미스트를 지낸 앤디 홀데인Andy Haldane은 「파이낸셜 타임스」에서 "소리, 냄새, 환경, 아이디어, 사람 등 새롭고 다른 경험에 노출되는 것이 창의적인 '번뜩임'의 주요 원천입니다."라고 말했다.[14]

모리스미스의 설계로 2021년 영국 홀본에서 개방된 맥킨지 앤드 컴퍼니의 런던 사무소는 창의성이 번뜩이는 공간을 만드는 디자인 지침이 된다. 전문 직종 종사자들의 작업 환경이라고 하면 무거운 문, 밀실, 긴 복도가 연상되고는 하는데, 이런 이미지였던 공간이 1천8백 명의 직원을 위한 화사한 공간으로 변신했다. 맥킨지 앤드 컴퍼니 런던 사무소에는 자연광이 넘친다. 네온아트로 장식되어 창의성을 촉발하며, 의뢰인들과의 열린 협업을 강화한다.

이와 같은 공간 설계를 비롯해 세계 각지에서 진행된 수많은 디자인 사례에서 미래의 사무실 디자인에 대한 윤곽을 그려볼 수 있다. 친환경, 건강, 애자일, 창의성, 물리적 환경과 디지털 환경이 공존하는 복합 공간이 디자인의 핵심 요소다. 코로나19 팬데믹의 여파로 결국 우리는 1920년대의 유물인 공장 같은 사무실을 버리고 업무 공간을 재창조하고 있는 것이다.

언워킹,
과거의 방식으로 일하지 않는다

'언워킹'의 정의가 사전에 나온다면 그 개념은 우리가 일하는 방식을 파헤치고, 현대 사무실에 반영된 가설들을 분류하며, 직장에서 전통적으로 우리의 행동을 규정한 관습과 관리 방식, 조직문화를 버린다는 의미일 것이다. '과거의 방식으로 일하지 않는다'는 말은 업무 공간의 재구상 및 재설계와 관련이 있다. 다시 말해, 과거 산업화 시대의 흔적을 지우고 백지에서 다시 시작한다는 의미다.

일과 작업 공간을 새롭게 정의하는 방법론이 필요하다. 사람들이 성취하려는 목표를 중심으로, 폭넓고 다양한 경험이 창출되어야 한다. 인간을 중심에 두고 사람들의 선호를 인정하고 각자의 개성을 존중함으로써 디지털 시대와 맞아떨어지는 직업 세계의 비전을 새로 창출해야 한다.

우리는 이제 업무가 꼭 동시에 진행되지 않아도 된다는 것을 잘 안다. 앞서 살펴봤듯이, 오래전 사무실은 생산 라인의 형태여서 휴식을 취하려면 당연히 모든 사람이 동시에 일을 중단해야 했다. 9시부터 6시까지 일하는 세상에서는 사람들이 같은 시간에 일을 시작했으며, 공동의 기술과 자본에 의존한 기계화된 작업 현장에서는 식사라도 하려면 다 함께 장비를 내려놔야 했다.

현재로 돌아와서, 지금은 디지털 파괴^digital disruption^가 전환 효과를 불러일으키고 있다. 이제 기술적 도구는 물리적 사무실에서만 사용되는 게 아니다. 클라우드가 유행하면서 더 이상 사무실에 업무용 인프라가 설치되지 않으며 인구 밀도도 감소했다. 사람들이 랩탑과 태블릿, 스마트폰을 이용해 어디서나 자유롭게 일하는 모습 자체가 일하는 방식과 공간을 자유롭게 선택하는 시대가 되었다는 의미를 지닌다.

물리학자 닐스 보어Niels Bohr는 "예측은 매우 어려우며, 미래에 대해서 특히 그렇다."라고 말했다. 낭설처럼 들리는 이 말은 예측자와 예언자가 직면하는 불확실성을 드러낸다. 그럼에도 오늘날 직업 세계를 변화시키고 있는 과학 기술이 언워킹의 실천을 뒷받침하는 견고한 데이터를 제공한다. 그에 따라 미래 업무 공간의 패러다임은 즉흥적인 가정이나 집단 사고, 유행하는 디자인, 경영 풍조, 가치 판단이 아니라 명확한 근거에 기반하게 될 것이다. 그러면 가설은 데이터 과학 기반의 업무 공간에서 시험되고 증명되며 측정된다. 선택권을 준다는 것은 권한을 부여한다는 의미다. 언워킹의 개념은 업무 방식의 변화를 운에 맡기는 것이 아니라 인공지능과 머신러닝이 주도하여 정보를 제공하고 선택을 맡기는 방식을 뜻할 것이다.

사람뿐 아니라 건물이 날이 갈수록 정교한 데이터를 생성함에 따라, 또 데이터가 알고리즘으로 처리되면서 새로운 통찰력과 방향성이 생겨나고 있다. 이제 매일 사무실로 출근해야 하는 이유가 거의 사라졌다. 팬데믹 기간에 실시된 여러 설문 조사 결과도 매일 사무실로 출근하는 것이 시대에 뒤떨어진 일이라는 가정을 뒷받침했다. 게다가 록다운 기간에 진행된 설문 조사 결과에 따르면 응답자 중 45~50%가 재택근무를 계속하는 데 만족한다고 밝혔으며, 나머지 응답자들도 대부분 앞으로 사무실 출근과 재택근무를 병행하고 싶다고 밝혔다(5~7%의 응답자만이 예전처럼 사무실로 출근하고 싶어 했다).

위의 설문 조사에서 나온 수치는 미국의 여론 조사 기관인 갤럽Gallup의 조사 결과와도 유사하다. 2020년 여름, 갤럽은 화이트칼라 직장인들을 대상으로 몰입도 조사를 진행했다. 조사 결과에 따르면 응답자의 32%만 '몰입'을 했다. 이들은 자신의 일과 직장에 헌신을 다하고 열심히 참여했다.[1] 또한 응답자의 절반 이상인 54%가 몰입하지 않은 사람들로 분류되었다. 몰입하지 않았다는 건 자신의 일과 회사에 애착을 가지지 못한다는 뜻이다. 이런 사람들은 자신들의 업무에 힘을 쏟지 않거나 열정을 발산하지 못한다. 대략 14%에 해당하는 나머지 응답자들은 '애써 몰입하지 않았다'(직장에서 형편없는 경험을 한 사람들은 자신들의 불만을 동료들에게 전파했다)라고 답했다.

직장인의 겨우 3분의 1만 업무에 집중하려고 노력했다면 조직 문화나 업무 공간의 디자인에 문제가 있는 것이다. 이미 설명한 바와 같이, 오로지 효율성만 추구한 테일러주의의 낡은 유물이 문제다. 좀처럼 개선되지 않는 반복되고 단조로운 사무실 경험에 문제의 원인이 있다. 그래서 과거의 방식으로 일하지 않으려면 사무실을 '끌어당기는 힘'을 갖춘 매력적인 공간으로 만들어야 한다(강제로 직원들을 사무실로 복귀시킬 수 있겠지만 직원들이 정말로 사무실에 있고 싶어 하지 않으면 생산성이 떨어지기 마련이다). 더욱이 책상에 앉아 있다고 해서 꼭 생산성을 발휘한다는 법은 없다. 앞으로 산출량과 결과에 기반하고, 데이터로 측정되고 주도되는 미적분 모델에 '마음을 사로잡는 요소'로 디자인하려는 창의적 욕망이 더해질 것으로 보인다. 데이터 중심의 환경을 운영할 줄 아는 경영자가 아직 별로 없다. 사무실에서 권한을 행사하여 팀을 구성하고 실적을 내세우는 편이 훨씬 더 쉬운 게 현실이기 때문이다.

그렇다면 낡은 방식으로 일하지 않을 비결은 무엇일까? 업무가 처리되며 애플리케이션과 인공지능을 통해 직원의 출입 시간과 목적이 기록되고 분석되는 공간으로 사무실을 변화시키는 것이 비결이다. 직원들은 급여(노동 제공에 대한 대가)를 받아야 하며, 그 급여로 정책이 허용하는 범위에서 자유로이 비용을 지출해야 한다. 이를 위해서는 기업 내부의 시설 관리 부서가 한발 앞서 사내 인프라를 개선하여 직원들의 마음을 사로잡아야 할 것이다.

또한 사무실이 서서히 사라지는 상황에서 전통적인 직원 교육훈련 방법을 대체할 방안이 필요하다. 대개 직원들은 숙련된 상급자 옆에서 직무를 습득한다. 공식 교육과 멘토링뿐 아니라 비공식적으로 학습을 하고 서서히 터득한다. 오픈 플랜 사무실 식의 '엿듣기'로 암묵 지식을 얻는다. 사무실로 돌아온 '완고한 복귀자들'은 이 방식을 대체할 해법을 아직 찾아내지 못했다. 디지털 업무 공간에서는 두 가지 핵심 과제를 수행해야 하는데, 이때 사회적 자본과 문화적 자본을 활용해야 한다. 인맥 네트워크의 형성, 평판과 신뢰의 구축은 전문성을 개발하려고 할 때 핵심인 과정이다(예측 가능한 사무실 인구가 없는 상황에서 어떻게 사회적 자본을 구축할까?). 그런데 직원들은 다른 사람들을 지켜보거나 사람들의 대화를 엿듣지 않고 어떻게 기술을 습득하고 개발할까?(문화적 자본은 가상의 장소에서 쉽게 대체되지 않는 것일까?)

미래의 업무 공간에서는 '선택적 옹호자들'이 지지하는 새로운 체제를 통해 학습 및 기술 개발 방식이 대체되고 복제되어야 한다. Z세대 직장인들은 이미 유튜브 등의 디지털 플랫폼을 통해 지식을 소비하고 새로운 기술을 개발하고 있다. 교육과 관련해서는 팬데믹으로 인해 수백만 명의 아이들과 학생들이 집에 갇히는 신세가 되기 전부터 온라인 공개 수업massive open online course, MOOC의 개념이 널리 확산되었다. 이런 플랫폼으로 대면 수업은 대체될 수 있겠지만 사무실에서 예상 밖의 확률로 일어나는, 비공식적인 우연한 만남은 무엇으로 대체될까?

우리는 낡은 관행을 타파하는 과정의 일부로써 다양한 업무 형태를 '6C'의 개념으로 정립했다. 소통communication과 협업collaboration은 에너지와 속도를 생성하고, 집중concentration과 사색contemplation은 질과 깊이를 향상시킨다. 이 활동들은 다섯 번째 'C'인 커뮤니티community 그리고 여섯 번째 'C'인 클러스터cluster 안에서 일어난다. 이런 활동들은 조직 네트워크 분석(조직 내 상호 작용을 분석하는 방법-옮긴이)에 기반하는데, 데이터에 기반해 서로 협업해야 할 사람들이 결정된다. 그 현장에서 바로 학습이 이루어지기도 한다. 새로운 목적, 새로운 프로젝트, 새로운 사건이나 계약 또는 연구 개발의 결과 등이 있을 때 사람들이 서로 접촉하게 만든다.

6C 활동 모델이 적용된 하이브리드 워크 환경은 한계가 정해진다. 집에서 진행되는 활동과 새로운 업무 공간에 가장 적합한 활동이 구분되는 것이다. 이러한 판단은 민첩성 지수와 재택근무 지수라는 두 요소를 근거로 한다. 민첩성 지수는 자유롭게 이동하거나 장소에 얽매이지 않고 다양한 유형의 직무가 수행되는 정도를 평가하며, 재택근무 지수는 주간 사무실 근무 일수를 기준으로 하는 하이브리드 워크 모델의 실태를 보여준다. 이러한 정도의 혼재성만 살펴보더라도 조직이 기능하는 방식이 파악되는 것은 물론이고 업무 공간의 요건들, 즉 필요로 하는 업무 공간, 작업 영역(하이브리드 워크 모델에서 일이 처리되는 장소들)의 비전을 완성할 제3의 장소가 그려진다.

이 내용이 정적인 상황이 아니라는 점은 분명하다. 사업 계획 수립이나 보상·포상 심사와 같은 순환적 특성의 작업을 통해서든 새로운 프로젝트나 계약, 일시적 행사 때문에 팀이 구성되든 수요와 니즈는 유동과 변화의 상태에 있기 마련이다. 하이브리드 워크로 한때 예측 가능했던 업무 공간에 불확실성이 높아져서 적응력과 예측성, 유연성이 요구된다.

이는 미래에 업무 공간이 두 유형으로 분류된다는 점을 시사한다. 첫 번째 유형은 '탄력적인 업무 공간elastic workplace'인데, 완전히 유동적이거나 가변적인 공간이 처리되어야 할 작업을 중심으로 진화하고 순환한다. 유동적이고 움직이는 이 공간에서는 적응성과 유연성이 중요하다. 이런 업무 공간과 관련해 브라운 운동이라는 화학적 원리에 빗댄 '과잉superflux'의 개념은 수많은 객체가 끊임없는 운동과 상호 작용의 상태에 놓여 있다는 사실을 의미한다. 그래서 혼자서 고독하게 일하는 것보다는 상호 작용의 측면에서 '일하는 장소의 존재 이유'가 앞으로 더 분명해질 것으로 보인다.

아울러 건물은 사회적 네트워크의 물리적 실체가 될 것이다. 두 번째 유형의 업무 공간에서는 애자일, 스크럼, 캔반Kanban(보드로 진행 상황을 시각화해 작업 수행 전 생산성에 영향을 주는 병목 상태

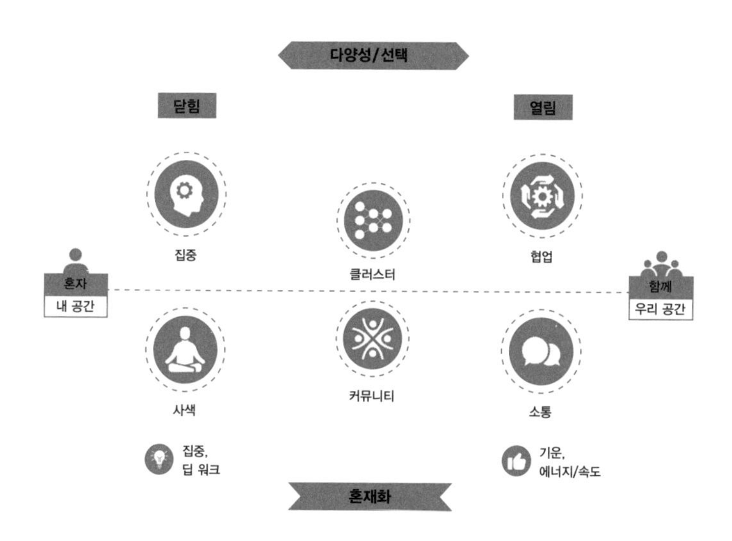

하이브리드 워크 6C 모델. 언워크Unwork, 2021년.

를 식별한다)의 원칙을 지지하는 팀이 활동한다. 다시 말해, 프로세스가 정립되고 문제를 해결하거나 해법을 도출하기 위해 개별 팀들이 결합한다. 이 프로세스들은 도요타Toyota가 개척한 린 생산 방식lean manufacturing에서 유래했다. 주로 소프트웨어 개발팀이 이 프로세스들을 채택하여 스프린트라는 일정한 주기를 가지고 신종 애플리케이션과 플랫폼을 출시한다.

앞서 언급했듯이, Z세대의 경험과 디지털 라이프 스타일은 다가올 미래에 대해 많은 것을 알려준다. Z세대가 스냅챗과 포트나이트 같은 플랫폼을 통해 실시간으로 소통을 하는 방식을 들여다보면 인터넷에 상시 연결·접속되어 친구들과 동시에, 투명하게 상호 작용하겠다는 기대가 드러난다. 우리가 Z세대를 '젤리빈 세대Jellybean Generation'라고 불렀던 이유도 그들이 자신들의 위치와 활동부터 생각과 취향, 신념까지 친구들과 '투명성'을 공유한다고 생각했기 때문이다.

젤리빈 세대는 사람들의 현재 상태가 공유되는 왓츠앱WhatsApp과 스냅챗, 마이크로소프트 팀즈, 구글 행아웃Google Hangouts 같은 새로운 디지털 플랫폼에서 아이디어를 축적한다. 이런 플랫폼에서는 대화 가능 여부나 사용자의 상태가 널리, 공개적으로 알려진다. 사람들의 현재 상태를 보여주는 아이콘을 젤리빈이라고 부르는 이유도 여기에 있다.

이런 현상은 의사소통과 상호 작용, 업무 방식을 선택하는 과정에 큰 영향을 미치기 마련이다. 젤리빈이 생기기 전에만 해도 메시지가 비동기식으로 전달되었다. 편지를 보내더라도 수신자가 편지를 받았는지 혹은 언제 답장을 할지 알 수 없었다. 전화로 동기식 의사소통이 가능해졌지만 상대방이 대화가 가능한 상태에서만 의사소통이 가능했다. 지금은 다양한 플랫폼에서 사람들의 상태가 실시간으로 공유된다. 상대방이 메시지를 읽었는지 무시했는지 여부도 알 수 있으며, 현재 대화가 가능한 사람을 확인할 수도 있다. 젤리빈은 세상 곳곳에 퍼질 것이며 사람들의 의사소통 방식을 완전히 바꿔놓을 것이다.

같은 맥락에서 포트나이트 같은 플랫폼에서 게임을 즐기는 이용자가 늘어나고 있으며 우버와 아마존, 트립어드바이저Tripadvisor 등의 애플리케이션이 유행한다. 이 현상에는 상호 작용, 개인화, 위

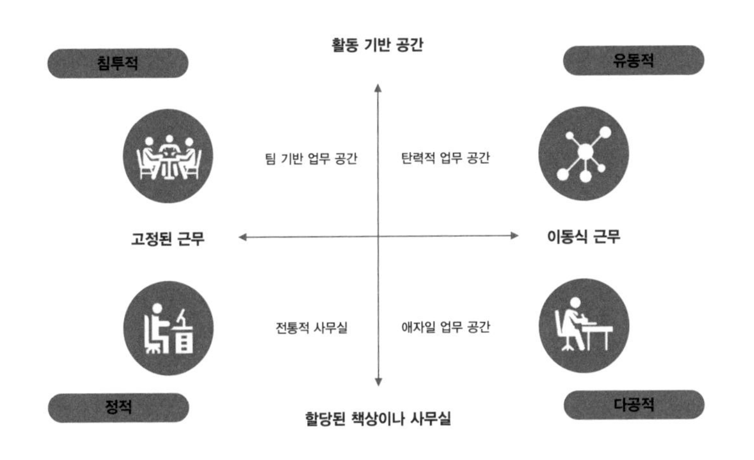

— 하이브리드 워크는 개인에게 배정된 책상에서 활동 기반 공간으로 삼되 자유롭게 이동하는 방식을 말한다. 언워크Unwork, 2021년.

치 공유, 피드백에 대한 이용자들의 기대가 반영되어 있다. 이런 플랫폼과 애플리케이션에서 이용자들은 평가하기 또는 게임의 요소로 리뷰나 조언을 남기고 공유한다.

업무 공간에서 게임의 요소는 엑스박스 세대에게 중요한 가치가 될 것이다. 게임은 협력이자 사회적 스포츠로 플랫폼에서 이기려고 경쟁하는 동시에 사람들과 교류하는 활동이 되었다. 사람들이 스냅챗에서 금세 증발되는 시각적 메시지를 교환하며 즉각적인 만족감을 얻는 모습은 다양한 직업 세계의 미래상을 보여준다. 이는 이메일과 문자 메시지로 소통했던 베이비부머 세대와 X세대의 모습과는 극명히 대조된다. 이메일이나 문자 메시지를 주고받는 방식은 실시간으로 일어나지 않는 비동기식 소통이기 때문이다. 드넓은 회의실에서 각본대로 얼굴을 맞대고 끝없는 회의를 하는 방식은 과거의 유물이 될 수밖에 없다.

지금은 사용자의 선택을 위한 기술이 존재하는 시대다. 그렇지만 정보와 의사 결정은 완벽하지 않다. 데이터가 부족하면 정보에 입각하지 않은 채 의사 결정을 해서 의도치 않은 결과를 초래하기도 한다. 인공지능과 데이터 분석은 최적의 근무일을 설정해서 우리에게 제안할 것이다. 애플리케이션 기반의 경험 속에서 과거의 실적이 분석되고, 현재의 활동이 고려되며, 데이터 레이크가 검토되어 함께 일할 사람들과 일할 장소, 공간이 추천된다.

근무 시간도 지금보다 더 인간적으로 바뀔 것이다. 사무실에서 하루 종일 앉아서 일하면 비만이나 당뇨 등의 질병에 걸릴 확률이 높아진다. 이 사실을 깨달았으므로 이제 우리는 생체리듬에 반응하는 '건강한 업무 공간'으로 나아가야 한다. 태양광과 신선한 공기, 향기 자극 등 자연의 감각이 물씬 풍기는 바이오필릭 디자인은 일하기 좋은 장소의 특징이 될 것이다. 여기에 명상처럼 '기분을 전환시키는 활동'이 활발히 이뤄지면서 프로세스 중심의 사무실이 종말을 맞이하게 될 것이라고 예상한다.

여기서 끝이 아니다. 사람들은 건강을 관리하도록 권고받고 그에 대한 권한을 부여받는다. 이와 관련하여 업무 공간의 성과 측정 지표로 '수치화된 자아quantified self(웨어러블 디바이스와 센서를 통해 수집된 환경 데이터와 개인 지표가 조합된 것-옮긴이)'가 등장했다. 운동선수들이 훈련 성과를 측정하고 최적하듯이, 사무실의 직원들도 마찬가지로 성과를 측정할 수 있다. 직원들의 건강은 미래 업무 공간의 핵심 요소가 될 것이다. 일찍이 설명했듯이, 우리가 느끼는 방법으로도 요약할 수 있는 지각력이 웰빙을 측정하는 핵심 요소가 될 것이라고 본다. 날이 갈수록 개인화되는 업무 공간에서 경험이 이루어지며, 거기서 수집된 데이터가 개인의 성과와 실적을 반영할 것이다.

기업도 직원들을 위해 기업 스포츠 분야의 데이터 과학 모델을 도입하고 한계 이득marginal gain의 접근법을 채택할 것이라고 생각한다. 개인의 능력 향상뿐 아니라 기업의 매출 달성 등 하나의 큰 목표를 작은 부분들로 나누고 각 부분을 개선해 나갈 것이다. 매슈 사이드Matthew Syed가 『블랙박스 시크릿』에서 설명했듯이, 기업이 현실을 회피하기보다는 교훈을 습득한다는 점에서 실수로부터 배우는 것이 결정적인 차별화 요소가 된다. 사이드는 실수가 어떻게 혁신을 이끄는지 설명하고 공간의 중요성을 되돌아본다.

> 이는 왜 도시들이 그토록 창의적인지, 왜 아트리움이 중요한지 설명하는 데 도움이 된다. 이질적인 사람들을 허용해서 아이디어가 서로 부딪치게 하는 환경이 그토록 도움이 되는 이유인 것이다. 그것들은 다양한 아이디어의 조합을 촉진하며, 사람들이 얼굴을 마주하며 반대 의견을 내고 비판하게 만든다. 모든 것이 창의성을 자극하도록 돕는다.[2]

요컨대, 집단 사고에 대응해 발산적 사고divergent thinking(가능한 새로운 해결 방안을 다양하게 탐색하여 창의적인 아이디어를 내는 사고방법 – 옮긴이)를 장려해야 한다는 의미다. 다양한 산업에서 데이터를 이용해 성과를 최적화하듯이, 업무 공간에도 그 사례를 그대로 적용해야 한다.

예를 들어, 자동차 경주 대회인 포뮬러 원Formula One에서는 운전자의 실력은 물론 자동차의 성능에 관한 수많은 라이브 데이터 포인트가 실시간으로 스트리밍되어, 참가한 팀들이 전력을 점진적으로 개선하는 일에 집중할 수 있다. 이 한계 이득의 접근법을 따르면 막연히 '대성공'을 기다리지 않고 단계를 밟아가며 성과를 개선할 수 있게 된다. 이러한 미세조정이 작업장을 구축하는 비결이다.

인공지능은 일반적인 인간 노력의 영역을 넘어서는 실시간 통찰을 통해 업무 공간 이용자의 행태를 분석하고 성과를 개선할 지침을 제공할 수 있다.

로봇이 부상하고 다양한 분야에서 자동화와 인공지능으로 인해 일자리가 위협받고 있으며, 이에 관한 논의가 활발히 벌어지는 중이다. 지난 산업 혁명 시기에 블루칼라 노동자들은 작업 현장에서 사무실로 이동한 화이트칼라 사무원들에게 자리를 빼앗겼다. 지금 우리는 노칼라 디지털 작업장으로 나아가고 있다. 이 공간에서는 '테크 터크들tech turks(터크는 18세기 후반 헝가리 귀족이 만든 체스 두는 기계 인간이었다-옮긴이)'이 불안정한 긱 이코노미 하에서 직무를 수행한다.

이는 기술의 진보라는 피할 수 없는 대세일까? 아니면 영국 왕립예술학회의 사무총장 매튜 테일러가 2017년 '좋은 일자리: 현대의 노동 실태에 대한 보고서(Good Work: The Taylor Review of Modern Working Practices)'라는 제목의 보고서에서 긱 이코노미 시대에 놓인 영국 정부에 조언했듯이, 일의 존엄성에 관심을 가져야 하는 걸까? 이 보고서에서 매튜는 "사회 정의, 경제의 역동성, 시민 참여를 위해 좋은 일자리가 근본적으로 중요하다."라고 주장했다.[3]

영국은행Bank of England에서 총재를 지냈던 마크 카니Mark Carney는 "수명의 연장 및 기술의 급속한 발전이 일부 노동자들에게 퇴직이라는 선택권을 전혀 주지 않는다는 의미일 수 있다."라며 경고를 했다. 인공지능과 자동화, 생명공학, 3D 인쇄 기술이 주요 성장 동력이 될 4차 산업 혁명을 앞두고 있다. 노동 환경이 너무 빨리 변화해서 노동자들이 새로운 일자리로 원활히 이동할 수 없지만 많은 사람이 퇴직할 여유도 없는 것 같다는 것이다.[4] 그래서 기계로 대체될 일자리를 두고 논쟁을 벌이기보다는 기계로 대체되지 않는 일자리, 더 중요하게는 앞으로 생길 새로운 역할과 직무를 파악해야 한다. 비영리 싱크탱크인 미래 연구소Institute for the Future가 예측한 것처럼 우리는 아직 존재하지 않는 미래의 직업을 두고 학생들을 교육하고 있다.

끊임없는 변화 자체가 새로운 현실이 되었다. 그래서 우리가 이 책에서 제시한 예측들이 열린 혁신의 문화로 수용되어야 한다. 내일을 위해 아이디어를 자극해야 한다는 말이다. 이것이 우리에게 주어진 핵심 과제다. 오늘날 우리에게 부담이 되는 경직된 구조적 접근 방식보다는 끊임없이 변화하는 유연한 운영 방식을 창안해야 한다.

장차 사용자 중심의 업무 공간이 사용자 예측의 업무 공간으로 이행되는 모습을 목격하게 될 것이다. 진화와 생물학에 대한 이해도가 계속되는 인류의 발전이라는 반복된 테스트를 통해 높아졌듯이, 업무 공간에도 진화적 실패의 교훈이 반영되어야 한다. 실리콘 밸리에 퍼져 있는 '빨리 실패하기'의 미신은 실패가 좋은 일이고 축하받아야 하는 일이라는 창업 정신을 잘 보여준다. 실패 자체가 학습하는 방식이 되기 때문이다. 그동안은 실패는 전통적인 현대 사무실에서 감히 입 밖으로 꺼내지도 못하는 말이었지만 말이다.

어쨌거나 이 원칙들을 바탕으로 새로운 사무실 공간 유형(탄력성과 유연성을 제공하는 건물 형태, '사람들이 거주하려고 하는 컨테이너')을 생각함으로써 하이브리드 복합 부동산 개발이라는 새로운 비전을 도출했다. 앞서 논의한 바와 같이 과거부터 부동산은 용도별로 구분되었으며, 도시 계획가들은 건축물의 용도를 사무실, 상점, 주거, 의료 시설로 분류했다. 건물들은 도시와 마을에서 저마다 다른 지역에 위치하며, 심지어 동일한 경제개발 계획 안에서도 따로 분리되었다. 더군다나 복합 용도 개발이 진행되어도 서로 거의 아무것도 공유하지 않았다. 특히 데이터가 공유되지 않았다. 이처럼 부동산을 분리하는 방식은 직업 세계를 재편하는 사회 경제 트렌드 및 흐름과 모순되며, 12장에서 설명한 것처럼 복합 디지털 지구의 시대에서 과거의 낡은 관행이 되어가고 있다.

교통설계 분야의 전문가들은 항상 경제 성장과 교통 성장의 상관관계에 주목했다. 교통 수요가 증가한 사실은 과거의 데이터와 연관되었다. 혼잡 시간대는 항상 있었다. 그렇기 때문에 철도 노선과 플랫폼을 확대하고 인프라를 확충하는 등 수용력을 확대하는 방향으로 투자했다. 그런데 교통 인프라에 대한 투자가 확대되면서 사람들은 저마다 다른 시간대에 다양한 방식으로 이동했다. 이는 팬데믹 이후 도시 경관에 나타난 두드러진 변화라고 할 수 있다. 사람들은 전통적인 업무 방식에 매몰되기보다는 새로운 패러다임을 따랐다. 매일 출근하지 않아도 되고, 교통이 혼잡한 시간대에 출근할 필요도 없게 되었다.

혼합 용도의 사무실 건축물에서는 사람들이 거주하면서 여가를 즐기는 모습이 그려진다. 이런 공간에서 자원과 전문 공간이 공유되는 과정은 순환 경제의 비전과 맥을 같이 한다. 다양한 편의시설 중 업소용 주방은 낮엔 직원이나 방문자에게 음식을 제공하는 공간에서 밤엔 집으로 음식을 배달해주는 식당으로 전환될 수 있다. 낮에 타운홀 미팅이나 기업체의 회의 장소였던 강당은 저녁에 거주자 전용 극장이 될 수도 있다. 마찬가지로 실습실은 강의실로, 협업 공간은 사회적 공간으로 변신할 수 있으며 사내 체육관과 레저 시설은 365일 24시간 내내 운영될 수 있다. 자산은 공유 경제에서 사용될 때 비용이 절감되고 효율성도 높아진다. 이 접근 방식에 따라 도시가 활성화된다. 주말에 쥐죽은 듯 조용했던 중심 업무지구는 생명력을 되찾고, 다양한 세대가 도시의 활력을 만끽할 것이다(20대가 사람들과의 교류를 즐기고 뉴실버 세대가 자식이 떠난 빈 둥지에 갇혀 있지 않고 사회활동에 열심히 참여하는 식으로).

무엇이 사람들을 행복하게 만들까? 갤럽이 발표한 조사 결과는 행복이 사무실이나 출퇴근이 아니라는 점을 분명히 보여주며 우울함을 안겨준다. 그래도 옥시토신은 우리가 행복의 과학을 정립하는 데 도움이 될지도 모른다. 옥시토신은 사람들이 결속될 때 분비되는 호르몬으로, 올바른 업무 공간의 디자인에 생물학을 적용하도록 도와준다. 얼굴 표정과 성과의 관계를 뒷받침하는 근거가 늘어나고 있다.

직장에서 참여도나 만족도를 높이는 것은 무엇일까? 인간이라는 측면에서 미주신경은 '존재'를 관할하는 부교감신경 중 하나다. 이 부교감신경은 활동이나 행위를 관할하는 교감신경과 상호 작용한다. 미주신경은 스트레스 반응을 줄이고 평온한 상태를 유지하도록 해준다. 예컨대, 마감일이나 성과 평가 등 압박받는 활동을 할 때 아드레날린이 방출된다. 그렇다면 어떻게 얼굴 표정을 식별하고 관리할 수 있을까?

우리는 공기의 질이나 조명의 색상, 온도 같은 환경 요소를 비롯해 속도와 속력 등 다양한 요인에 영향을 받는다. 예를 들어, 주식 거래소나 영업부서는 필연적으로 스트레스와 압박이 높은 공간이다. 그렇다면 균형을 유지할 공간, 휴식하고 회복하며 활기를 되찾고 다시 시작할 공간이 필요할까? 안타깝게도 이에 대한 만병통치약도 특효약도 없으며, 직업 세계를 정의할 규범적 접근법도 없다는 것이 분명한 현실이다. 그렇다 해도 다른 비전을 향한 명확한 이정표가 있다. 우리는 휴리스틱heuristic(발견법이라고 하며 이전의 경험이나 단서를 통한 직관적인 사고방식 – 옮긴이)으로 결과를 도출할 수 있겠지만 날이 갈수록 데이터를 활용하여 최적의 업무 공간과 업무 형태를 정립할 것이다.

한층 더 인간화된 업무 공간, 그래서 사람들이 소속감을 느끼게 되는 공간이 필요하다. 이와 관련하여 2008년 환경심리학자 재클린 비셔Jacqueline Vischer가 직장에서의 편안함을 세 단계의 모델로 설명했다. 비셔에 따르면 신체적 편안함은 거주 가능성의 기본적인 기준점이다. 이어서 기능의 편안함은 업무 요건에 환경 조건을 적용시킨다. 마지막으로 심리적 편안함은 영역, 정체성, 웰빙, 소속감 같은 심리사회적 니즈에 관련이 있다.[5] 이 심리적 편안함은 세 단계의 피라미드 최상단에 위치한다. 그리고 이미 때가 되었다. 일이 점점 세분화되는 현재 기업은 정체성을 높여주는 집 같은 공간을 구성해야 한다.

새로운 유형의 업무 공간은 다양한 요소로 구성될 것이다. 사람들이 수행할 실제 활동과 업무에 기반한 공간에서 '건물 구성 요소들'이 유연성과 다양성을 높인다. 이질적인 요소들을 공존시켜 선택권을 제공할 것이며 창의성과 표현 능력이 그 접근 방식의 일부가 될 것이다. 사람들은 환경에 쉽게 적응하고 대응할 수 있어야 한다.

또한 사람들이 건물을 돌아다니는 과정이 세밀히 계획되고 최적화되어야 한다. 스칸디나비아항공의 CEO 얀 칼슨의 저서 『고객을 순간에 만족시켜라』를 보면, 고객과의 접점 및 기억할 만한 에피소드를 창출할 기회를 규정한다. 그 접점들에 의해서 사람들의 여정, 그 여정이 관리되는 방식이 결정되며 각 과정에서 발생하는 결정적 순간들이 사람들의 인식을 결정한다고 말했다. 그리고 그 여정에서 개개인의 근무 시간을 채울 '경험지도'가 형성된다. 이런 경험을 형성하고 관리하는 일(누군가의 여정을 최적화하여 '직장에서 최고의 하루'를 보내도록 해주는 일)은 우리의 재능에 좌우된다. 그래서 사무실 출근 일수가 적은 하이브리드 워크 환경에서는 제한된 순간들을 최대한 활용하여 특별한 경험을 마련해야 한다.

업무 공간 디자인은 사용자의 경험을 개선하기 위한 콘셉트 개발 단계에서 물건 사기, 레저, 문화, 예술 등의 분야와 조화를 맞춰 조정될 수 있다. 사람들은 기억할 만한 순간들, '마음을 사로잡는 요소', 즉 4장에서 설명한 경외감에 마음을 빼앗긴다. 이미 우리는 '인스타그램(개인의 경험을 맞춤화하는 서비스로 발전하고 있다-옮긴이) 직장'의 시대로 진입했다. 유니레버 싱가포르 본사나 마이크로소프트 뮌헨 본사 행사장에서 아이스크림 가게가 열리고, 런던에 위치한 리처드 로저스Richard Rogers의 치즈윅 공원을 관리하는 엔조이 워크Enjoy-Work 캠퍼스에는 자연과 어우러진 유선형 공간pod이 설치되어 있듯 말이다. 또 시애틀에 있는 아마존 본사의 더 스피어스도 친환경을 강조한다.

이 책에서는 기업이 디지털 경제에 적응하기 위해 사일로를 부숴야 한다고 이야기했다. 새로운 '기업 인류학'의 관점에서 직업 세계와 업무 방식에 대한 다양한 인식을 소개했다. 그리고 미래 직업 세계에서는 지속 가능한 혁신이 번영으로 이어지며, 선형적 사고와 비선형적 사고가 공존한다고 예측한다.

세인트 루크스의 앤디 로가 말한 것처럼 작업 방식의 변화가 사고방식의 변화를 낳는다. 인지부조화가 만연한 현상에는 조화롭지 않은 업무 공간을 만들어서, 건설적 갈등과 논쟁의 분위기를 조성함으로써 토론을 유발하고 발상의 전환을 가져와야 한다.

공간의 다양성은 행동과 반응의 다양성을 유발하기 때문이다.

디지털 파괴의 영향은 감히 가늠하기 어렵다. 뻔한 말이지만 디지털 기술을 받아들이고 디지털 역량을 강화하는 기업만이 시장에서 생존할 것이다. 기업들은 디지털 포식자가 되거나 디지털 희생양이 될 것이다. '아웃 오브 오피스'는 디지털 기술로 인한 필연적 결과로 예측되었지만 앞서 확인한 바와 같이 문제를 해결하고 서로 교류하려면 함께 모여야만 한다. 얼굴을 맞대고 나란히 앉는 행위는 혁신 기업의 전제 조건이자 직원들을 사무실로 돌아오게 만드는 원동력이다.

팬데믹 이전만 해도 업무 공간의 대상으로 사무실과 집은 양극단에 있었지만 협업이 증가하면서 이러한 구도에 변화가 생겼다. 5장에서 소개했듯이, 협업의 필요성이 대두되면서 유연한 공유 작업 공간이 해법으로 등장했다. 새로운 장르의 문을 열어준 핵심 요소로 공유 오피스 같은 회원제 모델, 지역 사회 활동을 통해 확대되는 경험, 공간의 중심에 음식과 음료가 배치된 구조, 멋진 디자인으로 행동을 변화시키고 활력을 불러일으키는 환경을 들 수 있다. 협업 공간에서는 다양한 유형의 사용자경험이 발생한다. 이런 사용자경험은 대기업들이 모방하려고 애쓰고 있음에도 업무 현장에서 실현하기 어렵다.

앞으로 중세시대의 길드를 모델로 하는 전문화된 협업 공간이 등장할 것으로 예상된다. 과거에 길드는 최초의 공유 건물을 만들었고 거기서 사람들은 특정 직업, 기술, 관심사를 바탕으로 뜻을 함께하는 공동체에 참여할 수 있었다. 시티오브런던의 더 네드The Ned 호텔, 스톡홀름에 설립된 소호 웍스Soho Works와 No18은 모두 회원제 클럽을 운영한다. 이 회원제 클럽들은 18세기 이래 영국 상류층 남성들의 사교 클럽을 21세기에 적용한 사례로, 지금 이 시대에는 남성이나 여성에 국한되지 않고 사람들이 있고 싶어 하는 공간으로 공유된다. 협업을 통해 다양한 기업에 소속된 사람들이 같은 작업 공간을 공유할 뿐 아니라 애자일 워킹에 효율적인 환경이 조성된다. 게다가 위워크, 스페이시즈, 인더스트리어스Industrious, 더 오피스 그룹The Office Group 등의 공유 오피스 제공업체들과 더불어 호텔과

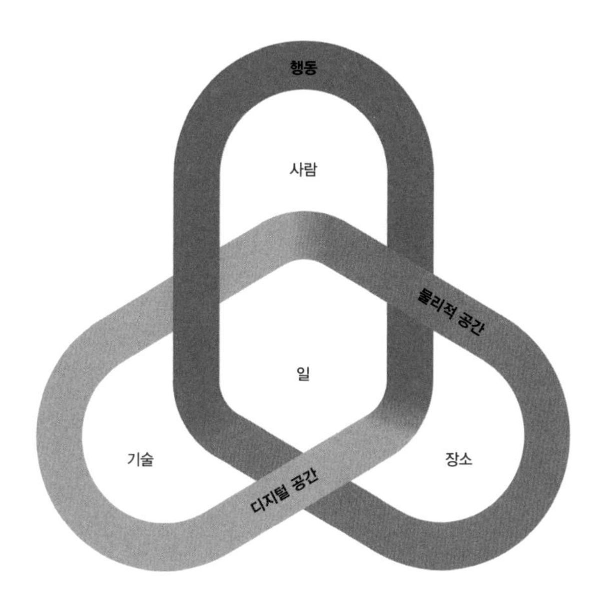

일의 미래는 행동, 디지털 공간, 물리적 공간이 하나의 연속체를 이룬다. 워크테크 아카데미, 2021년.

사무실 임대 회사들이 그들 나름의 협업 공간을 제공하면서 업종 간 경계가 희미해지고 있다.

팬데믹 이후 사무실이 획일적인 공간에서, 다양성이 존중되고 이질적인 요소들로 이루어진 공간으로 바뀌는 중이다. 게다가 재택근무를 가능하게 하는 디지털 전략의 일부가 되었다. 인공지능과 머신러닝, 데이터 분석이 더해져 정교한 공간 계획과 관리가 이루어지는 새로운 시대가 열리고 있는 것이다. HR 부서와 IT 부서, 여러 시설이 결합한 방식이 필수 원칙으로 떠오르고 있으며 사일로가 해체되면서 새로운 통합 부서가 등장하고 사람과 공간, 기술이 끊임없이 유동하는 흐름이 형성되고 있다. 이러한 통합 부서는 모든 조직의 성공에 영향을 미치는 디지털 공간과 물리적 공간, 행동의 영역을 전략적으로 결정한다.

코로나19 팬데믹은 일과 업무 공간에 대한 개념을 근본부터 뒤집었다. 이전에는 집이나 여러 장소에서 일하는 원격근무의 실현 가능성에 의문이 제기되었지만 강제적인 록다운으로 인해 풀리지 않던 의문이 누그러졌다.

이 책에서 소개한 열 가지 흐름은 일의 본질을 비롯해 업무를 수행하는 사람들의 기대를 근본적으로 재평가하여 사무실이 나아갈 새로운 방향을 모색하도록 해준다. 성공으로 가는 여정이 늘 그런 것처럼 그 과정에서 위험과 반대에 부딪힐 것이다. 그렇다 해도 언워킹의 비전을 실현해 나가는 지금, 업무 공간의 열 가지 새로운 방향이 있다는 점을 확신한다.

1. 사교 공간

팬데믹 기간 동안 진행한 연구에서 중요한 사실을 발견했다. 사람들은 집에서 근무하는 동안 한 가지 중요한 요소를 누리지 못했다. 사무실에서 동료들과 어울리고 교류할 기회가 사라진 것이다. 허물없는 농담과 대화, 선배를 따라잡기 위한 노력이 인간적인 직장을 만드는 법인데 많은 직장인들이 팬데믹으로 인해 그런 기회를 놓쳤다. 사무실은 사람을 위한 공간이자 특별함을 주는 공간이 되어야 한다고 말하고 싶다. 그 공간 안에서 사람들이 연결되고 우연한 발견이 일어나도록 설계되어야 한다.

이를테면 사람들의 참여와 상호 작용을 장려하는 수단으로 음식과 음료가 주된 위치를 차지해야 한다. 가까운 예를 들자면, 오늘날 런던에 있는 클럽에서 사람들이 긴 탁자 앞에 빽빽이 앉아서 평소 몰랐던 사람들과 다양한 소재로 대화를 나눈다. 대학교의 식당도 마찬가지다. 여기서는 다양한 학부의 교수들이 저녁 식사를 하며 토론을 벌인다. 이렇게 음식과 음료를 사회적 업무 공간의 중심에 배치해서 환경의 효율성을 높이는 동시에 인지적 성과를 낼 수 있는데, 이런 배경에서 아이디어가 창출되고 사무실로 복귀해야 할 목적의식이 생겨난다.

2. 건강에 좋은 공간

사람들은 직장에 출근해서 기분 좋은 하루를 보내고 싶어 한다. 어쩌면 출근했을 때보다 더 건강하게 퇴근하길 열망할 수밖에 없다. 11장에서 설명한 바와 같이 건강과 웰빙에 영향을 미치는 다양한 요소들이 있으며, 이 요소들을 최적화할 수도 있다. 예를 들어, 주로 앉아서 일하는 업무 공간은 걷기와 서 있기, 돌아다니기를 장려해서, 말 그대로 '서서 생각하는 공간'으로 대체되어야 한다.

건강한 업무 공간은 지속 가능한 공간이다. 병든 환경에서는 건강한 업무 공간이라는 개념 자체가 존재하지 않기에 직업 세계의 미래를 위해 기후 변화에 많은 관심을 가져야 한다. 기업들은 순환 경제나 탄소 중립 같은 기후 행동 제안에 발맞춰 계속해서 부정적인 환경의 요소를 줄여나가야 할 것이다.

3. 감각을 살리는 공간

감각은 환경(바이오필리아 또는 자연, 햇빛, 맑은 공기, 조명, 음향)뿐 아니라 업무 현장에서의 경험으로 풍부해진다. 우리의 감각을 일깨우는 디자인으로 주변 환경을 조성해야 하는 이유가 여기에 있다. 사업 관련 사항부터 생체리듬이나 계절적 변화에 이르는 사건을 중심으로 감정은 순환하며 변화한다. 이 사실을 수용하여 감각을 의식적으로 표현해야 한다.

4. 목적을 일깨우는 공간

업무 공간은 그 안에서 수행되는 업무와 활동에 적합해야 하는 것은 물론이고, 차이가 인정되고 다양성이 존중되는 환경이 되어야 한다. 이질적인 요소들로 이루어진 공간이 개개인의 필요를 충족시키고 의미와 목적을 부여하기 때문이다. 이는 팬데믹 시기에 드러난 사실인데, 사람들은 특정 업무를 하기 위해 기존보다 자주 사무실로 복귀하려고 했다. 사무실로 복귀함으로써 단순히 일을 한다는 차원을 넘어 매일 많은 것을 성취할 수 있었다.

사람들은 기술 지원이나 드라이크리닝, 자전거 관리 등의 심부름 서비스, 직업상 배워야 하는 기술이나 기타 유용한 기술로 분류되는 새로운 기술, 운동 수업이나 명상, 영양 관리 같은 웰빙을 위한 운동 등 다양한 편의를 누릴 수 있어야 한다. 그에 더해 회사로 출퇴근하는 목적이 생겨야 한다. 이런 맥락에서 사람들은 도시 또는 주변의 도시 공간과 연결되고 싶어 한다고 말할 수 있다. 도시 활동화 구역 또는 도시 활성화 지구가 기업의 영역을 넘어서 사람들의 목적의식을 확장한다.

5. 탄력적인 공간

물리적인 업무 공간은 늘 경직성으로 인해 제약이 따랐다. 그래서 지금은 끊임없이 변화하는 역동적인 전시 센터 또는 자체 무대 세트를 갖춘 레퍼터리 극장 등이 결합된 새로운 유형의 사무실이 필요하다.

유연성과 변화를 수용하는 새로운 접근 방식도 요구된다. 유동적이거나 가변적인 공간은 끊임없는 흐름 속에 있는 애자일 조직에 맞춰 적용되어야 한다. 수요의 탄력성을 효과적으로 관리해야 성공으로 한걸음 더 다가설 수 있다. 하지만 지금의 업무 공간은 대부분 탄력성이 떨어진다. 특히 변수가 생길 때 변화에 대응하는 유연성이 너무 낮다. 팀과 프로젝트 또는 계절적 변화 같은 변수가 니즈를 변화시킬 때 유연하게 변화하는 공간을 디자인하는 것이 미래를 대비하는 비결이다.

6. 개인화된 공간

사무실은 너무도 오랫동안 특색이 없는 장소였지만 요즘 들어서는 브랜드와 문화를 잘 반영하는 공간으로 진화했으며 그에 더해 맞춤식 접근 방식이 적용되는 중이다. 지금은 누구나 디지털 기기를 가지고 다니며 주변 세상과 상호 작용하고 있어, 업무 공간에 들어선 사람들과 위치 등의 정보가 공유된다. 경험을 개인화하는 능력이 우리에게 생긴 것이다.

위치 레이어location layer는 회의실을 찾고 동료의 위치를 파악하여 우리가 원하는 경험을 제공한다는 의미를 담고 있다. 오버레이어링 및 매시업mash-up(여러 웹사이트의 정보를 융합해 새로운 정보와 서비스를 제공하는 일 - 옮긴이)이라는 개념에 인공지능과 통찰이 더해져서 경험이 형성되고 서비스가 제공된다. 사무실 내부에서는 직장 앱을 통해 개인화가 구현되고, 근무 시간이 관리되며, 사용자가 원하는 경험이 실현된다. 이렇게 공간은 개인화되며 10장에서 탐구한 방법론에 맞춰 조정된다.

7. 맥락화된 공간

데이터 세트에 사람들이 수행할 활동에 대한 정보를 오버레이할 수도 있다. 온라인 캘린더에 기록된 정보를 비롯한 다수의 데이터 자료를 토대로, 개인화된 업무 공간이 선호와 기피 대상을 구분한다. 개인화된 업무 공간이 판단해준 개인의 정보와 위치, 니즈와 선호는 '직장에서 보내는 최고의 하루'를 선사한다.

다시 말해 우리가 원하는 것, 우리가 이해해야 하는 것, 우리가 연결되어야 할 사람 등 개인의 정보에 맞춰 공간과 기술이 조정되면서 성과가 최적화되며 9장에서 다룬 것처럼 잠재 기억 같은 발상이 쌓이게 되는 것이다.

8. 디지털 공간

위와 같이 업무 현장에 필요한 기술이 재정립되면 업무 공간에 새로운 디지털 DNA가 형성된다. 요컨대, 완전한 디지털 경험과 해법이라는 비전에 따라 사물인터넷 기반의 스마트 스페이스를 구축하는 과정의 일부로 모든 것이 연결되는 플랫폼이 만들어진다. 회의 장소 등록부터 공간·자원의 예약, 동료의 위치 파악, 결함 보고까지 디지털 트윈digital twin(가상 환경 속에 사물의 쌍둥이를 만들어 현실에서 일어날 수 있는 일을 미리 예측하는 기술–옮긴이) 플랫폼이 매끄러운 경험 그리고 가상의 비접촉 경험을 가능하게 한다. 그래서 사람들은 책상에 설치된 기기보다는 들고 다니는 디지털 기기로 기술을 활용하고 있다.

또한 사람들은 유비쿼터스 무선 네트워크를 통해 클라우드에 보관된 데이터와 소프트웨어에 무의식적으로 연결된다. 갈수록 똑똑해지는 스마트 빌딩은 자체 운영 체제를 갖추고 실시간으로 네트워크에 연결된다. 이런 스마트 빌딩은 계속 기술 인프라를 수용할 테고, 갈수록 더 사용자의 눈에 보이지 않는 기술이 될 것이다.

9. 소비자화된 공간

시스템과 플랫폼이 클라우드로 향하고 점차 기술의 공동화가 이루어지고 있다. 사용자들은 개인 기기로 '가상의 데스크탑' 기술과 애플리케이션, 웹 인터페이스뿐 아니라 음성과 촉각, 혼합 현실과 같은 신흥 인터페이스도 이용하고 있다. 기술이 기업 내부에 갇혀 있던 시대는 이미 지나갔다. 그때는 기술이 사무실 안에서만 사용되었으며 책상에 고정되어 있었다. 지금은 BYOD 개념이 확산되어 사람들이 직장에서 기술을 이용하고 있다. 직원들은 개인 장치로 여가를 즐기고 업무 생산성을 높인다.

게다가 소비에 대한 선택권이 확대되면서 '서비스로써의 업무 공간 모델'이 정립되는 중이다. 이 공간에서 사람들은 언제든 자신에게 적합하고 업무에 가장 효과적인 것을 선택할 수 있다. 이와 같은 소비 경제의 접근 방식에 따라 직관을 가진 인공지능이 제안을 하고, 넛지nudge(팔꿈치로 슬쩍 찌른다는 의미로 제공자가 원하는 방향으로 유도한다는 뜻－옮긴이)를 한다.

우리의 예상대로라면 업무 공간에 게임의 요소가 적용되는 흐름이 점점 더 나타나고 우버 기사의 서비스를 평가하고 에어비앤비[Airbnb]에 이용 후기를 남기듯, 업무 공간을 비롯한 관련 서비스와 업무적 지원에 대해서도 '별점 평가'를 내리게 될 것이다.

10. 공유 공간

개인 책상이나 사무실이 없어도 되는 시대가 열렸다는 건 분명하다. 여전히 개인의 장식품으로 꾸며진 사적 공간에서 편안함을 느끼고 생산성을 발휘하는 사람들도 있고, 집이나 시내 중심가에서 다양성과 선택의 기회를 누리길 좋아하는 사람들도 있다.

이 책의 주제가 드러내는 바와 같이, 공유 경제가 확산되면서 사회가 광범위한 변화를 맞이했고 이런 변화에 발맞추는 업무 공간에 대해 다양한 의견이 제시되고 있다. 이런 사회 분위기는 새로운 사무실 경관에도 스며들었다. 호텔 또는 공유 아파트와 매우 흡사한데, '필요'에 따라 사용하고 공유하는 공간들이 늘어나고 있는 것이다. 이런 공간이 희소하기 때문에 사람들이 자원을 조금 더 효율적으로 사용하고 있다.

또한 재설계 · 재사용 · 재순환이라는 핵심 가치와 함께 순환 경제가 주목을 받는 중이다. 경제적 행동주의나 공정, 평등에 의해 동기를 부여받는 Z세대가 주축이 되었기 때문이다.

지금까지 직장 현장에서 작용하는 힘과 요인들을 분석해 보았다. 언제, 어디서, 어떻게 일이 진행되는지에 대한 사무실 경관의 경계가 모호해지는 현상에 맞춰 업무 공간 디자인의 접근 방식은 전환되었다. 코로나19는 업무 규범과 기준을 바꿔놓았으며, 이미 시작된 변화를 가속화시켰다. 팬데믹이 표면으로 끌어올린 불확실성 속에서 생존하기 위해서는 우리 모두가 기존의 틀을 깨야 한다. 업무 공간에 대한 관념이 지금 작용하는 힘에 의해 뒤집어졌기 때문이다.

과거의 낡은 방식을 버리려면 익숙한 사무실 개념으로 되돌아가려는 태도와 관념을 버리는 일부터 시작해야 한다. 사람들은 경험을 원하고, 목적을 가진 채 사무실에 들어가고 싶어 한다. 팬데믹으로 인한 변화에 힘입어 그와 관련된 새로운 규범과 개념을 창안할 수 있다. 디지털 기술, 제안과 넛지를 해주는 직장 앱의 기능, 혼재성의 효과에 발맞춰 다양한 필요와 니즈를 인식하는 방향으로 우리의 여정이 펼쳐질 것이다.

이런 만화경이나 생물 다양성은 우리로 하여금 업무 공간이 진화하는 게임에 참여하게 만든다. 마치 뱀과 사다리 게임처럼 일부는 성공하고, 또 일부는 실패할 것이다. 그럼에도 분명한 사실이 있다. 잠자코 있는 것은 더 이상 선택 사항이 아니라는 점이다. 그래서 기업들이 하나같이 신개념 사무실에서 경쟁 우위를 차지하려 애쓰는 중이다. 특히 기업들은 업무 공간의 변화를 통해 인재 발굴과 비용 절감의 측면에서 경쟁 우위를 차지하려고 한다.

도시와 건축물, 업무 공간은 마치 기능이 개선되어 배포되는 소프트웨어처럼 스스로 재창조되고 개선되는 기능을 갖춰야 한다. 업데이트와 재시동되는 운영 체제가 업무 공간에도 적용되어야 하는 시대가 온 것이다. 100년의 역사를 가진 현대적 사무실을 떠올리면 업무 공간을 유동적이고 민첩하게 만드는 일이 피부에 썩 와닿지는 않는다. 하지만 미래의 업무 공간은 건축물의 차원을 넘어 사람과 장소, 기술이 혼합되어 끊임없는 조화 속에서 작동하고, 사람들이 최고의 성과를 창출하게 해주는 동시에 만족감을 선사할 것이다.

이 책을 시작하며 서문에서 업무 공간의 변화를 두고 백조 신드롬을 언급했다. 물 위에 우아하게 떠 있는 백조는 물 아래에서 열심히 물장구를 친다. 코로나19와 팬데믹의 여파로 백조는 이전보다 더 빨리 발을 휘젓고 있다. 우리는 이미 하이브리드 워크의 시대로 뛰어들었다. 겉으로 보이는 우아한 움직임은 환상에 불과하다. 그 이면에 존재하는 도전의 복잡성이 가려졌기 때문이다.

앞으로 전 세계적인 '대퇴직Great Resignation'과 지정학적 격변과 같은 시스템의 충격에 계속 직면하게 될 것이다. 그간 직업 세계에서 신성시되었던 것들을 모두 버려야 하는 이유도 같은 맥락에서다. 이 위대한 언러닝에는 언워킹이 뒤따라야 한다. 다만, 한걸음 물러나 생각해야 사고가 명쾌해지고 새로운 직업 세계를 그리는 목적이 분명해질 것이다.

참고문헌

(1)

1. 니킬 서발Nikil Saval, Cubed: A Secret History of the Workplace (New York, 2014), p.33[국내에서는 『큐브, 칸막이 사무실의 은밀한 역사』(이마, 2015년)로 출간됨].
2. 위와 동일.
3. 에이드리언 포티Adrian Forty, Objects of Desire: Design and Society, 1750–1980 (London, 1986), p.126[국내에서는 『욕망의 사물, 디자인의 사회화』(일빛, 2004년)로 출간됨].
4. 제니퍼 카우프만-불러Jennifer Kaufmann-Buhler, Open Plan: A Design History of the American Office (New York, 2021), p.168.
5. 제임스 우드후이젠James Woudhuysen, 'Tayloring People for Production', Design(August 1984), pp.34–7.
6. 니킬 서발Nikil Saval, Cubed: A Secret History of the Workplace (New York, 2014), p.45[국내에서는 『큐브, 칸막이 사무실의 은밀한 역사』(이마, 2015년)로 출간됨].
7. 인용. 다니엘 로저스Daniel Rodgers, The Work Ethic in Industrial America, 1850–1920 (Chicago, il, 1974), p.53.
8. 인용. 니킬 서발Nikil Saval, Cubed: A Secret History of the Workplace (New York, 2014), p.5[국내에서는 『큐브, 칸막이 사무실의 은밀한 역사』(이마, 2015년)로 출간됨].
9. 레닌은 「프라우다」에서 테일러리즘에 대한 견해를 밝혔다. 서발Saval, Cubed, p.51.
10. 르 코르뷔지에Le Corbusier, Towards A New Architecture [1923] (New York, 1946), p.87[국내에서는 『건축을 향하여』(동녘, 2002년)로 출간됨].
11. 제니퍼 카우프만-불러Jennifer Kaufmann-Buhler, Open Plan: A Design History of the American Office (New York, 2021), p.19.
12. 데이비드 통David Tong, 'Making Offices Human', Interior Design Reference Book, Chartered Society of Designers (London, 1989), pp.205–8.
13. 프랭크 더피Frank Duffy, 인용, Architectural Review (January 1979), pp.54–8.
14. BCO(British Council for Offices) 보고서, 'The Impact of Office Design on Business Performance' (London, 2006).

(2)

1. 얀 칼슨Jan Carlzon quoted in 'Togetherness', sas Frösundavik corporate brochure.
2. 에이드리언 포티Adrian Forty의 저서에서 이 과정을 자세히 설명한다. Objects of Desire: Design and Society, 1750–1980 (London, 1986)[국내에서는 『욕망의 사물, 디자인의 사회화』(일빛, 2004년)로 출간됨].

3. 제니퍼 카우프만-불러Jennifer Kaufmann-Buhler, Open Plan: A Design History of the American Office (New York, 2021), p.16.
4. 헤르만 헤르츠버거Herman Hertzberger, 'The Future of the Building "Centraal Beheer"', Hertzberger, www.hertzberger.nl(2016).
5. 다음 책에서 프로젝트가 언급됨. 제레미 마이어슨Jeremy Myerson, International Interiors(London, 1995), vol. V.
6. 프랭클린 베커Franklin Becker, 'Organizational Ecology and Knowledge Networks', California Management Review, XLIX/2 (2007), pp.42–61.
7. 키스 알렉산더Keith Alexander, 일프린 프라이스Ilfryn Price, Managing Organizational Ecologies: Space, Management and Organization(New York and Oxford, 2012), pp.11–22.
8. 케빈 루스Kevin Roose, 'Sorry, But Working from Home Is Overrated', New York Times, www.nytimes.com, 10 March 2020, updated 1 June 2020.

(3)

1. 피터 드러커Peter Drucker, 'The Next Society, A Survey of the Near Future', The Economist(2001) [국내에서는『Next Society』(한국경제신문사(한경비피), 2002년)로 출간됨].
2. T. H. 데이븐포트T. H. Davenport, R. J. 토마스R. J. Thomas, S. 칸트렐S. Cantrell, 'The Mysterious Art and Science of Knowledge-Worker Performance', mit Sloan Management Review(2002).
3. 피터 드러커Peter Drucker, 'Knowledge Worker Productivity: The Biggest Challenge', California Management Review, XLI/2(1999)), pp.79–94.
4. 제레미 마이어슨Jeremy Myerson, 필립 로스Philip Ross, Space to Work: New Office Design (London, 2006).
5. 이모겐 프리벳Imogen Privett, 'Experience Unbound: The Effects of Coworking on Workplace Design Practice', 박사 논문, 왕립예술대학(Royal College of Art), 2018.
6. 가보르 나기Gabor Nagy, 그렉 린제이Greg Lindsay, 'Why Companies Are Creating Their Own Coworking Spaces', Harvard Business Review, https://hbr.org, 24 September 2018.
7. A. 루클레어 발델라노이트A. Leclercq-Vandelannoitte, H. 이삭H. Isaac, 'The New Office: How Coworking Changes the Work Concept', Journal of Business Strategy, xxxvii/6(2016), pp.3–9.
8. 제레미 마이어슨Jeremy Myerson과 가빈 터너Gavin Turner가 공저한 다음 책에서 이 연구 모델이 최초로 소개되었다. New Workspace New Culture: Office Design as a Catalyst for Change (Aldershot, 1998).

(4)

1. 조지프 헬러Joseph Heller, Something Happened(London, 1974), p.33.
2. 켈리 로빈슨Kelly Robinson, 워크테크 아카데미Worktech Academy 인터뷰 내용. 2020년 7월 17일 필립 로스가 인터뷰를 진행했다.
3. 워크테크 아카데미/미르박 보고서, 'The Super Experience: Designing for Talent in the Digital Workplace'(2019).
4. 스튜어트 맨그럼Stuart Mangrum이 2018년 10월 30일 워크테크 샌프란시스코 콘퍼런스에서 강연했다.
5. 블라다스 그리스케비시우스Vladas Griskevicius, 미셸 시오타Michelle Shiota, 사만다 누펠드Samantha

Neufeld, 'Influence of Different Positive Emotions on Persuasion Processing: A Functional Evolutionary Approach', Emotion, x/2(2010), pp.190–206.
6. 샐리 오거스틴Sally Augustin, 'Awe-Inspiring Design Can Really Deliver – The Scientific Evidence', Worktech Academy, www.worktechacademy.com, 25 May 2018.
7. 딜로이트의 글로벌 인적 자원 트렌드 보고서(2017).

(5)

1. 스탠리 맥크리스털Stanley McChrystal 장군은 워크테크 콘퍼런스의 정규 강사다.
2. 스탠리 맥크리스털Stanley McChrystal, Team of Teams: New Rules of Engagement for a Complex World(London, 2015), p.23[국내에서는 『팀 오브 팀스』(이노다임북스, 2016년)로 출간됨].
3. 위와 동일.
3. 질리언 테트Gillian Tett, The Silo Effect: The Peril of Expertise and the Promise of Breaking Down Barriers(London, 2014), p.62[국내에서는 『사일로 이펙트: 무엇이 우리를 눈 멀게 하는가』(어크로스, 2016년)로 출간됨].
4. 월터 아이작슨Walter Isaacson, Steve Jobs(New York, 2011), p.362[국내에서는 『스티브 잡스』(민음사, 2015년)로 출간됨].
5. 장 루이민Zhang Ruimin, 'Raising Haier', Harvard Business Review, https://hbr.org, accessed 31 August 2021.
6. 루이스 설리번Louis Sullivan, 'The Tall Office Building Artistically Considered', Lippincott's Magazine(1896).
7. 다니엘 브로소Daniel Brosseau 외, 'The Journey to an Agile Organization', www.mckinsey.com, 10 May 2019.

(6)

1. 건강한 도시를 위한 디자인 국제회의Healthy City Design International Congress(2017년 런던 영국 왕립의사학회)에서 도시 지도자들과 도시 계획가들 간의 논쟁이 이 논의의 시발점이 되었다.
2. 'Paris Is Planning to Become a 15-Minute City', https://fr.weforum.org, 16 July 2021.
3. AFK(Arney Fender Kasalidis)/워크테크 아카데미 보고서, 'The Future of Flex: Flexible Workspace in the UK Post Covid-19' (2021), www.worktechacademy.com; 'The Future of Flex: Can UK Flexible Workspace Bounce Back?', 26 July 2021.
4. 프랜시스 케언크로스Frances Cairncross, 워크테크 아카데미(Worktech Academy) 인터뷰 내용. 2021년 3월 8일 필립 로스가 인터뷰를 진행했다.

(7)

1. 해리슨 오웬Harrison Owen, Open Space Technology(San Francisco, ca, 2008), p.5[국내에서는 『셀프 오거나이징 SELF ORGANIZING』(용오름, 2010년)로 출간됨].
2. 참고 https://dschool.stanford.edu, accessed 31 August 2021.
3. 제레미 마이어슨Jeremy Myerson, 'How People Work: Under-Utilised Space in Offices Everywhere', Worktech Academy, www.worktechacademy.com, accessed 31 August 2021.

4. '2020년 미국 직장 설문 조사(u.s. Workplace Survey 2020)', 겐슬러 연구소(Gensler Research Institute)(2020).
5. 브로디 볼랜드Brodie Boland 외, 'Reimagining the Office and Work Life after Covid-19', www.mckinsey.com, 8 June 2020.
6. 필립 스톤Philip Stone, 로버트 루체티Robert Luchetti, 'Your Office Is Where You Are', Harvard Business Review(March/April 1985), pp.102–12.
7. 2003년의 인터폴리스 사옥은 다음 문헌에서 자세히 소개된다. 제레미 마이어슨Jeremy Myerson, 필립 로스Philip Ross, Space to Work(London, 2006).
8. 제인 크로프트Jane Croft, 'covid-19 Reinvents Law Firm Offices as Hubs for Teamwork and Socialising', Financial Times, www.ft.com, 1 October 2020.
9. 클라우스 샌드빌러Klaus Sandbiller of UniCredit interviewed by Jeremy Myerson, 4 May 2021.
10. 레이 올든버그Ray Oldenburg, Celebrating the Third Place(New York, 2001).

(8)

1. 프랜시스 케언크로스Frances Cairncross가 변화를 예견했다. The Death of Distance: How the Communications Revolution Will Change Our Lives(Boston, ma, 1997).
2. 필립 로스Philip Ross, 'The Cordless Office'(Cordless Consultants, 1994).
3. 지미 스탬프Jimmy Stamp, 'Fact of Fiction? The Legend of the qwerty Keyboard', Smithsonian Magazine, www.smithsonianmag.com, accessed 31 August 2021.
4. 참고, Worktech Guide to Workplace Apps, www.worktechacademy.com.
5. 악사의 골드스미스Goldsmith와 배덤Badham이 2021년 2월 24일 워크테크의 가상 행사인 스마트 빌딩즈SMARTBUILDINGS에서 22 비숍스게이트에 대해 강연했다.
6. RSA, 'The Four Futures of Work: Coping with Uncertainty in an Age of Radical Technologies' (London, 2019). 2019년 11월 27일 워크테크 런던 콘퍼런스에서 매튜 테일러Matthew Taylor가 발표했다.

(9)

1. 앤디 로Andy Law, Open Minds: 21st Century Business Lessons and Innovations from St Luke's(Knutsford, 2001), p.135. Law was a popular speaker at Worktech.
2. 위와 동일, p.139.
3. 자하 하디드 아키텍츠의 울리히 블룸Ulrich Blum이 2017년 7월 4일 워크테크 베를린 콘퍼런스에서 강연했다.
4. 왕립예술대학 헬렌 햄린 디자인 센터/겐슬러 연구소 보고서, 'Workplace and Wellbeing' (London, 2017).
5. ANZ은행의 켄 린치Ken Lynch가 2015년 11월 워크테크 런던 콘퍼런스에서 강연했다.
6. 니콜라스 탈레브Nicholas Taleb, The Black Swan: The Impact of the Highly Improbable (London and New York, 2007)[국내에서는 『블랙 스완: 위험 가득한 세상에서 안전하게 살아남기』(동녘사이언스, 2018년)로 출간됨].
7. 제레미 마이어슨Jeremy Myerson, ideo: Masters of Innovation(London, 2001), p.30.
8. 워크테크 아카데미/랜드리스 보고서, 'From Desk to District: Expanding Horizons in Collaborative Innovation', www.worktechacademy.com, 2018.

(10)

1. 칼 융Carl Jung, Psychological Types(Zurich, 1927)[국내에서는 『심리 유형』(부글북스, 2019년)로 출간됨].
2. F.S 모겐스턴F.S. Morgenstern, R.J. 호지슨R.J. Hodgson, L.로우L. Law, 'Work Efficiency and Personality: A Comparison of Introverted and Extraverted Subjects Exposed to Conditions of Distraction and Distortion of Stimulus in a Learning Task', Ergonomics, xvii/2(1974), pp.211–20.
3. 칼 뉴포트Cal Newport, Deep Work: Rules for Focused Success in a Distracted World(London, 2016)[국내에서는 『딥 워크: 강렬한 몰입, 최고의 성과』(민음사, 2017년)로 출간됨].
4. 미하이 칙센트미하이Mihaly Csikszentmihalyi, Flow: The Psychology of Optimal Experience (New York, 1990)[국내에서는 『몰입flow: 미치도록 행복한 나를 만난다』(한울림, 2004년)로 출간됨].
5. 수전 케인Susan Cain, Quiet: The Power of Introverts in a World that Can't Stop Talking (New York, 2012), p.84[국내에서는 『콰이어트: 시끄러운 세상에서 조용히 세상을 움직이는 힘』(알에이치코리아(RHK), 2012년)로 출간됨].
6. 위와 동일, p.93.
7. 위와 동일.
8. 앨리슨 레이놀즈Alison Reynolds, 데이비드 루이스David Lewis, 'Teams Solve Problems Faster When They're More Cognitively Diverse', Harvard Business Review(30 March 2017).
9. 에드워드 드 보노Edward de Bono, Six Thinking Hats(Harmondsworth, 1985)[국내에서는 『생각이 솔솔 여섯 색깔 모자』(한언, 2001년)로 출간됨].
10. 1988년 필립 로스Philip Ross와의 인터뷰.
11. 토마스 바르타Thomas Barta, Markus Kleiner and Tilo Neumann, 'Is There a Payoff From Top-Team Diversity?', www.mckinsey.com, 1 April 2012.
12. 제니퍼 카우프만-불러Jennifer Kaufmann-Buhler, Open Plan: A Design History of the American Office(New York, 2021), p.38.
13. 위와 동일, p.73.
14. 스티븐 존슨Steven Johnson, Where Good Ideas Come From: The Natural History of Innovation (London, 2010), p.45[국내에서는 『탁월한 아이디어는 어디서 오는가: 700년 역사에서 찾은 7가지 혁신 키워드』(한국경제신문사(한경비피), 2012년)로 출간됨].
15. 위와 동일.
16. 칼 뉴포트Cal Newport, Deep Work: Rules for Focused Success in a Distracted World(London, 2016), p.55[국내에서는 『딥 워크: 강렬한 몰입, 최고의 성과』(민음사, 2017년)로 출간됨].
17. 케이 서전트Kay Sargent, 'worktech Webinar: Designing Smart Offices in the New Era of Work', Unwired Venture(2020), www.vimeo.com, accessed 1 September 2021.
18. 스티븐 존슨Steven Johnson, Where Good Ideas Come From, p.55[국내에서는 『탁월한 아이디어는 어디서 오는가: 700년 역사에서 찾은 7가지 혁신 키워드』(한국경제신문사(한경비피), 2012년)로 출간됨].

(11)

1. 톰 새비거Tom Savigar가 2017년 9월 5일 워크테크 웰니스 콘퍼런스에서 강연했다.

2. 짐 테일러Jim Taylour가 2016년 5월 26일 워크테크 뉴욕 콘퍼런스에서 강연했다.
3. 니나 리스Nina Reece, 'Workers Say No to Increased Surveillance since COVID-19', www.tuc.org.uk, 1 March 2022.
4. 이 전문가 패널이 워크테크 아카데미/포프런트 그룹Fourfront Group 보고서에 기고했다. 'The Puzzle of Wellbeing: Where Next for Workplace Wellbeing Post covid-19?'(London, 2020).
5. 카렌 제프리Karen Jeffrey 외, 'Wellbeing at Work', New Economics Foundation, 26 March 2014.
6. 크레이그 나이트Craig Knight, S. 알렉산더 해슬람S. Alexander Haslem, 'The Relative Merits of Lean, Enriched, and Empowered Offices: An Experimental Examination of the Impact of Workspace Management Strategies on Well-Being and Productivity', Journal of Experimental Psychology Applied, XVI/2(June 2010), pp.158–72.
7. 모하메드 포로우디Mohammad Mahdi Foroudi 외, 'Explicating Place Identity Attitudes, Place Architecture Attitudes, and Identification Triad Theory', Journal of Business Research, CVIX(2020), pp.321–36.
8. 'Productivity, Technology and Working Anywhere', Lancaster University Management School(2018).
9. 워크테크 아카데미, 'Executives and Employees at Odds Over New World of Work', www.worktechacademy.com, 14 October 2020.
10. 말텍Martec, 'Amid Pandemic, New and Unique Employee Segments Emerge in Response to Remote Working Conditions', https://martecgroup.com, accessed 1 September 2021.
11. 피오나 커Fiona Kerr 박사가 2021년 3월 26일 워크테크의 워크플레이스 이노베이션 버추얼 콘퍼런스Workplace Innovation virtual conference에서 강연했다.

(12)

1. 워크테크 아카데비/미르박 보고서, 'The Future of the Smart Precinct: A Physical-Digital Intermix for City Innovation', www.worktechacademy.com(2019).
2. 제레미 마이어슨Jeremy Myerson, 클라우스 샌드빌러Klaus Sandbiller, 'Hybrid Space Making: Rethinking the Bank Branch Experience for the Digital Age', Corporate Real Estate Journal, vii/3(Spring 2018), pp.256–66.
3. 위와 동일.
4. 참고, 제레미 마이어슨Jeremy Myerson, 이모겐 프리벳Imogen Privett, 'Emotional Landscapes', in Life of Work: What Office Design Can Learn from the World Around Us(London, 2014), pp.42–69.
5. 위와 동일.
6. 케빈 맥컬러Kevin McCullagh, 'Robot Reboot: Why We Should Stop Taking Fright at Automation', Worktech Academy, www.worktechacademy.com, 22 February 2019.
7. 워크테크 아카데미/미르박 보고서, 'Augmented Work: How New Technologies are Reshaping the Global Workplace', www.worktechacademy.com(2020).

(13)

1. 워크포스 연구소Workforce Institute의 Z세대 보고서. 다나 윌키Dana Wilkie, 'Generation Z Says They Work the Hardest, But Only When They Want To', www.shrm.org, 11 June 2019.

2. 로지텍Logitech, 'Why Video-First Organisations Will Win Over Generation Z', Worktech Academy, www.worktechacademy.com, 30 January 2020.
3. 밀켄 연구소Milken Institute의 고령사회 대응 센터Center for the Future of Aging, 스탠퍼드 대학교 장수 연구 센터Stanford Center for Longevity, 'The Power of an Older Workforce', www.linkedin.com(2016).
4. 대런 애쓰모글루Daron Acemoglu, 파스쿠알 레스트레포Pascual Restrepo, 'Robots and Jobs: Evidence from u.s. Labor Markets', Journal of Political Economy, CXXVIII/6(June 2020), pp.2188–244.
5. 린다 그래튼Lynda Gratton, 앤드루 스콧Andrew Scott, The 100-Year Life: Living and Working in an Age of Longevity(London, 2016)[국내에서는 『100세 인생: 전혀 다른 시대를 준비하는 새로운 인생 설계 전략』(클, 2020년)로 출간됨].
6. 린다 그래튼Lynda Gratton, 앤드루 스콧Andrew Scott, The New Long Life: A Framework for Flourishing in a Changing World(London, 2020)[국내에서는 『뉴 롱 라이프: 장수와 신기술의 시대에 어떻게 적응할 것인가』(클, 2021년)로 출간됨].
7. 린다 그래튼Lynda Gratton이 2020년 워크테크 도쿄 콘퍼런스에서 강연했다.
8. 로버트 모리슨Robert Morison, 타마라 에릭슨Tamara Erickson, 켄 디히트발트Ken Dychtwald, 'Managing Middlescence', Harvard Business Review(March 2006).
9. 리치 코헨Rich Cohen, 'Why Generation X Might Be Our Last, Best Hope', Vanity Fair(11 August 2017), www.vanityfair.com, accessed 1 September 2021.
10. 아라마크Aramark/워크테크 아카데미, 'Industry Insights: What Makes A Great Workplace?'(San Francisco, CA, 2019).
11. 제레미 마이어슨Jeremy Myerson, 조앤 비차드Jo-Anne Bichard, 'Welcoming Workplace: Rapid Design Intervention to Determine the Office Environment Needs of Older Knowledge Workers', in Design for the 21st Century, vol. ii: Interdisciplinary Methods and Findings, ed. T. Inns(Farnham, 2009).
12. 에단 S. 번스타인Ethan S. Bernstein, 스티븐 투란Stephen Turban, 'The Impact of the "Open" Workspace on Human Collaboration', Philosophical Transactions of the Royal Society B: Biological Sciences, ccclxxiii/1753(2018).
13. 저널리스트 댄 라이언스Dan Lyons는 자신의 책에서 레고 블록으로 오리를 만들다가 실패한 과정을 설명한다. Lab Rats: Tech Gurus, Junk Science, and Management Fads – My Quest to Make Work Less Miserable(New York, 2019), p.8[국내에서는 『실험실의 쥐: 왜 일할수록 우리는 힘들어지는가』(프런티어, 2020년)로 출간됨].
14. 위와 동일.
15. 루시 캘러웨이Lucy Kellaway, 'Apple Has Built an Office for Grown-Ups', Financial Times, www.ft.com, 2 July 2017.

(14)

1. 로버트 글레이저Robert Glazer, 'The ceo of Goldman Sachs Called Remote Working an Aberration – Here's Why His Employees May Disagree', Forbes Magazine, www.forbes.com, 11 May 2021.
2. 로라 누난Laura Noonan, 'Citi's Next ceo Jane Fraser on Regulators, Covid and Breaking the Gender Barrier', Financial Times, www.ft.com, 2 December 2020.

3. 폴 클라크Paul Clarke, 'How Are You Going to Learn Properly?: JPMorgan ceo Jamie Dimon Warns of Increasing Negative of Working from Home', Financial News, www.fnlondon.com, 16 October 2020.
4. 마이크로소프트Microsoft, 'The Next Great Disruption Is Hybrid Work – Are We Ready?', www.microsoft.com, 22 March 2021.
5. 카리 폴Kari Paul, 'Salesforce Shifts Away from In-Person Work: "The 9–5 Workday Is Dead"', The Guardian, www.theguardian.com, 10 February 2021.
6. 워크테크 아카데미/미르박 보고서, 'From Office to Omni-Channel: The Rise of the Omni-Channel Worker in the Digital Age'(2020).
7. 칼리나 메이코토프Kalyeena Makortoff, 'Lloyds Embraces Hybrid Working with 20% Cut in Office Space', The Guardian, www.theguardian.com, 24 February 2021.
8. 'How Are Office Occupiers Planning for the Future?', cbre, August 2021, referenced in 'The Great Resignation: Why are Knowledge Workers Quitting En Masse?', Worktech Academy, www.worktechacademy.com, 26 August 2021.
9. 조지프 G. 앨런Joseph G. Allen과 존 D. 매컴버John D. Macomber, Healthy Buildings: How Indoor Spaces Drive Performance and Productivity(Cambridge, ma, 2020).
10. L. 모라브스카L. Morawska et al., 'A Paradigm Shift to Combat Indoor Respiratory Infection', Science, ccclxxii/6543(May 2021), pp.689–91.
11. 넥스트 에너지The Next Energy 보고서, 'The Case For Office Space: How Buildings Need to Change to Suit a Climate-Conscious, Covid-Weary Workforce', www.nextenergytech.com, 1 July 2021.
12. 마틸드 모로Matilde Moro, 'Roots in the Sky – London Will See Its First Rooftop Forest in 2024', Lampoon Magazine, www.lampoonmagazine.com, 5 August 2021. 참고, 뉴 런던 아키텍처 New London Architecture 보고서, 'wrk/ldn: Office Revolution?', https://nla.london, 19 May 2021.
13. 샐리 어거스틴Sally Augustin, 'The Big Design Moves That Can Boost Creativity at Work', Worktech Academy, www.worktechacademy.com, 21 June 2021.
14. 다음에서 인용, 엠마 제이콥스Emma Jacobs, 'Where's the Spark? How Lockdown Caused a Creativity Crisis', Financial Times, www.ft.com, 18 January 2021.

(15)

1. 짐 하터Jim Harter, 'Historic Drop in Employee Engagement Follows Record Rise', www.gallup.com, 2 July 2020.
2. 매슈 사이드Matthew Syed, Black Box Thinking(London, 2015), p.215[국내에서는 『블랙박스 시크릿: 치명적 실수를 위대한 성공으로 바꾸는』(알에이치코리아(RHK), 2016년)로 출간됨].
3. 매튜 테일러Matthew Taylor, 'Good Work: The Taylor Review of Modern Working Practices', rsa publication(July 2017), www.thersa.org.
4. 마크 카니Mark Carney was quoted in Peter O'Dwyer, 'Workers May Lose Option of Retiring, Says Mark Carney', The Times, www.thetimes.co.uk, 15 September 2018.
5. 재클린 비셔Jacqueline Vischer, 'Towards an Environmental Psychology of Workspace: How People are Affected by Environments for Work', Architectural Science Review, LI/2(June 2008), pp.97–108.

UNWORKING

일과 공간의 재창조

1판 1쇄 인쇄 2023년 11월 8일
1판 1쇄 발행 2023년 11월 17일

지은이 제레미 마이어슨, 필립 로스
옮긴이 방영호

발행인 양원석 **편집장** 정효진 **책임편집** 김희현
디자인 김유진, 김미선 **영업마케팅** 양정길, 윤송, 김지현, 정다은, 박윤하

펴낸 곳 ㈜알에이치코리아
주소 서울시 금천구 가산디지털2로 53, 20층(가산동, 한라시그마밸리)
편집문의 02-6443-8846 **도서문의** 02-6443-8800
홈페이지 http://rhk.co.kr
등록 2004년 1월 15일 제2-3726호

ISBN 978-89-255-7576-6 (03540)